现代射频微波电路实验

主　编　喻梦霞
副主编　丁　霄　张小川　李桂萍　姜宝钧
　　　　李　杨　谢成诚　刘　羽

电子工业出版社·
Publishing House of Electronics Industry
北京·BEIJING

内 容 简 介

近年来，随着电子信息产业的高速发展，射频微波电路的应用也越来越多，对相关从业人员的需求也不断增长。为了适应这种需求，对实验教学的要求也要随之改变，因此本书以射频微波电路实验教学为基础，在介绍了典型微波测试仪器的基本使用方法后，除了对微波滤波器、微波功分器、微波耦合器和天线等微波无源元器件，以及微波放大器、微波混频器、微波固态源、微波开关等微波有源元器件的实验方法进行介绍，还结合现在主流的仿真软件对上述各种电路进行了仿真和优化设计，并对集成了上述微波元器件的微波收发电路的设计和实验方法进行了介绍。

本书适用于无线电物理、电路与系统、电磁场与微波技术、通信与信息系统等专业的本科生或研究生，供"微波固态电路""射频电路""天线设计"等课程使用，也可供从事微波电路和天线研发的科技人员参考。

图书在版编目（CIP）数据

现代射频微波电路实验 / 喻梦霞主编. —北京：电子工业出版社，2023.9

ISBN 978-7-121-46241-2

Ⅰ．①现… Ⅱ．①喻… Ⅲ．①射频电路－微波电路－实验－高等学校－教材 Ⅳ．①TN710-33

中国国家版本馆 CIP 数据核字（2023）第 159778 号

责任编辑：赵玉山　　　文字编辑：张天运
印　　刷：涿州市般润文化传播有限公司
装　　订：涿州市般润文化传播有限公司
出版发行：电子工业出版社
　　　　　北京市海淀区万寿路 173 信箱　　　　邮编：100036
开　　本：787×1092　　1/16　　印张：17.25　　字数：441.6 千字
版　　次：2023 年 9 月第 1 版
印　　次：2025 年 1 月第 2 次印刷
定　　价：59.00 元

凡所购买电子工业出版社图书有缺损问题，请向购买书店调换。若书店售缺，请与本社发行部联系，联系及邮购电话：（010）88254888，88258888。

质量投诉请发邮件至 zlts@phei.com.cn，盗版侵权举报请发邮件至 dbqq@phei.com.cn。

本书咨询联系方式：zhangty@phei.com.cn。

前　言

以无线通信和互联网技术为代表的现代信息电子科技极大地促进了经济、社会的发展，并深刻地改变了人类生活，"射频微波电路"在其中扮演了重要的角色。除完善的理论知识外，射频微波电路还包括系统化的实验方法。

为此，本书基于射频、微波收发系统，详细介绍了现代射频微波电路中微波无源元器件、微波有源元器件的设计、实验方法及典型的微波测试仪器的基本使用方法。本书第 1 章介绍了矢量网络分析仪、信号发生器及频谱分析仪等典型的微波测试仪器的工作原理和使用方法。本书第 2 章到第 5 章分别介绍了现代射频微波电路中微波滤波器、微波功分器、微波耦合器、天线等微波无源元器件的设计及测试方法。本书第 6 章到第 9 章分别介绍了现代射频微波电路中微波放大器、微波混频器、微波固态源和微波开关等微波有源元器件的设计及测试方法。第 10 章从系统角度出发，综合上述微波元器件，介绍了微波接收机和微波发射机的基本原理、设计实例和测试方法。

在微观层面，本书包括现代射频微波电路中的典型微波元器件的实验；在宏观层面，本书整合元器件，系统地介绍了现代射频微波接收机和发射机。本书第 1 章由姜宝钧老师编写，第 2 章和第 6 章由张小川老师编写，第 3 章、第 8 章和第 9 章由李桂萍老师编写，第 4 章、第 7 章和第 10 章由喻梦霞老师编写，第 5 章由丁霄老师和李杨老师编写。本书第 7 章、第 8 章、第 9 章和第 10 章的设计实例由谢成诚老师提供，全书统稿由刘羽老师完成。张天运编辑为本书的出版做了大量工作，在此表示由衷的感谢。本书的内容仅代表作者们的观点及见解，由于作者们水平和时间有限，错误和不妥之处在所难免，敬请广大读者和各位同行、专家、学者批评指正。

编者

目　录

第 1 章

典型微波测试仪器的基本使用方法

1.1 实验目的

(1) 了解现代微波测试系统理论基础及相关典型测试实验设备。

(2) 了解现代微波测试系统通用测试仪器的工作原理及使用方法。

(3) 了解矢量网络分析仪的基本概念及功能,了解矢量网络分析仪的工作原理、技术指标等,掌握矢量网络分析仪的基本使用方法。

(4) 了解信号发生器的基本概念及功能,了解信号发生器的工作原理、技术指标等,掌握信号发生器的基本使用方法。

(5) 了解频谱分析仪的基本概念及功能,了解频谱分析仪的工作原理、技术指标等,掌握频谱分析仪的基本使用方法。

(6) 了解示波器的基本概念及功能,了解示波器的工作原理、技术指标等,掌握示波器的基本使用方法。

(7) 熟悉微波测试仪器辅助工具的使用方法。

1.2 工作原理

1.2.1 微波测试仪器的工作原理

微波测试仪器种类众多,与低频电路测试仪器相比具有高频率、高带宽、高性能等特点。常用的微波测试仪器有矢量网络分析仪、信号发生器、频谱分析仪、功率计、频率计、噪声分析仪、示波器等。按照测试技术可以分为信号分析和网络分析两类。信号分析常用示波器、频谱分析仪、功率计、频率计等,网络分析常用矢量网络分析仪、噪声分析仪等。

下面仅对本综合实验所用微波测试仪器的工作原理进行简单介绍。

1.2.1.1 矢量网络分析仪的工作原理

矢量网络分析仪是射频微波电路及器件测量的典型仪器。将微波系统简化为微波网络可以有效地分析射频微波电路,S 参数(散射参数)描述了微波电路的传输特性,对 S 参数的测量是分析射频微波电路的基础。

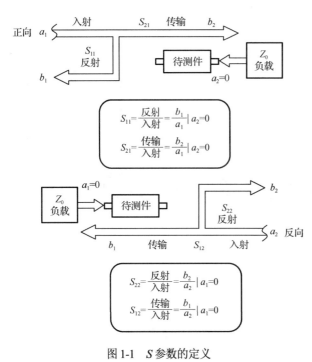

图 1-1 S 参数的定义

S 参数可以描述待测件的反射和传输特性，如图 1-1 所示。

一个双端口器件的 4 个 S 参数分别是 S_{11}、S_{12}、S_{21}、S_{22}，图 1-1 中 a 代表输入到待测件的激励信号；b 代表待测件的反射和传输信号（响应信号）。

S 参数为复线性值，它的测量精度取决于校准件的指标和采用的测量连接技术，也与非激励端口的匹配情况有关，其不理想的负载匹配将使正向测量时的 a_2 和反向测量时的 a_1 不等于零，这违背了 S 参数的定义，将引入测量误差。全双端口校准可以修正源和负载的匹配误差，提高测量的精度。

输出指待测件的响应信号输出端口号，输入指待测件的激励信号输入端口号。矢量网络分析仪有两个测量端口，可以测量一端口或二端口器件的 S 参数。我们可以设置 S 参数测量的信号输出端口，当激励信号在矢量网络分析仪的端口 1 输出时，我们称矢量网络分析仪进行正向测量；当激励信号在矢量网络分析仪的端口 2 输出时，我们称矢量网络分析仪进行反向测量。矢量网络分析仪根据选择的测量参数自动切换测量方向，因此，进行一次连接可以测量一个二端口器件的 4 个 S 参数。

矢量网络分析仪的信号源产生测试的激励信号，当测试信号输入到待测件时，一部分信号被反射，另一部分则被传输，图 1-2 说明了测试信号通过待测件后的响应。

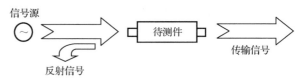

图 1-2 待测件对测试信号的响应图

测量 S 参数需要在每个端口进行信号激励并对入射波、反射波进行测量，早期采用单方向传输/反射系统进行测量，即标量网络分析仪，现在已经很少看到标量网络分析仪，更多的是使用矢量网络分析仪。由于矢量网络分析仪可以同时测量入射波和反射波的幅度、相位，并且在使用时可以方便地进行数字化校准，因此在射频微波电路测试中得到了广泛应用。

S 参数测量提供了待测件的网络参数，通过对 S 参数进行转换和格式化，可以获取待测件更多的固有特性信息。例如，滤波器通带插入损耗和放大器增益都可以通过 S_{21} 计算，当计算滤波器插入损耗时，由于输出功率小于输入功率，比值小于 1，S_{21} 取对数为负数，插入损耗定义为 $-20\lg|S_{21}|$。而放大器工作时，由于输出功率大于输入功率，比值大于 1，此时 S_{21} 取对数为正数，增益定义为 $20\lg|S_{21}|$。

下面以中电科仪器仪表有限公司生产的思仪 3656A 型矢量网络分析仪为例介绍矢量网络分析仪的工作原理，整机的原理框图如图 1-3 所示。

矢量网络分析仪用于测量器件及网络的反射特性和传输特性。整机主要包括射频信号源、本振源、S 参数测试模块、本振功分混频模块、数字信号处理与嵌入式计算机模块和显示模块等。S 参数测试模块用于产生参考信号，分离待测件的反射信号和传输信号；当源在端口 1 输出时，产生参考信号 R1、反射信号 A 和传输信号 B；当源在端口 2 输出时，产生参考信号 R2、反射信号

B 和传输信号 A。本振功分混频模块将射频信号转换成固定频率的中频信号，本振源和射频信号源锁相在同一个参考时基上，保证在频率变换过程中，待测件的相位信息不丢失。在数字信号处理与嵌入式计算机模块中，可将模拟中频信号变成数字信号，通过计算得到待测件的幅相信息，这些信息经各种格式变换处理后，将结果送给显示模块，显示模块将待测件的幅相信息以用户需要的格式显示出来。

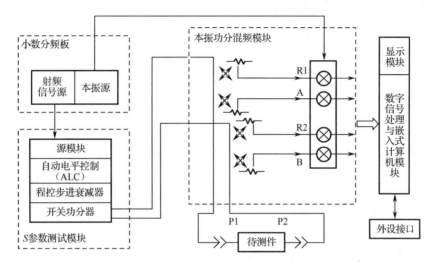

图 1-3　思仪 3656 A 型矢量网络分析仪整机的原理框图

1.2.1.2　信号发生器的工作原理

在微波测试系统中，信号发生器可以提供模拟的微波信号输出，其基本功能是输出具有频率可调、功率可调、模拟调制等功能的信号，信号发生器为微波电路提供模拟本振输入信号，或为放大器、滤波器提供输入信号。随着数字技术的发展，因此出现了更多新的信号形式，如各种数字调制格式的信号，随之出现了功能更加丰富的信号发生器，在具备了传统信号发生器的功能基础上，信号发生器可以提供更多的信号形式，如通过矢量合成各种信号来为矢量调制器提供输入信号。

下面以中电科仪器仪表有限公司生产的思仪 1435B 型信号发生器为例介绍信号发生器的工作原理。

思仪 1435B 型信号发生器采用基于现代计算机技术的智能化仪器硬件平台，操作系统为 Windows 7，在设计中遵循模块化、选项化的设计理念，把整机硬件和软件分成多个功能相对独立的模块。系统主要包括整机主控平台、频率合成、矢量信号发生、射频信号调理等模块，其整机硬件总体方案框图如图 1-4 所示。

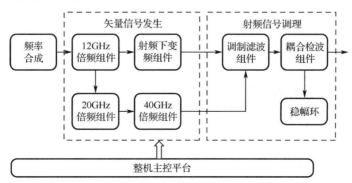

图 1-4　思仪 1435B 型信号发生器的整机硬件总体方案框图

整机主控平台为所有整机功能模块提供工作环境支撑。频率合成模块利用多环频率合成技术产生高纯连续波射频信号。矢量信号发生模块将频率合成模块产生的射频信号分频、混频后，进入射频矢量调制组件进行矢量调制获得射频矢量调制信号。射频信号调理模块完成对信号的滤波、稳幅、脉冲调制及程控衰减等幅度控制，并输出信号到射频输出端口。

1.2.1.3 频谱分析仪的工作原理

频谱分析仪是观测电信号频谱结构的仪器，可以认为是频域示波器，能够对以频率为自变量的参数测量，常用于信号失真度、调制度、频谱纯度、频率稳定度和交调失真等信号参数的测量。下面以中电科仪器仪表有限公司生产的思仪 AV4037C 型频谱分析仪为例介绍频谱分析仪的工作原理。

思仪 AV4037C 型频谱分析仪是一台由工控机控制，操作系统为 Windows XP，三次变频的超外差扫频式频谱分析仪。它由微波射频部分、中频部分、微波驱动部分、本振合成部分、数据采集处理部分、控制与显示部分和电源部分组成，其原理框图如图 1-5 所示。

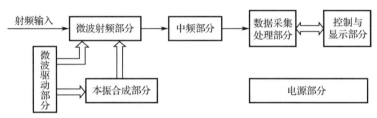

图 1-5 思仪 AV4037C 型频谱分析仪的原理框图

1.2.1.4 示波器的工作原理

示波器是信号时域测量的主要仪器，通过示波器能够观测信号的波形，进行对以时间为自变量的电参数测量，测量信号幅度、频率、时间、相位等电参量，也可以通过转换器测量其他类型的信号，如声信号、光信号。示波器种类有模拟示波器和数字示波器两种，数字示波器因具有波形触发、存储、显示、测量、波形数据分析处理等独特优点，使用日益普及。示波器的技术指标有很多，其中最主要的是模拟带宽和采样率。示波器的原理框图如图 1-6 所示。

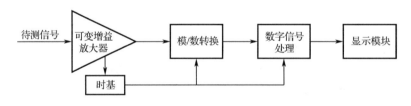

图 1-6 示波器的原理框图

1.2.2 微波测试仪器的使用方法

1.2.2.1 矢量网络分析仪的使用

下面以中电科仪器仪表有限公司生产的思仪 3656A 型矢量网络分析仪为例介绍矢量网络分析仪的使用。

思仪 3656A 型矢量网络分析仪具有强大的功能：提供时域、频域功能；提供对数幅度、线性幅度、电压驻波比、相位、群时延、史密斯圆图、极坐标等多种显示格式；提供多种校准方式，包括响应、单端口、响应隔离、增强型响应校准、全双端口校准、电校准；提供多种接口，包括 USB 接口、LAN 网口、GP-IB 接口、VGA 接口；提供彩色液晶显示，包括多窗口、多通道显示。

思仪 3656A 型矢量网络分析仪能够快速、精确地测量待测件 S 参数的幅度、相位和群时延特性，具备高效、强大的误差修正能力，广泛应用于元器件、雷达、航天、电子干扰与对抗、通信、广播电视等军工、民用领域。

1. 前面板介绍

思仪 3656A 型矢量网络分析仪的前面板如图 1-7 所示，包括多个按键区、USB 接口和测量端口等，下面将详细阐述各部分的功能和技术指标。

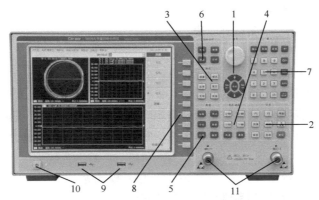

1—调节键区；2—功能键区；3—响应键区；4—轨迹/通道键区；5—激励键区；

6—光标/分析键区；7—输入键区；8—软键区；9—USB 接口；10—【开机/待机】键和指示灯；11—测量端口。

图 1-7　思仪 3656A 型矢量网络分析仪的前面板

1）调节键区

此键区包括导航键和调节旋钮。导航键分为【←Tab】键和【→Tab】键、【↑】键和【↓】键、【点击】键。调节旋钮可以调节当前激活输入框的设置值，【←Tab】键和【→Tab】键、【↑】键和【↓】键在操作界面中实现向左或向右、向上或向下移动选择菜单及激活的功能，【点击】键与鼠标点击的功能相同。

2）功能键区

此键区进行仪器系统的操作，各功能键的功能如下。

【保存】键：用于将仪器状态、校准数据或测量数据保存到指定的文件中。

【系统】键：进行一些系统相关的配置、软件语言的选择等。

【复位】键：使矢量网络分析仪（本节简称分析仪）复位到默认（预定义）状态。

【回调】键：用于调用包含分析仪状态、校准数据和测量数据的文件。

【打印】键：启动打印功能，进行打印设置，选择打印机进行打印。

【宏/本地】键：当分析仪处于外控状态时，按这个键可以使分析仪重新响应前面板按键；当分析仪处于正常工作状态时，按这个键可以访问一组与可执行文件关联的用户定义的宏。分析仪最多可以命名和存储 10 个宏。

【F1】键：记录某次测量操作过程的快捷键（只有用前面板按键操作时记录才有效）。

【F2】键：记录某次测量操作过程的快捷键（只有用前面板按键操作时记录才有效）。

【帮助】键：打开分析仪的用户手册（内嵌文档）。

3）响应键区

此键区进行测量数据轨迹的操作，各功能键的功能如下。

【测量】键：用来选择测量的 S 参数类型和任意比值或非比值功率测量类型。

【格式】键：用来选择分析仪显示测量数据的格式。

【比例】键：设置分析仪显示测量轨迹的比例。

【显示】键：可以创建新的窗口，选择或激活现有窗口，也可以进行显示的各种设置。

【平均】键：通过【平均】键使用测量平均功能可以降低噪声。当指定平均因子后，分析仪通过执行指定次数的复指数扫描平均来减小随机噪声对测量结果的影响。

【校准】键：可以启动测量校准，进行功率校准等操作。

4）轨迹/通道键区

此键区用于管理轨迹和通道。

【上一轨迹】键：激活上一条轨迹曲线。

【上一通道】键：激活上一通道的曲线。

【下一轨迹】键：激活下一条轨迹曲线。

【下一通道】键：激活下一通道的曲线。

【轨迹】键：显示相应的轨迹软键菜单，按相应的软键就可以创建、删除或选择激活轨迹等。

【通道】键：显示相应的通道软键菜单，按相应的软键可以进行通道管理。

5）激励键区

此键区决定所测量的数据的范围、扫描类型或触发模式等。

【起始】键：用于设置起始频率值范围和频率偏移。

【终止】键：用于设置终止频率值。

【中心】键：用于设置中心频率值。

【跨度】键：用于设置频率范围。

【扫描设置】键：用于选择信号发生器扫描的方式和与之相关的各种属性。

【触发】键：用于设置如何开始一个已初始化的扫描测量。

6）光标/分析键区

此键区控制各个方面的数据分析，包括光标和数学运算等。

【光标】键：用来激活光标和设置光标的激励值，光标能够提供测量结果的数字读数。分析仪最多支持 9 个光标和参考光标 R。

【搜索】键：提供光标搜索功能，如果没有光标显示，按这个键将激活一个光标。

【存储】键：设置测量数据数学运算和存储操作。

【分析】键：包括极限测试、轨迹统计、门、窗和时域变换等功能。

7）输入键区

此键区用来输入测量设置值。

【确认】键：用于确认对话框中的设置和输入值并关闭对话框，相当于单击对话框中的"确定"按钮。

【取消】键：忽略对话框中的设置和输入，关闭对话框，相当于单击对话框中的"取消"按钮。

【菜单】键：按【菜单】键后，可以用导航键浏览菜单。按该键后，再按前面板的功能按键，可以快速打开功能设置对话框。例如，按【菜单】键，再按【搜索】键，可以打开【搜索设置】对话框。

【←】键：输入数值后按此键，光标会后退并删除原先的输入。

【数字】键：包括 0～9 的数字，在设置测量时用来输入数值，然后按对应的【单位】键完成输入。

【单位】键：用来结束数值输入，并给输入值分配一个单位，各键对应的单位如下。

【G/n】键：吉/纳（$10^9/10^{-9}$）

【M/μ】键：兆/微（$10^6/10^{-6}$）

【k/m】键：千/毫（$10^3/10^{-3}$）

【↵/En off】键：基本单位包括 dB、dBm、度、秒、Hz 和 dB/GHz，也可以用于无单位数值的输入，并具有回车键的功能。

【·】键：十进制小数点键，当输入带小数位的十进制数值时，用来输入十进制的小数点。

【+/-】键：正号/负号键，输入数值前按此键用来触发输入是正值还是负值。

8）软键区

和前面板其他功能区的按键配合使用能在不用鼠标的情况下很容易地进行仪器的所有操作。

● 有一个附加键可以作为用户键来使用。

● 按前面板的任何一个按键就可以调出和该按键相对应的软键菜单。

9）USB 接口

USB 接口可以用来连接键盘、鼠标等 USB 设备，前面板共提供两个 USB 接口。

10）【开机/待机】键和指示灯

【开机/待机】键用来开启分析仪或使分析仪处于待机状态。

11）测量端口

分析仪的测量端口是两个 N 型阴头端口，可以在射频信号源和接收机之间相互切换，以便在两个方向上对待测件进行测量，黄色灯用来指示当前的源输出端口。端口输入损毁电平为射频功率+26dBm。

2．矢量网络分析仪的测量流程

分析仪的测量流程主要分为测量设置、矢量网络分析仪校准、测量、分析数据、数据输出等过程。

1）测量设置

分析仪启动后进入初始状态，需要针对测试目标进行测量设置，包括复位分析仪、选择测量参数、设置频率范围、设置信号功率电平、设置扫描、选择触发方式、选择数据格式和比例、观察多条轨迹和开启多个通道、设置分析仪的显示。

（1）复位分析仪。

当按【复位】键时，分析仪回到一个已知的默认状态，称为复位状态。

（2）选择测量参数。

a）S 参数

用 S 参数可以进行参数的测量，测量类型如表 1-1 所示。

表 1-1　测量类型

测量类型	反 射 测 量	传 输 测 量
使用的 S 参数	S_{11}、S_{22}	S_{21}、S_{12}
测量参数	回波损耗、电压驻波比（VSWR）、反射系数、特性阻抗	插入损耗、传输系数、增益、群时延、线性相位偏离、电延时

b）任意比值测量

任意比值测量允许从 A、B、R1 和 R2 接收机中选择输入信号和参考信号进行比值测量。

c）非比值功率测量

非比值功率测量进入 A、B、R1、R2 接收机的绝对功率，但不能进行相位、群时延和其他任何打开平均功能的测量。

d）改变轨迹的测量类型

在分析仪中，如果需要对某条轨迹进行设置和修改，那么必须使该轨迹成为当前的激活轨迹，然后才能对其进行修改。

（3）设置频率范围。

频率范围指器件测量的频率跨度，思仪 3656A 型矢量网络分析仪的频率分辨率为 1Hz。它有两种设置频率范围的方式：指定起始频率和终止频率，指定中心频率和频率跨度。

（4）设置信号功率电平。

功率电平指分析仪测量端口输出源信号的功率电平，思仪 3656A 型矢量网络分析仪端口输出信号功率电平的技术指标如下。

频率：100kHz～3GHz。

源功率范围（dBm）：-45～+10。

设置分辨率（dB）：0.01。

（5）设置扫描。

扫描是以指定顺序的激励值进行连续数据点测量的过程。分析仪支持表 1-2 所示的 5 种扫描类型。

表 1-2 扫描类型

扫 描 类 型	功 能
线性频率扫描	分析仪默认的扫描类型，相邻测量点的频率间隔相等
对数频率扫描	在对数频率扫描设置下，源频率以对数步进量递增，两个相邻测量点的频率比值相同
功率扫描	功率扫描用来对功率敏感参数进行测量，如增益压缩或 AGC（自动增益控制）斜率。功率扫描在点频上进行，可设置的最大扫描范围为 25dB，默认的功率扫描范围为-15dBm～+10dBm。扫描时功率从起始值以离散的步进量到终止值，扫描点数和功率范围决定了步进的大小
点频扫描	点频扫描方式将分析仪设置为单一的扫描频率，按扫描时间和测量点数决定的时间间隔对测量数据精确连续取样，显示测量数据随时间的变化
段扫描	段扫描设置启动由多个段组成的扫描，每个段可以定义独立的功率电平、中频带宽和扫描时间

当在所有段上完成校准后，便可以对一个或几个段进行已校准的测量。段按照频率递增的顺序定义，频率范围不能重叠。所有段的功率电平必须由相同的衰减器设置，以防因衰减器频繁切换而损坏，当前定义段与已定义段的衰减器设置不同时，分析仪自动改变已定义段的功率电平并设置衰减器。

（6）选择触发方式。

触发信号是控制分析仪进行测量扫描的信号，触发设置决定了分析仪扫描的方式及何时停止扫描返回到保持状态，在触发功能设置上，分析仪提供了极大的灵活性。

a）简单的触发设置

简单的触发设置只能设置当前激活通道的触发方式。使用前面板按键，在激励键区按【触发】键，显示相应的软键菜单；按对应的软键选择需要的触发方式。

　b）详细的触发设置

　　使用前面板按键在激励键区按【触发】键，显示相应的软键菜单；按对应的软键显示【触发】对话框；在对话框中对触发进行设置，详细的触发设置如表1-3、表1-4所示；设置完成后按输入键区的【确定】键关闭对话框。

表1-3　触发对话框设置

设 置 区 域	设 置 内 容
触发源区	触发源设置决定了通道的触发信号来自何处，只当分析仪不扫描时才能产生有效的触发信号。分析仪可选择的触发源有内部、手动和外部三种。一旦设定触发源，分析仪就会将此触发源作为所有通道的触发源
触发范围区	触发范围设置决定了分析仪哪些测量通道将接收触发信号，有两种触发范围的设置：全部和通道
触发设置区	触发设置决定了一个通道将接收多少触发信号，有4种通道触发状态：连续、组、单次、保持

表1-4　外触发对话框设置

设 置 区 域	设 置 内 容
触发输入区	全部触发延时区：当接收到外部触发信号时，分析仪在延迟了【延时】对话框所设置的时间后开始扫描。 触发源区：可以设置分析仪通过哪个后面板连接器接收触发信号。 电平/边沿区：高电平、低电平、上升沿、下降沿
触发输出区	使能复选框：勾选之能使触发输出。 极性区：设置触发输出的极性。 位置区：设置在什么位置进行触发输出，以及触发脉冲的宽度

　（7）选择数据格式和比例。

　　数据格式是指分析仪图形化显示测量数据的方式，测量时应选择最适合了解待测件特性信息的数据格式。仪器有9种不同的数据格式，通过设置比例可以更好地显示测量信息。

　　通过单击【响应】按钮，在【响应】菜单中选择【格式】选项，显示【格式】子菜单，可在子菜单中选择需要的格式。

　a）直角坐标格式。

　　9种数据格式中7种以直角坐标格式显示测量数据信息，如表1-5所示。这种格式非常适合显示待测件的频率响应信息，直角坐标显示以下信息。

表1-5　直角坐标格式

格 式	显 示 信 息
对数幅度格式	显示幅度信息（无相位信息）。 Y轴单位：进行比值测量时单位为dB，进行非比值功率测量时单位为dBm。 适合的典型测量：回波损耗、插入损耗和增益
相位格式	显示相位信息（无幅度信息）。 Y轴单位：相位（度）。 适合的典型测量：线性相位偏离

续表

格　式	显　示　信　息
群时延格式	显示信号通过待测件的传输时间。 Y 轴单位：时间（秒）。 适合的典型测量：群时延
线性幅度格式	仅显示正值。 Y 轴：进行比值测量时无单位（U），进行非比值功率测量时单位为瓦（W）。 适合的典型测量：反射和传输系数（幅度值）、时域变换
电压驻波比格式	显示通过公式 $(1+\rho)/(1-\rho)$ 计算的反射测量数据，ρ 为反射系数。 仅进行反射测量时才有效。 Y 轴：无单位。 适合的典型测量：电压驻波比
实部格式	显示测量复数据的实部。 与线性幅度格式相似，但可以显示正负值。 Y 轴：无单位。 适合的典型测量：时域测量、用于维修的辅助输入电压信号测量
虚部格式	仅显示测量复数据的虚部。 Y 轴：无单位。 适合的典型测量：设计匹配网络时的特性阻抗测量

- X 轴默认情况下以线性比例的方式显示激励值（频率、功率或时间）。
- Y 轴显示不同激励值下对应的响应值。

b）极坐标格式。

极坐标格式包含幅度和相位信息，矢量数值通过以下方式读取。

- 任何一点的幅度值由该点到中心点（或零点）的位移决定，默认情况下幅度为线性比例，外圆被设置成比值 1。
- 任何一点的相位值由该点到 X 轴的夹角决定。
- 因为没有频率信息，频率信息通过光标读取，默认的光标格式是实部/虚部，也可以通过光标菜单打开【光标】对话框选择其他格式。

c）史密斯圆图格式。

史密斯圆图是将待测件的反射测量数据映射成特性阻抗的工具，图上的每个点都代表由一个实电阻（R）和虚电抗（±jX）组成的复特性阻抗，通过光标可以读取待测件的电阻值、电抗值及电抗等效的电容或电感值。

史密斯圆图的中心水平轴线代表纯电阻，水平轴的中心点代表系统特性阻抗；水平轴的最左边电阻为零，代表短路；水平轴的最右边电阻无穷大，代表开路。史密斯圆图上与水平轴相交圆上的点有相等的电阻值。史密斯圆图上与水平轴相切圆（或弧线）上的点有相等的电抗值。史密斯圆图上半部分的电抗为正，因此为感性区，下半部分的电抗为负，因此为容性区。

（8）观察多条轨迹和开启多个通道。

分析仪的预配置功能提供了一种非常方便的方法进行多轨迹、多通道、多窗口测量，分析仪提供 4 种预配置的测量设置，选择每一种设置时都将关闭当前的轨迹和窗口，创建新的轨迹和窗口。

（9）设置分析仪的显示。

通过分析仪响应菜单中的显示菜单来自定义屏幕显示。可选择的屏幕显示要素包括状态栏、工具栏、表、测量设置、轨迹状态、标题栏等，它们对于观察、设置、修改和测量非常有用。

2）矢网校准

制作不需要任何误差修正且理想的分析仪硬件电路是不可能的，即使这些硬件电路能够做得非常好，可以忽略误差修正的需要，费用也将是极其昂贵的。另外，分析仪的测量精度很大程度上受分析仪外部附件的影响，测试的组成部分（如连接电缆和适配器）的幅度和相位的变化会掩盖待测件的真实响应，必须通过校准去除这些附件的影响。因此权衡硬件的性能和成本，将硬件做得尽可能好，并通过校准来提高测量精度是最好的方法。

校准的简要过程如下。

（1）按测量要求连接分析仪和待测件，选择合适的分析仪设置优化测量。

（2）移走待测件，利用校准向导选择校准类型和校准件。

（3）按照校准向导的提示，连接已选校准类型中需要的校准标准进行测量。分析仪通过对校准标准进行测量计算出误差项，存储在分析仪的内存里。

（4）连接待测件进行测量，当在器件测量中打开误差修正时，误差项的影响将从测量中去除。

3）测量

接入待测件，选择测量参数，进行测量。

4）分析数据

光标：使用光标可以读取测量数据，对特定类型的测量值进行搜索和改变分析仪的设置。每条轨迹最多可以使用 9 个正常光标和一个参考光标。

轨迹运算和统计：分析仪可以对当前的激活轨迹和存储轨迹执行 4 种类型的数学运算，此外还提供 3 种轨迹统计功能。

极限测试：极限测试功能将测量数据同定义的约束（极限）进行比较，用户定义的极限以极限线的形式直观地显示在屏幕上。

带宽测试：带宽测试能找出通带内的信号峰值，并将两个点分别定位在通带两侧的特定幅度上，这个幅度低于信号峰值，可以通过设置 NdB 点进行调整（默认设置为 3dB）。这两点之间的频率范围就是所测滤波器的带宽。带宽测试可以在测试之前将用户允许的最小带宽和最大带宽设置出来，实测的带宽会自动与这两个值比较。

带宽搜索：带宽搜索是指通过搜索带内信号峰值从而确定迹线带宽、中心频率、截止点、Q 和插入损耗的功能。思仪 3656A 型矢量网络分析仪的带宽搜索功能菜单具有滤波器测试功能，专门用于滤波器自动测试。

纹波测试：纹波测试可以通过设置波动极限来评估测试结果是否合格。纹波测试将测量数据和定义的波动极限进行比较，并提供 PASS 和 FAIL 信息，测试结果直观地显示在屏幕上。每条轨迹最多支持 12 段分立的极限段，每个极限段可以设置起始激励、终止激励和最大波动值，不同段的激励设置可以重叠。

5）数据输出

矢量网络分析仪支持多种格式文件的保存和回调。

（1）保存文件：保存文件。

（2）回调文件：可以保存分析仪的状态和校准数据，以后需要时再调用。支持多种格式文件的保存和回调，回调支持 sta 文件、cal 文件、cst 文件，如表 1-6 所示。

表 1-6　回调文件类型

类　　型	说　　明
sta 文件	sta 文件中保存了分析仪的状态数据，包括分析仪的设置、轨迹数据、极限线和光标
cal 文件	cal 文件中仅保存校准数据，不包含分析仪的状态数据。校准数据的修正精度是与分析仪的状态设置有关的，因此为了获得最高的测量精度，要保证回调 cal 文件时分析仪的状态设置与校准时一致，否则校准的精度无法保证
cst 文件	cst 文件保存了分析仪所有的测量状态和校准数据，因此调用 cst 文件可以节省测量时间和提高测量精度

（3）数据文件：数据文件以 ASCII 格式保存测量结果，这些文件可以使用文本编辑软件、电子制表软件进行编辑，但不能被分析仪本身调用，分析仪可以保存三种类型的数据文件，如表 1-7 所示。

表 1-7　数据文件格式

类　　型	说　　明
dat 文件	dat 文件保存激活轨迹或所有轨迹的测量数据，数据以格式化或非格式化的形式存储，通过【数据保存设置】对话框定义数据的存储方式
snp（s1p 和 s2p）文件	snp 文件可以被计算机辅助工程（CAE）软件调用，是一种数据输出文件，但不能被分析仪本身调用。s1p 文件保存单端口器件的特性，只包含 1 个 S 参数（S_{11} 或 S_{22}），s2p 文件保存双端口器件的特性，包含 4 个 S 参数。如果全双端口修正打开，在 s2p 文件中将保存 4 个 S 参数。如果全双端口修正关闭，分析仪将在 s2p 文件中保存尽可能多的测量数据
prn 文件	prn 文件以行和列的形式保存激活轨迹的测量数据，每一行对应一个测量点，第一列对应测量的激励值，第二列对应测量的响应值，列之间通过逗号分隔

（4）打印测量显示：分析仪支持将测量显示的内容通过打印机输出或打印到指定的文件中。打印机可以是本地或网络打印机，打印机的类型可以是并口、串口或 USB 接口打印机，只要在 Windows XP 操作系统中完成打印机的添加即可实现测量打印。

1.2.2.2　信号发生器的使用

下面以中电科仪器仪表有限公司生产的思仪 1435B 型信号发生器为例介绍信号发生器的使用。

思仪 1435B 型信号发生器的频率范围为 9kHz～6GHz，其具有优良的频谱纯度，单边带相位噪声 1GHz 载波@10kHz 频偏达到-136dBc/Hz；具有高功率输出和大动态范围，最大输出功率可达 21dBm@3GHz，动态范围大于 150dB。

思仪 1435B 型信号发生器可以产生连续波信号、扫频信号、模拟调制信号、数字调制信号等信号形式。

1. 前面板介绍

思仪 1435B 型信号发生器的前面板如图 1-8 所示，包括功能区、显示区、USB 接口和测量端口等，下面将详述各部分的功能和技术指标。

1）显示区

LED 显示器，用于显示所有测量结果、状态和设置信息，并允许不同测量任务间的切换。产品支持触屏。

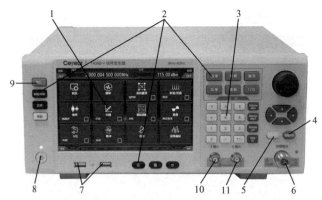

1—显示区；2—功能区；3—输入区；4—射频开关；5—调制开关；
6—射频输出；7—USB 接口；8—电源开关；9—复位按键；10—I 输入；11—Q 输入。

图 1-8　思仪 1435B 型信号发生器的前面板

2）功能区

由前面板功能性按键组成，按其中的按键可执行仪器的频率、功率、扫描、调制、基带模式、IQ、校准、显示、触发、确认、退出、菜单、系统、存储调用、文件、打印、复位及本地等功能。

3）输入区

包括方向键、旋钮、←/–（退格键/负号）、数字键。所有的输入都可由输入区的按键和旋钮改变。

4）射频开关

输出特性阻抗为 50Ω，反向功率为 0.5W，N 型阴头。

5）调制开关

打开/关闭调制功能，可打开调制窗口，按需设置相应的调制参数。

6）射频输出

信号发生器的信号输出端口，输出特性阻抗为 50Ω，反向功率为 0.5W。

7）USB 接口

用于连接鼠标、键盘，进行系统软件升级及数据备份。

8）电源开关

当仪器处于"待机"状态时，电源开关上面左侧黄色指示灯亮；按一下电源开关，其上右侧绿色指示灯亮，表示仪器处于"工作"状态。

9）复位按键

按该按键，仪器重新启动、自检，初始化后进入厂家或用户设置状态。

10）I 输入

BNC 阴头，接收 I/Q 调制的"I"输入，输入特性阻抗为 50Ω。

11）Q 输入

BNC 阴头，接收 I/Q 调制的"Q"输入，输入特性阻抗为 50Ω。

2. 操作界面的主要特征

前面板 LED 显示器用于显示用户操作界面并显示信号输出的整个过程。整个仪器操作界面按照功能划分为不同的区域，可同时操作多个功能模块，显示所有的配置任务的状态、参数设置和配置结果。操作界面如图 1-9 所示，列项说明如表 1-8 所示。

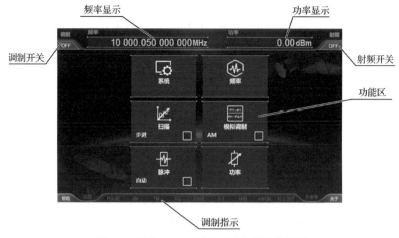

图 1-9 思仪 1435B 型信号发生器操作界面

表 1-8 操作界面说明

名 称	说 明
主信息区	显示主要参数值：频率、功率、调制开关状态、射频开关状态及调制状态等。对应图 1-9 中的频率显示、功率显示、调制开关及射频开关
功能区	当采用触屏方式点击功能区对应功能，或者按下前面板功能键时，该区域显示对应的菜单。该区域对应图 1-9 中的功能区
状态指示区	用于显示仪器工作模式、工作状态及当前最新警告/错误信息。该区域对应图 1-9 中的调制指示

3. 公用配置设置方法

思仪 1435B 型信号发生器的图形用户界面支持触屏操作和仪器前面板操作，下面仅介绍信号发生器仪器前面板操作，触屏操作均有对应图标。

1）射频开/关操作

按仪器前面板【射频开/关】键，切换射频开关状态。

2）设置连续波频率

按仪器前面板的【频率】键，打开频率配置窗口，旋转仪器前面板上的旋钮（RPG）来选择输入项，【连续波】选项有黄线框时，表明已选中该输入项。向下按旋钮，【连续波】选项进入编辑状态。通过前面板按键输入数值，按单位键后结束操作。

注意：仪器所有数值输入后必须通过按单位键或者回车键来结束输入。

3）设置连续波频率输出递增（减）变化

连续波频率可以通过设置固定数值后输出，也可以通过方向键（旋钮）来实现某一位数值的递增（减）。此外，对于【连续波】选项，移动光标到最左侧，光标消失后，此时按上下方向键或者旋转旋钮，连续波输入会以设置的步进值来递增或递减。

4）选择配置窗口

按仪器前面板相应的按键，打开仪器对应的配置窗口。例如，按仪器前面板的【功率】键，即可打开功率配置窗口。

5）开关按钮操作

旋转仪器前面板上的旋钮，当该按钮处于选定状态时，按下旋钮，即可进行开、关切换。

6）下拉框操作

旋转仪器前面板上的旋钮，当下拉框控件处于选定状态时，向下按旋钮，展开下拉框。旋转旋钮或者通过方向键，选择要选中的项。按下旋钮或者按回车键完成编辑。

7）编辑数据

● 数据输入由两部分组成，分别是数据输入及单位选择。选择不同单位，数据会以不同的单位精度显示。

● 操作数据可以通过仪器前面板上的数字键输入。

● 旋转仪器前面板上的旋钮，当数据输入框处于选定状态时，按下旋钮，设置该数据输入框为编辑状态，输入数据并编辑。编辑完毕，再次按下旋钮，设置数据输入框为选定状态，通过旋转旋钮，操作其他控件。

● 为方便用户输入，数据输入框焦点顺序位于当前配置窗口的所有控件的焦点顺序的首位，即打开某一配置窗口时，数据输入框可以直接进行编辑。

8）编辑列表

思仪 1435B 型信号发生器具备列表编辑功能，此时需要用户手动编辑列表信息。列表内嵌入控件、开关控件、下拉框控件、按钮控件。

旋转前面板上的旋钮可选定列表。按下旋钮，即可选中某行进行编辑，旋转旋钮或者按方向键，可依次选中每行。按左右方向键，可依次选中某格。在某格为可编辑控件时，会有黄线框，通过旋转旋钮可以编辑此控件。

9）快捷操作

主界面提供调制方式的开关及工作模式的快捷操作。通过触摸操作，可以快速切换仪器的状态。在每个功能模块左侧有当前状态信息的提示显示。

1.2.2.3　频谱分析仪的使用

下面以中电科仪器仪表有限公司生产的思仪 AV4037C 型频谱分析仪为例介绍频谱分析仪的使用，其前面板如图 1-10 所示。

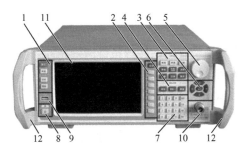

1—系统控制区；2—软键区；3—分析设置区；4—频标功能设置区；5—旋轮；6—方向键和回车键；

7—数字键区；8—开机/待机开关键；9—前面板 USB 接口；10—射频输入端口；11—显示屏；12—把手。

图 1-10　思仪 AV4037C 型微波频谱仪前面板

思仪 AV4037C 型频谱分析仪能够对信号的谐波分量、寄生、交调、噪声边带等进行很直观的测量与分析。测量频率范围低至 30Hz，高至 13.2GHz；在载波 1GHz 频偏 10kHz 处，噪声边带达 -110dBc/Hz；1dB 增益压缩为 0dBm；TOI（三阶互调截止点）为+10dBm；采用全数字中频，最小分辨率带宽达 1Hz；非零频宽扫描时间最小为 1ms，零频宽扫描时间最小为 1μs；具有自动校准功能，环境适应能力强等特点。

1. 前面板介绍

1）系统控制区

包括【复位】【系统】【文件】和【帮助】4 个按键。系统控制区用于数据信息保存和调用，对系统默认初始状态、校准和外设通信方式等进行设置。频谱分析仪前面板上唯一的绿色键为【复位】键，唯一的黄色键为【帮助】键。【系统】键在程控时，起【本地】键的作用。

2）软键区

频谱分析仪前面板上显示屏右侧的 7 个没有标识的白色键称为"软键"。每个软键所对应的功能显示在该键左侧的显示屏上。这些功能与用户激活的软菜单相关。按下软键，其对应功能将会高亮度显示。这 7 个软键从上到下依次命名为软键 1、软键 2、…、软键 7。软键上方有一个【返回】键，按【返回】键，软菜单将返回到相应的上一级菜单。

3）分析设置区

分析设置区包含 9 个键，分别为【频率】键、【频宽】键、【幅度】键、【带宽】键、【轨迹/检波】键、【关联】键、【测量】键、【扫描】键、【触发】键。通过设置这些键可完成与测量有关的功能。

4）频标功能设置区

频标功能设置区包含 3 个键，分别为：【频标】键、【频标→】键、【峰值】键。通过设置这些键可实现与频标相关的各项功能。

5）旋轮

通过顺时针或逆时针旋转旋轮增大或减小激活参数的数值。

6）方向键和回车键

通过顺时针或逆时针旋转旋钮可增大或减小激活参数的数值；通过上下键增大或减小激活参数的数值。在频谱分析仪出现对话框时，左右键可以改变光标的位置。回车键的作用与计算机标准键盘的回车键相同。

7）数字键区

通过数字键区可以对选择的参数进行修改，输入完数字，在软菜单中选择相应的单位即可将数据输入。数字键区各功能键的功能如下。

【←/–】号键：在激活输入区，且输入区有数据的情况下，光标位于数据最前端时，按该按键清除全部字符；光标位于数据其他位置时，按该按键清除光标之前的一个字符。在激活输入区，且输入区没有数据的情况下，按该按键将实现负号输入。

【Shift】键、【Ctrl】键、【Alt】键、【Del】键：功能与标准键盘对应键的功能相同。

8）开机/待机开关键

该开关位于频谱分析仪前面板的左下角。待机时该开关上方的指示灯为桔黄色，按下开关，开机，指示灯由桔黄色变为绿色，界面将显示仪器的启动信息。频谱分析仪开机后，指示灯为绿色，此时按下开关，频谱分析仪进入关机流程，待关机完毕处于待机状态，指示灯由绿色变为桔黄色。该开关为往复开关。

9）前面板 USB 接口

前面板 USB 接口位于开机/待机开关键的正上方。

10）射频输入端口

射频输入端口位于前面板的右下方，其下方标注了频谱分析仪对输入信号的要求。

11）显示屏

产品使用了 7 寸液晶显示屏。

12）把手

前面板两侧各有一个把手，供搬运产品时使用。

2. 显示区说明

图 1-11 是频谱分析仪显示信号的例子，以①至⑱标注各个显示部分。表 1-9 列出各个部分的对应功能键。

3. 基本测量方法

1）软菜单形式的介绍

软菜单就是在激活前面板某一按键后，在频谱分析仪的显示屏幕右侧出现的菜单。软菜单提供了很多功能键。

（1）具有两种选项的功能软键。

该类软键初始时处于默认状态。被激活的状态反白显示。通过反复按该软键，可以实现两种状态的切换。

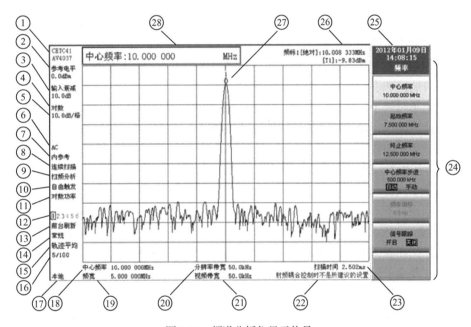

图 1-11　频谱分析仪显示信号

表 1-9　显示区注释

标号	描述	对应功能键	标号	描述	对应功能键
①	生产厂商和仪器型号	—	⑧	连续或单次扫描	【扫描】[连续扫描]或[单次扫描]
②	参考电平值	【幅度】[参考电平]	⑨	扫描类型	【扫描】[扫描类型]
③	射频衰减量	【幅度】[输入衰减]	⑩	触发类型	【触发】
④	幅度刻度类型	【幅度】[刻度类型]	⑪	平均值检波方式	【轨迹/检波】[平均值检波方式]
⑤	每格表示的幅度刻度值	【幅度】[显示量程]	⑫	当前操作轨迹指示	[轨迹选择]
⑥	射频耦合类型	【幅度】[菜单 1/2] [射频耦合]	⑬	轨迹显示方式	【轨迹/检波】[显示/隐藏]
⑦	参考选择	【系统】[IO 配置] [频率参考]	⑭	视频检波方式	【轨迹/检波】[视频检波方式]

标号	描述	对应功能键	标号	描述	对应功能键
⑮	轨迹刷新类型	【轨迹/检波】[轨迹类型]	㉒	提示信息	—
⑯	保持/平均次数	【轨迹/检波】[轨迹类型] [保持/平均次数]	㉓	扫描时间	【扫描】[扫描时间]
⑰	程控/本地指示	【系统】	㉔	软键菜单区	与所选择的功能相关
⑱	中心频率	【频率】[中心频率]	㉕	日期/时间显示区	【系统】[菜单1/2] [时间/日期设置]
⑲	频宽	【频宽】[频宽]	㉖	频标测量结果显示区	【频标】或【峰值】
⑳	分辨率带宽	【带宽】[分辨率带宽]	㉗	频标	【频标】或【峰值】
㉑	视频带宽	【带宽】[视频带宽（VBW）]	㉘	参数输入区	与激活的功能相关

（2）具有多种选项的功能软键。

该类软键初始时处于默认状态。通过按该软键可以进入下一级子菜单，选择其他的状态。

（3）具有自适应和手动设置参数的功能软键。

该类软键初始时处于自适应状态。通过前面板数字键输入新的参数可使该功能进入另一状态。被激活的状态反白显示。通过再次按该软键可使该功能重新恢复自适应状态。

（4）包含子菜单的软键。

带有"▶"符号的软键，表明该软键还有下一级子菜单。

（5）多页菜单软键。

该软键表示还有下一页软菜单。

2）基本测量

基本测量包括在频谱分析仪屏幕上用频标测量信号的频率和幅度。按以下步骤即可测量输入信号，并利用文件菜单保存当前的测量结果。

（1）设置中心频率。

该操作激活中心频率参数，同时还调出其他与频率参数相关的软菜单。按软键将点亮对应的软键功能，此时表示选中了该参数（如中心频率）。大多数前面板的按键都有可访问的软键功能菜单。

中心频率参数是使用前面板数字键区的按键直接输入的。这些数字键可对当前参数设置确切的值，步进键和旋钮也可用于改变中心频率值。

（2）设置频宽。

通过【频宽】键、数字键、单位键进行设置。用户也可使用【↓】键步进或旋钮减小频宽。注意分辨率带宽和视频带宽与频宽是自适应的，它们根据给定的频宽值自动调整到合适的值。扫描时间也具有自适应功能。

（3）激活频标。

按【频标】键可激活一个频标。并显示在水平坐标的中央位置（此时频标位于信号的峰值或其附近）。由频标可读出信号的频率和幅度值。如果频标不在信号的峰值点上，可按【峰值】键使频标自动跳至信号峰值点上，或利用前面板上的旋钮手动使其位于信号的最大值点上。

（4）调整幅度参数。

按【峰值】键，选择【幅度读数→参考电平】选项可调整幅度参数。通常，将信号峰值置于参考电平位置可获得最佳的幅度测量精度。

（5）保存测试结果。

按【文件】键，选择【保存】选项保存测试结果。文件保存类型分为状态、轨迹（+状态）、数据、屏幕映像，用户可以根据需要选择保存类型。按【状态】键，屏幕会弹出窗口，使用外接键盘或前面板数字键区为文件命名，按【←—】键就可以完成保存。

1.2.2.4　示波器的使用

下面以中电科仪器仪表有限公司生产的思仪 4456 数字荧光示波器为例介绍示波器的使用。思仪 4456 数字荧光示波器带宽为 350MHz～1GHz，最高采样率为 5GSa/s，最大存储深度为 500Mpts/CH，最快波形捕获率为 100 万个波形/秒。具有波形自动设置、波形参数自动测量与统计、光标测量、直方图测量、数学运算、FFT 分析等功能。

1. 前面板介绍

思仪 4456 数字荧光示波器的前面板如图 1-12 所示。它由电源按钮、前置 USB 口、逻辑分析仪扩展接口、波形发生扩展接口、1kHz 校准信号、屏幕显示区、通用旋钮设置区、功能设置区、运行系统设置区、水平系统设置区、触发系统设置区、垂直系统设置区、输入通道区等部分组成。

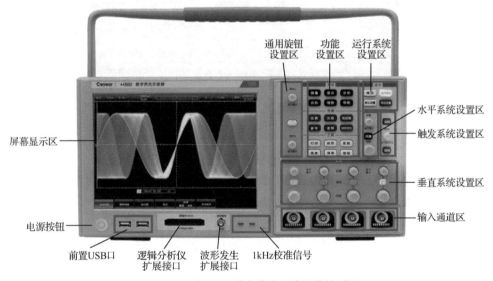

图 1-12　思仪 4456 数字荧光示波器的前面板

1）电源按钮

【⏻】键：用于仪器的开机和关机。

2）前置 USB 口

2 个前置 USB2.0 主控口，用于鼠标、键盘及 USB 存储类设备的插入。

3）逻辑分析仪扩展接口

逻辑分析仪扩展接口用于 16 个数字通道的信号输入。

4）波形发生扩展接口

波形发生扩展接口用于 1 个通道的波形输出，输出特性阻抗为 50Ω。

5）1kHz 校准信号

输出探头的方波校准信号，方波校准信号的频率约为 1kHz，幅度为 3Vpp，主要用于探头的校准，通过调节探头的可调电容，使示波器保持平坦的幅频特性。

6）屏幕显示区

屏幕显示区是示波器交互的窗口，波形及测量结果等信息均通过屏幕显示区显示。示波器的屏幕显示区主要由水平状态显示区、运行状态显示区、波形显示区、测量结果显示区、垂直状态显示区、触发状态显示区、系统时间显示区、一级菜单、二级菜单及三级菜单等几部分组成。思仪 4456 数字荧光示波器的屏幕显示区如图 1-13 所示。

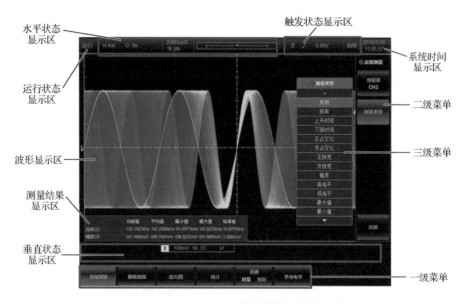

图 1-13　思仪 4456 数字荧光示波器的屏幕显示区

7）通用旋钮设置区

通用旋钮设置区有【通用 a】旋钮、【通用 b】旋钮、【清除菜单】键。

【通用 a】旋钮主要用于一级和二级菜单的选择，左旋或右旋改变选择的内容，按下后确认。【通用 b】旋钮主要用于三级菜单的选择，左旋或右旋改变选择的内容，按下后确认，也可用于二级菜单中数值的调节，旋转可增大或减小对应的数值。

【清除菜单】键：用于关闭打开的菜单，按下后可依次关闭三级、二级和一级菜单。

8）功能设置区

功能设置区由波形区、仪器区、工具区三个区域组成。波形区由【测量】键、【显示】键、【分析】键、【光标】键、【缩放】键、【导航】键 6 个按键组成。仪器区由【运算】键、【总线】键、【电压表】键、【参考】键、【逻辑】键、【波形发生】键 6 个按键组成。工具区由【打印】键、【亮度】键、【保存】键、【调用】键、【系统】键、【帮助】键 6 个按键组成。

【测量】键：用于示波器测量系统的设置，包括测量参数的添加、测量参数的删除、直方图测量、统计功能等。

【显示】键：用于示波器显示系统的设置。

【分析】键：用于示波器高级分析功能的设置，包括极限模板测试选件、功率测量与分析选件。

【光标】键：用于示波器的光标测量，可实现 4 个通道和运算波形的电压和时间及 FFT 波形的幅值和频率的光标测量。

【缩放】键：用于示波器的多窗口显示和双时基测量，主要通过不同的窗口观察波形的细节。

【导航】键：用于示波器的触发搜索和波形录制与回放。

【运算】键：用于示波器的数学运算，包括基本的算术运算、FFT 分析及高级数学运算等。

【总线】键：用于总线触发与分析功能设置，包括 I²C、CAN、LIN、RS232、FlexRay、USB、SPI、AUDIO、1553B 9 种串行总线的分析功能。

【电压表】键：用于数字电压表的功能设置，包括 4 位的数字电压表和 6 位的硬件频率计。

【参考】键：用于示波器参考波形的功能设置。

【逻辑】键：用于 16 个通道的逻辑分析仪选件的功能设置。

【波形发生】键：用于一个通道的波形发生选件的功能设置。

【打印】键：用于屏幕的图像打印。

【亮度】键：用于屏幕亮度、网格亮度及波形亮度的调节。

【保存】键：用于示波器波形存储的功能设置。

【调用】键：用于示波器存储设置的调用与波形回放的功能设置。

【系统】键：用于示波器系统菜单的设置，包括校准、配置、网络等。

【帮助】键：用于示波器帮助文件的调用，可按该按键调用帮助文档。

9）运行系统设置区

功能设置区由【运行/停止】键、【单次】键、【自动设置】键、【默认设置】键 4 个按键组成。

【运行/停止】键：用于示波器的连续采集，有运行和停止两种状态。在运行状态下，实现信号的连续采集，动态显示每次捕获的一屏数据；在停止状态下，静态显示最后一次捕获的一屏数据，可方便查看和分析波形。

【单次】键：用于示波器的单次采集，在相应的触发通道正常触发时，按一次，可捕获已设置存储深度的采集数据。

【自动设置】键：用于示波器的波形自动设置，自动设置好垂直系统、水平系统及触发系统，得到较为合适的显示波形。

【默认设置】键：用于示波器初始状态的设置，当机器出现某种不正常的状态时，按该按键可以复位系统设置。

10）水平系统设置区

水平系统设置区由水平【位置】旋钮、时基【范围】旋钮、【采集】键三部分组成。

水平【位置】旋钮：用于示波器水平延时的设置，旋转一下，通道的触发点向左或右移动一个像素点，按下时，水平延时置 0。

时基【范围】旋钮：用于示波器水平时基的设置，旋转一下，示波器的时基按照步进增大或减小一个挡位。

【采集】键：用于示波器采集模式和存储深度的设置。

11）触发系统设置区

触发系统设置区由【触发】键、触发【电平】旋钮、【强制】触发键三部分组成。

【触发】键：用于示波器触发系统的设置，包括触发类型、触发源、触发极性、触发模式、触发灵敏度及触发释抑等。

触发【电平】旋钮：用于示波器触发电平的设置，旋转该旋钮，可使触发通道的触发电平上移或下移，按下时，触发电平置 50%。

【强制】触发键：一种软件的触发方式，当通道的信号未正常触发时，按下该键，波形触发一次。

12）垂直系统设置区

垂直系统设置区由【通道】菜单键、垂直【位置】旋钮、垂直【范围】旋钮三部分组成，4 个通道的设置操作方法相同。【1】键用于示波器通道 1 的垂直系统的设置，包括通道开关、输入特性阻抗、带宽限制、通道延时、探头设置等。【2】键、【3】键、【4】键功能与【1】键相同，分别用于通道2、通道3、通道4的垂直系统设置。

垂直【位置】旋钮：用于示波器 CH1～CH4 的垂直偏移设置，旋转一下，CH1～CH4 的垂直偏置往上或往下移动，按下时，垂直位置设置成0。

垂直【范围】旋钮：用于示波器 CH1～CH4 的垂直范围设置，旋转一下，CH1～CH4 的垂直灵敏度按照步进增大或减小一个挡位。

13）输入通道区

对应4个模拟通道，有4个 BNC 输入用连接器。

2．公用测量设置方法

下面具体介绍思仪 4456 数字荧光示波器的常见公共设置操作。

1）前面板旋钮操作

设置垂直灵敏度、垂直偏移、水平时基、水平延时等，如设置垂直灵敏度的方法为垂直【范围】旋钮，CH1～CH4 的垂直灵敏度按照步进增大或减小一个挡位，波形在垂直方向相应缩小或放大。

2）按键打开菜单，操作菜单项

设置通道、采集方式、触发方式等大部分示波器配置操作，如设置通道开/关方法为按前面板上的【1】键、【2】键、【3】键、【4】键，打开相应通道控制菜单。若本身相应通道是关闭状态，则打开菜单的同时开启通道。

3）弹出菜单操作

当配置选项多于两个的时候，弹出配置项选择菜单，用户选择相应的配置项，如设置触发源方式，操作如下。

（1）操作前面板触发系统设置区的【触发】键，打开触发菜单。

（2）点击【触发源】按钮，屏幕右侧打开触发源选择菜单，选择对应的选项即可设置触发源。

3．操作示例

本节通过示例按步骤介绍示波器的一些常用且重要的基本设置和功能，目的是使用户快速了解仪器的特点并掌握基本测量方法。

首先，示波器按照下面的步骤完成操作前预准备工作。

步骤1：加电开机；

步骤2：进入系统后进行初始化设置；

步骤3：预热10分钟；

步骤4：前面板操作主界面无任何错误信息提示，开始下面的操作。电路中有一未知信号，用户要迅速显示和测量信号的频率和幅度。用户请按下列步骤操作。

（1）将探头上的开关设定为"×10 模式"，按【1】键，将【探头系数】设置为"×10"。

（2）将探头上的地线连接到待测电路中，探头的探针接触到电路的待测点。

（3）在此基础上进一步调节垂直、水平挡位，直到波形显示符合要求。

（4）进行频率和幅度参数的测量，按前面板的【测量】键，弹出【测量】主菜单。点击【添加测量】按钮，屏幕右侧弹出【添加测量】菜单；点击【测量源】按钮，弹出【测量源选项】菜单；点击【测量类型】按钮，弹出【测量类型选项】菜单，进行相应的选择。

1.2.2.5　连接器的使用

射频微波电路中有多种连接器，可实现信号传输连接或不同接口转换。连接器的种类有很多，本实验中常见的是 N 型、BNC、TNC、SMA 连接器。正确地使用连接器，可以保证最佳的性能和使用寿命。下面对连接器使用的普遍规则进行说明。

1．连接器的连接方法

测量前应该对连接器进行检查和清洁，确保连接器干净、无损。连接时应佩戴防静电腕带，正确的连接方法和步骤如下。

（1）如图 1-14 所示，对准两个互连器件的轴心，保证轴心在一条直线上，使阳头连接器的插针同心地滑移进阴头连接器的接插指孔内。

图 1-14　互连器件的轴心在一条直线上

（2）如图 1-15 所示，将两个连接器平直地移到一起，使他们能平滑地接合，旋转连接器的螺套（注意不是旋转连接器本身）直至拧紧，连接过程中连接器间不能有相对的旋转运动。

（3）如图 1-16 所示，使用力矩扳手拧紧，完成最后的连接，注意力矩扳手不要超过起始的折点，可使用辅助的扳手防止连接器转动。

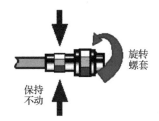

图 1-15　连接器的连接方法

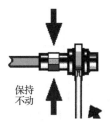

图 1-16　使用力矩扳手完成最后的连接

2．断开连接的方法

（1）支撑住连接器以防对任何一个连接器施加扭曲、摇动或弯曲的力量。

（2）可使用一支开口扳手防止连接器主体旋转。

（3）利用另一支扳手拧松连接器的螺套。

（4）用手旋转连接器的螺套，完成最后的断开连接。

（5）将两个连接器平直拉开分离。

3．力矩扳手的使用方法

（1）使用前确认力矩扳手的力矩设置正确。

（2）加力之前确保力矩扳手和另一支扳手（用来支撑连接器或电缆）的相互间夹角在 90°以内。

（3）轻抓住力矩扳手手柄的末端，在垂直于手柄的方向上加力直至达到扳手的折点。

4．连接器的使用和保存

（1）连接器不用时应加上保护套。

（2）不要将各种连接器、空气线和校准标准散乱地放在一个盒子内，这是引起连接器损坏的一个最常见原因。

（3）使连接器和仪器保持相同的温度，用手握住连接器或用压缩空气清洁连接器都会显著改变其温度，应该等连接器的温度稳定下来后再使用它进行校准。

（4）不要接触连接器的接合平面，因为皮肤的油脂和灰尘微粒很难从接合平面上去除。

（5）不要将连接器的接触面向下放到坚硬的台面上，与任何坚硬的表面接触都可能损坏连接器的电镀层和接合表面。

（6）佩戴防静电腕带并在接地的导电工作台垫上工作，这可以保护分析仪和连接器免受静电释放的影响。

1.3 实验内容及步骤

1.3.1 矢量网络分析仪实验

1.3.1.1 实验内容

（1）掌握矢量网络分析仪的基本使用方法。

（2）测量直通校准件的 S 参数。

（3）测量衰减器的群时延。

1.3.1.2 实验测试系统

1. 实验器材

实验样品：实验室提供的直通校准件及待测衰减器。

测量设备：矢量网络分析仪。

2. 连接方法

按照图 1-17 所示的方法连接矢量网络分析仪与待测件。

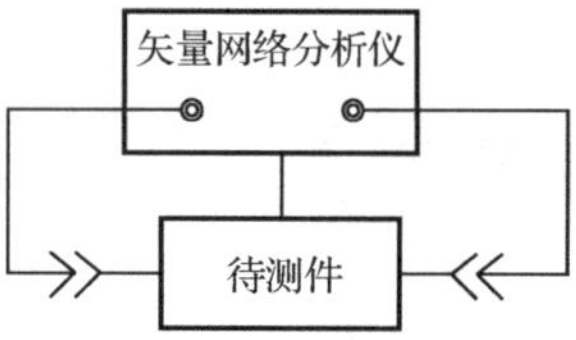

图 1-17　矢量网络分析仪的
连接方法

1.3.1.3 实验步骤

1. 测量直通校准件的 S 参数

（1）开启矢量网络分析仪，预热 10～20 分钟。

（2）连接直通校准件，选择测量参数，设置频率范围为 300KHz～3GHz，设置信号功率电平为 0dBm。

（3）移去直通校准待测件进行网络分析仪校准，准备校准件，根据测量参数和测量精度的要求选择校准方法，按照校准向导提示进行校准操作。

（4）按照图 1-17 所示的方法连接直通校准待测件，测量其插入损耗（$-20\lg|S_{21}|$）、回波损耗（$-20\lg|S_{11}|$）。

（5）记录数据。

2. 测量衰减器的群时延

（1）开启网络分析仪，预热 10～20 分钟。

（2）连接待测衰减器，选择测量 S_{21}，设置格式为相位，选择比例为自动比例，选择合适的点数确保不发生欠采样。

（3）移去待测衰减器进行矢量网络分析仪的校准，准备校准件，根据测量参数和测量精度的要求选择校准方法，按照校准向导提示进行校准操作。

（4）连接待测衰减器，设置显示格式为群时延，显示设置比例以便进行最佳观察，利用光标读取关注频率处的群时延。

（5）记录数据。

1.3.2 信号发生器及频谱分析仪实验

1.3.2.1 实验内容

（1）熟悉信号发生器、频谱分析仪的基本使用方法。

（2）信号发生器输出连续波，通过频谱分析仪观察调制波的频谱图。

（3）信号发生器输出调幅波，通过频谱分析仪观察调制波的频谱图。

1.3.2.2　实验测试系统

1. 实验器材

测试设备：信号发生器、频谱分析仪。

图 1-18　信号发生器及频谱分析仪的连接方法

2. 连接方法

按照图 1-18 所示的方法连接信号发生器及频谱分析仪。

1.3.2.3　实验步骤

1. 点频连续波频谱测试

（1）按照图 1-18 所示的方法连接信号发生器及频谱分析仪。

（2）开启信号发生器、频谱分析仪，预热 10～20 分钟。

（3）进行信号发生器输出设置，完成点频连续波设置：本振频率为 500MHz，功率为 0dBm。打开射频开关。

（4）进行频谱分析仪设置：中心频率为 500MHz，起始频率为 300MHz，终止频率为 700MHz，频宽为 30KHz，参考电平为 0dBm。

（5）激活频谱分析仪的频标，观察并记录数据。

（6）设置信号发生器的功率为 10dBm，设置频谱分析仪的参考电平为 10dBm，重复实验步骤（3）、（4）、（5）。

2. 调幅波频谱测试

（1）按照图 1-18 所示的方法连接信号发生器及频谱分析仪。

（2）开启信号发生器、频谱分析仪，预热 10～20 分钟。

（3）进行信号发生器输出设置，完成调幅波设置：本振频率为 50MHz，功率为 0dBm，调制率为 100Hz，调幅波形为正弦波，调制深度为 80%。打开射频开关，打开调制开关。

（4）进行频谱分析仪设置，完成设置：中心频率为 50MHz，起始频率为 30MHz，终止频率为 70MHz，频宽为 30kHz，参考电平为 0dBm。

（5）激活频谱分析仪的频标，观察并记录数据。

1.3.3　信号发生器及示波器实验

1.3.3.1　实验内容

（1）掌握示波器的基本使用方法。

（2）信号发生器输出调幅波，通过示波器观察调制波的波形。

1.3.3.2　实验测试系统

1. 实验器材

测试设备：信号发生器、示波器。

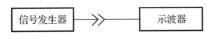

图 1-19　信号发生器及示波器的连接方法

2. 连接方法

按照图 1-19 所示的方法连接信号发生器和示波器。

1.3.3.3 实验步骤

（1）按照图 1-19 所示的方法连接信号发生器及示波器。

（2）开启信号发生器，预热 10～20 分钟。开启示波器，预热 10 分钟。

（3）进行信号发生器输出设置，完成调幅波设置：本振频率为 50MHz，功率为 0dBm，调制率为 100Hz，调幅波形为正弦波，调制深度为 80%。打开射频开关，打开调制开关。

（4）进行示波器设置。

① 设置通道，选择通道按键，打开对应通道。

② 进行触发电平设置。按【触发】键进行触发设置，旋转触发【电平】旋钮进行示波器触发电平的设置。

③ 进行垂直设置。在垂直系统设置区操作，旋转对应通道的垂直【范围】旋钮，进行对应垂直刻度的设置。旋转对应通道的垂直【位置】旋钮，进行对应垂直偏移的调节。

④ 进行水平设置。在水平系统区设置区操作，旋转时基【范围】旋钮，设置示波器的水平时基。旋转水平【位置】旋钮，设置示波器的水平延迟。

（5）记录数据。

1.4 注意事项

（1）不准带电连接电路。

（2）开启仪器及待测件前，一定要先检查仪器仪表接地是否良好。

（3）连接时要先对准接口，如果发现拧螺纹比较困难，说明没有对准，先拧松，两接口对准后再重新操作。

1.5 总结与思考

课后下载频谱分析仪、信号发生器、矢量网络分析仪、示波器的操作手册并认真研读，写出心得体会。

第2章

微波滤波器的设计及测试

2.1　实验目的

（1）了解微波滤波器的相关技术指标，熟悉微波滤波器的基本工作原理。

（2）了解 ADS（Advanced Design System）软件及 HFSS（High Frequency Structure Simulation）软件设计微波滤波器的基本方法和步骤。

（3）掌握并测试低通滤波器、带通滤波器和带阻滤波器的工作频率、带宽、插入损耗、输入（出）电压驻波比、带外抑制度、矩形系数、群时延等主要技术指标，与仿真结果比较，分析实际制作中哪些因素会影响技术指标。

2.2　微波滤波器的基本工作原理

微波滤波器是微波系统中重要的元器件之一，一般来讲，理想的微波滤波器具有这样的频率选择性：在所要求的频率范围内，射频信号无衰减地传输，此频率范围称为通带；而射频信号完全不能传输的频率范围称为阻带。微波滤波器设计方法一般分为两种：一种是分析方法，另一种是综合方法。已知微波滤波器的电路结构和元器件参数，计算它的工作特性，这属于分析问题；与此相反，从预定的工作特性出发，确定微波滤波器的电路结构和元器件数值，这一过程则属于综合问题。在实际工作中遇到的大多是综合问题。根据实现方式的不同，微波滤波器可以分为 LC 型滤波器、陶瓷滤波器、微带滤波器、腔体滤波器、同轴滤波器等。虽然它们的设计方法各有特殊之处，但是这些微波滤波器设计仍是以"微波滤波器综合设计方法"为基础的。

2.2.1　微波滤波器的类型

根据频率选择性的不同，微波滤波器（以下简称滤波器）通常分为 4 种类型：低通滤波器、高通滤波器、带通滤波器和带阻滤波器。图 2-1 给出了 4 种滤波器插入损耗与归一化角频率的关系，从图中可以看出，理想的滤波器在通带内，插入损耗为零，阻带内插入损耗为无限大，但实际上这是无法实现的。工程上只能用一些函数去尽量逼近理想的衰减频率特性。常用的三种逼近函数是最平坦函数、切比雪夫多项式和椭圆函数。

如图 2-2 所示，最平坦式滤波器、切比雪夫式滤波器和椭圆函数式滤波器所形成的衰减频率特性各有其特点，其中最平坦式滤波器的特性表现为插入损耗随频率的增大而单调增大。在通带内，插入损耗随频率的增大而缓慢增大，变化平缓；在通带外，插入损耗随频率的增大而加速增大，但这种滤波器通带过渡到阻带比较平缓，这是它的不足之处。而切比雪夫式滤波器的特性表现为在通带内插入损耗有等起伏变化，通带外插入损耗单调增大。它与最平坦式滤波器特性相比，通带到阻带的过渡较窄，即由通带过渡到阻带比较陡峭。椭圆函数式滤波器的特性则表现为：无论是在通带内还是在通带外，插入损耗都有起伏变化，它的通带到阻带的过渡更窄，即带外衰减具有较大的斜率，但由于其电路结构复杂，元器件多，因此不如前两种滤波器用得普遍。

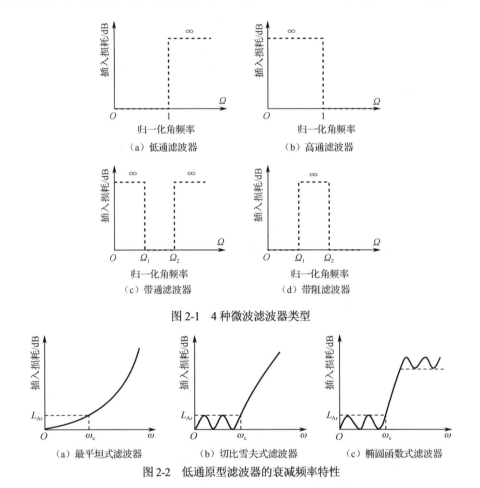

图2-1 4种微波滤波器类型

图2-2 低通原型滤波器的衰减频率特性

2.2.2 微波滤波器的主要技术指标

1. 插入损耗

在理想情况下，插入到射频电路中的理想滤波器不应在其通带内引入任何损耗。然而，在实际滤波器中，我们无法消除滤波器固有的、某种程度的功率损耗。插入损耗定量地描述了功率响应幅度与0dB基准的差值，其数学表达式为

$$\text{IL} = 10\lg\frac{P_{\text{in}}}{P_{\text{L}}} = -10\lg(1-|\Gamma_{\text{in}}|^2) \tag{2-1}$$

式中，P_{L}是滤波器向负载输出的功率，P_{in}是滤波器的输入功率，Γ_{in}是滤波器的输入反射系数。

2. 纹波系数

通带内信号响应的平坦度可以用纹波系数来定义，常采用以 dB 为单位的值表示幅度响应的

最大值与最小值之差。

3．带宽

对于带通滤波器，3dB 带宽 BW_{3dB} 的定义是通带内对应于 3dB 插入损耗的上边频 $f_{H(3dB)}$ 和下边频 $f_{L(3dB)}$ 的频率差，表达式为

$$BW_{3dB} = f_{H(3dB)} - f_{L(3dB)} \qquad (2\text{-}2)$$

4．矩形系数

矩形系数 SF 是 60dB 带宽 BW_{60dB} 与 3dB 带宽 BW_{3dB} 的比值，它描述了滤波器在截止频率附近响应曲线变化的陡峭程度，表达式为

$$SF = \frac{BW_{60dB}}{BW_{3dB}} = \frac{f_{H(60dB)} - f_{L(60dB)}}{f_{H(3dB)} - f_{L(3dB)}} \qquad (2\text{-}3)$$

5．带外抑制度

在理想情况下，我们希望滤波器在阻带内具有无限大的插入损耗，但实际上只能得到与滤波器元器件数目相关的有限插入损耗。通常选 60dB 作为带外抑制度设计值。

6．回波损耗

回波损耗 RL 表示滤波器输入特性阻抗与源特性阻抗、输出特性阻抗与负载特性阻抗的匹配程度，回波损耗的定义为

$$RL = 10\log\left(\frac{P_r}{P_{in}}\right) \qquad (2\text{-}4)$$

式中，P_{in} 是滤波器的输入功率，P_r 为反射回信号源的功率。

7．群时延

群时延是指微波信号通过微波滤波器时，某频率处的相位（相移）对于频率的变化率。

上述滤波器的参数可以通过图 2-3 所示的带通滤波器典型衰减曲线来说明。从图 2-3 可以看出，上边带和下边带关于中心频率 f_0 左右对称，在这两个 3dB 衰减频率之外，插入损耗急剧增大并迅速达到 60dB 的阻带衰减，此处就是阻带的起始点。

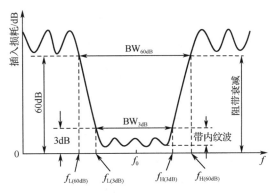

图 2-3　带通滤波器典型衰减曲线

2.2.3　低通原型滤波器

低通原型滤波器是实际的低通滤波器的频率对通带截止频率进行归一化，各元器件特性阻抗对信号源内阻归一化后的滤波器，低通原型滤波器是各种微波滤波器的设计基础。本节将重点讨论最平坦式低通原型滤波器和切比雪夫式低通原型滤波器。

2.2.3.1　最平坦式低通原型滤波器

由于这种滤波器是以最平坦函数为逼近函数的，因此也简称为最平坦式滤波器。最平坦式滤波器的响应曲线如图 2-2(a)所示。图中 L_{Ar} 为通带内最大衰减，ω_c 为通带截止频率，$\omega = 0$ 到 $\omega = \omega_c$ 为通带，$\omega > \omega_c$ 为阻带，衰减随着频率单调上升。

最平坦式滤波器插入损耗 IL 的表达式为

$$IL = 10\lg\left[1 + \varepsilon^2\left(\frac{\omega}{\omega_c}\right)^{2n}\right] = 10\lg[1 + \varepsilon^2(\Omega)^{2n}] \tag{2-5}$$

式中，$\Omega = \omega/\omega_c$ 表示归一化频率，n 为滤波器的阶数，ε 为待定系数。对于最平坦式低通原型滤波器，通带的最大衰减位于 $\Omega = 1$ 处。一般情况下取 $\varepsilon = 1$，此时 $\Omega = 1$ 处的插入损耗为 $\Omega - 10\log2$，即截止频率点处的插入损耗约为 3dB。当 $\omega \gg \omega_c$ 时，式（2-5）可写为

$$IL = 10\lg\left[\varepsilon^2\left(\frac{\omega}{\omega_c}\right)^{2n}\right] = 10\lg[\varepsilon^2(\Omega)^{2n}] \tag{2-6}$$

它表明当 $\omega \gg \omega_c$ 时，插入损耗增加率是每十倍频程 $20n$ dB。

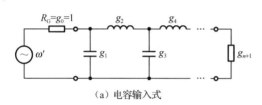

（a）电容输入式

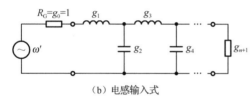

（b）电感输入式

图 2-4　滤波器梯形网络结构

在逼近函数选定以后，运用数学运算可以得出由电感和电容等集总参数元器件所构成的滤波器梯形网络结构，如图 2-4 所示。各个元器件值对应规则为：

（1）若 g_1 是串联电感，则 g_0 是源电导；

（2）若 g_1 是并联电容，则 g_0 是源内阻；

（3）若 g_n 是串联电感，则 g_{n+1} 是负载电导；

（4）若 g_n 是并联电容，则 g_{n+1} 是负载电阻。

对于两端都接有电阻的最平坦式低通原型滤波器，其归一化元器件值可用下式计算：

$$g_0 = g_{n+1} = 1 \tag{2-7}$$

$$g_k = 2\sin\left[\frac{(2k-1)\pi}{2n}\right], \quad k = 1, 2, \cdots, n \tag{2-8}$$

$n = 1 \sim 10$ 的最平坦式低通原型滤波器的归一化元器件值 g_k 如表 2-1 所示。

表 2-1　最平坦式低通原型滤波器的 g_k 值

n	g_1	g_2	g_3	g_4	g_5	g_6	g_7	g_8	g_9	g_{10}	g_{11}
1	2.0000	1.0000									
2	1.4142	1.4142	1.0000								
3	1.0000	2.0000	1.0000	1.0000							
4	0.7654	1.8478	1.8478	0.7654	1.0000						
5	0.6180	1.6180	2.0000	1.6180	0.6180	1.0000					
6	0.5176	1.4142	1.9318	1.9318	1.4142	0.5176	1.0000				
7	0.4450	1.2470	1.8019	2.0000	1.8019	1.2470	0.4450	1.0000			
8	0.3902	1.1111	1.6629	1.9615	1.9615	1.6629	1.1111	0.3902	1.0000		
9	0.3473	1.0000	1.5321	1.8794	2.0000	1.8794	1.5321	1.0000	0.3473	1.0000	
10	0.3129	0.9080	1.4142	1.7820	1.9754	1.9754	1.7820	1.4142	0.9080	0.3129	1.0000

在设计滤波器时，为了确定低通原型滤波器的元器件数目 n，可查阅图 2-5 所示的 $L_{Ar} = 3$dB 时的阻带衰减频率特性曲线。使用阻带边频 ω_s 对通带截止频率 ω_c 归一化，记作 $\omega'_s = \omega_s/\omega_c$，则阻带衰减 L_s 为

$$L_s = 10\lg(1 + \omega_s'^{2n}) \tag{2-9}$$

将 L_s 作为 ω_s' 的函数，n 作为参变数画成曲线族。图中为了突出曲线的陡峭部分，横坐标取的是 (ω/ω_c-1)，因为 $\omega/\omega_c \leqslant 1$ 的部分对确定元器件数目是没有意义的。

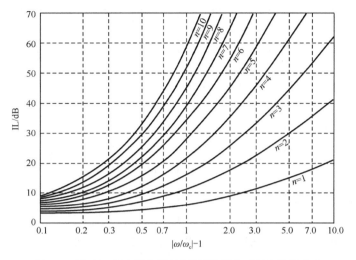

图 2-5　最平坦式低通原型滤波器的阻带衰减频率特性曲线

2.2.3.2　切比雪夫式低通原型滤波器

图 2-2（b）为切比雪夫式低通原型滤波器的衰减特性，其数学表达式为

$$\mathrm{IL} = \begin{cases} 10\lg\{1+\varepsilon\cos^2[n\,\mathrm{arccsc}(\omega/\omega_c)]\}_{\omega\leqslant\omega_c} \\ 10\lg\{1+\varepsilon\cosh^2[n\,\mathrm{arcsch}(\omega/\omega_c)]\}_{\omega>\omega_c} \end{cases} \tag{2-10}$$

对于两端都接有电阻的切比雪夫式低通原型滤波器，有

$$\varepsilon = 10^{\frac{L_{\mathrm{Ar}}}{10}} - 1 \tag{2-11}$$

已知衰减特性的数学表达式（2-10）中的 ε 和 n 后，利用找极点和辗转相除的方法可综合得出梯形网络及元器件的归一化值。归一化 $g_0=1$，则其他各元器件数值可用下式来计算：

$$g_1 = \frac{2a_1}{\gamma} \tag{2-12}$$

$$g_k = \frac{4a_{k-1}a_k}{b_{k-1}g_{k-1}}, \quad k = 2,3,\cdots,n \tag{2-13}$$

$$g_{n+1} = \coth^2\left(\frac{\beta}{4}\right) \quad （n\text{为偶数}） \tag{2-14}$$

$$g_{n+1} = 1 \quad （n\text{为奇数}） \tag{2-15}$$

式中，

$$\beta = \ln\left(\coth\frac{L_{\mathrm{Ar}}}{17.37}\right), \quad \gamma = \sinh\left(\frac{\beta}{2n}\right)$$

$$a_k = \sin\left[\frac{(2k-1)\pi}{2n}\right], \quad k = 1,2,\cdots,n$$

$$b_k = \gamma^2 + \sin^2\left(\frac{k\pi}{n}\right), \quad k = 1,2,\cdots,n \tag{2-16}$$

根据式（2-12）～式（2-16）可计算出切比雪夫式低通原型滤波器的归一化元器件值。表 2-2 中列出了纹波为 0.1dB 时的归一化元器件值，表 2-3 中列出了纹波为 0.5dB 时的归一化元器件值。

表 2-2　切比雪夫式低通原型滤波器的 g_k 参数值（纹波为 0.1dB）

n	g_1	g_2	g_3	g_4	g_5	g_6	g_7	g_8	g_9	g_{10}	g_{11}
1	0.3052	1.0000									
2	0.8430	0.6220	1.3554								
3	1.0315	1.1474	1.0315	1.0000							
4	1.1088	1.3061	1.7703	0.8180	1.3554						
5	1.1468	1.3712	1.9750	1.3712	1.1468	1.0000					
6	1.1681	1.4039	2.0562	1.5170	1.9029	0.8618	1.3554				
7	1.1811	1.4228	2.0966	1.5733	2.0966	1.4228	1.1811	1.0000			
8	1.1897	1.4346	2.1199	1.6010	2.1699	1.5640	1.9444	0.8778	1.3554		
9	1.1954	1.4425	2.1345	1.6167	2.2.53	1.6167	2.1345	1.4425	1.19656	1.0000	
10	1.1999	1.4481	2.1444	1.6265	2.2253	1.6418	2.2046	1.5821	1.9628	0.8853	1.9841

表 2-3　切比雪夫式低通原型滤波器的 g_k 参数值（纹波为 0.5dB）

n	g_1	g_2	g_3	g_4	g_5	g_6	g_7	g_8	g_9	g_{10}	g_{11}
1	0.6986	1.0000									
2	1.4029	0.7071	1.9841								
3	1.5963	1.0967	1.5963	1.0000							
4	1.6703	1.1926	2.3661	0.8419	1.9841						
5	1.7058	1.2296	2.5408	1.2296	1.7058	1.0000					
6	1.7254	1.2479	2.6064	1.3137	2.4758	0.8696	1.9841				
7	1.7372	1.2583	2.6381	1.3444	2.6381	1.2583	1.7372	1.0000			
8	1.7451	1.2647	2.6564	1.3590	2.6964	1.3389	2.5093	0.8796	1.9841		
9	1.7504	1.2690	2.6678	1.3673	2.7239	1.3673	2.6678	1.2690	1.7504	1.0000	
10	1.7543	1.2721	2.6754	1.3725	2.7329	1.3806	2.7231	1.3485	2.5239	0.8842	1.9841

　　在设计滤波器时，为了确定切比雪夫式低通原型滤波器的元器件数目 n，图 2-6 和图 2-7 分别给出了纹波为 0.1dB 和 0.5dB 时的阻带衰减频率特性曲线。切比雪夫式和最大平坦式低通原型滤波器的网络形式是一样的，同样存在电感输入式和电容输入式两种梯形电路。

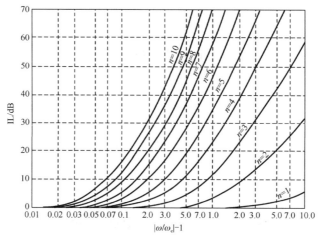

图 2-6　切比雪夫式低通原型滤波器的阻带衰减频率特性曲线（纹波为 0.1dB）

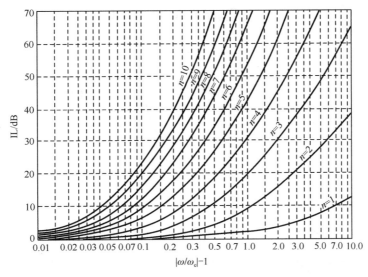

图 2-7 切比雪夫式低通原型滤波器的阻带衰减频率特性曲线（纹波为 0.5dB）

2.2.4 阻抗变换和频率变换

在低通原型滤波器中，是在滤波器的源特性阻抗和负载特性阻抗都是 1Ω，截止频率 $\omega = 1$ 时进行的归一化设计。为了得到实际所需的滤波器，必须将低通原型滤波器进行反归一化设计，以便满足实际所需的源特性阻抗、负载特性阻抗和频率需求。另外，标准的低通原型滤波器也必须能根据需要变换为低通、高通、带通和带阻滤波器。

2.2.4.1 阻抗变换

在低通原型滤波器设计中，除了偶数阶切比雪夫式滤波器负载特性阻抗可能不为 1，其余滤波器的源特性阻抗和负载特性阻抗均为 1。如果源特性阻抗和负载特性阻抗不为 1，就必须对所有的特性阻抗值做阻抗变换。若用带撇的值表示实际的滤波器参数值，则

$$L' = R_0 L \tag{2-17a}$$

$$C' = \frac{C}{R_0} \tag{2-17b}$$

$$R_S' = R_0 \tag{2-17c}$$

$$R_L' = R_0 R_L \tag{2-17d}$$

式中，R_0 为源特性阻抗，R_L 为负载特性阻抗，L 和 C 是低通原型滤波器的元器件值。

2.2.4.2 频率变换

1. 低通原型滤波器到低通滤波器的频率变换

将低通原型滤波器的截止频率 $\Omega = 1\text{Hz}$ 改变到实际滤波器的截止频率 ω_c，且使两者之间的衰减量相等，如图 2-8（b）所示，两者之间的频率变换式为

$$\Omega = \frac{\omega}{\omega_c} \tag{2-18}$$

为了使两种滤波器在相同频率点上的衰减量保持不变，只需要在相应的插入损耗表达式中，用 ω/ω_c 替代 Ω 即可。对于电感性元器件和电容性元器件，需要对比实际电抗与归一化电抗：

$$j\Omega g_k = j(\omega/\omega_c)g_k = j\omega L_k \qquad (2\text{-}19\text{a})$$

$$\frac{1}{j\Omega g_i} = \frac{1}{j(\omega/\omega_c)g_i} = \frac{1}{j\omega C_i} \qquad (2\text{-}19\text{b})$$

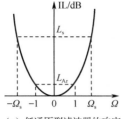 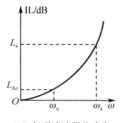 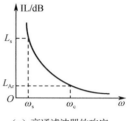

（a）低通原型滤波器的响应　　　（b）低通滤波器的响应　　　（c）高通滤波器的响应

图 2-8　低通原型滤波器到低通滤波器和高通滤波器的频率变换

这里的 L_k、C_i 是滤波器的真实元器件对源内阻的归一化值，于是有

$$L_k = g_k/\omega_c \qquad (2\text{-}20\text{a})$$

$$C_i = g_i/\omega_c \qquad (2\text{-}20\text{b})$$

将 L_k、C_i 对源内阻 R_0 进行反归一化，得到元器件真值为

$$L'_k = R_0 L_k = R_0 g_k/\omega_c \qquad (2\text{-}21\text{a})$$

$$C'_i = C_i/R_0 = g_i/R_0\omega_c \qquad (2\text{-}21\text{b})$$

图 2-9 为电感输入式低通原型滤波器和实际低通滤波器的对应电路。对于电容输入式电路，以上分析同样适用。

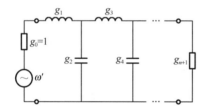 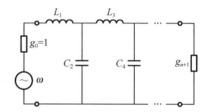

图 2-9　低通原型滤波器和实际低通滤波器的对应电路

2. 低通原型滤波器到高通滤波器的频率变换

低通原型滤波器到高通滤波器的频率变换式为

$$\Omega = -\frac{\omega_c}{\omega} \qquad (2\text{-}22)$$

如图 2-8（c）所示，该变换将 $\omega = 0$、ω_c、ω_s、$+\infty$ 分别映射到 $\Omega = -\infty$、-1、$-\Omega_s$、0 的点上，在对应的频率点上，两者的插入损耗 L_{Ar} 相等，两者之间的频率变换为

$$j\Omega g_k = j(-\omega_c/\omega)g_k = \frac{1}{j\omega\dfrac{1}{\omega_c g_k}} = \frac{1}{j\omega C_k} \qquad (2\text{-}23\text{a})$$

$$\frac{1}{j\Omega g_i} = \frac{1}{j(-\omega_c/\omega)g_i} = j\omega\frac{1}{\omega_c g_i} = j\omega L_i \qquad (2\text{-}23\text{b})$$

从上式可以看出，低通原型滤波器到高通滤波器的变换中，串联电感用电容代替，并联电容用电感替代，新的元器件值为

$$C_k = \frac{1}{\omega_c g_k} \tag{2-24a}$$

$$L_i = \frac{1}{\omega_c g_i} \tag{2-24b}$$

对源内阻 R_0 反归一化，得元器件的真值为

$$C_k' = \frac{1}{\omega_c L_k R_0} \tag{2-25a}$$

$$L_i' = \frac{R_0}{\omega_c C_i} \tag{2-25b}$$

图 2-10 给出了电感输入式低通原型滤波器所对应的高通滤波器电路。

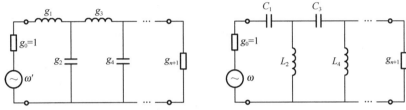

图 2-10　低通原型滤波器和高通滤波器的对应电路

3. 低通原型滤波器到带通滤波器的频率变换

低通滤波器也可以变换为带通滤波器，低通原型滤波器与带通滤波器各自的衰减频率特性如图 2-11（a）和（b）所示，假设 ω_{c1} 和 ω_{c2} 分别为带通滤波器的上下边带，则低通原型滤波器到带通滤波器的频率变换式为

$$\Omega = \frac{\omega_0}{\omega_{c2} - \omega_{c1}}\left(\frac{\omega}{\omega_0} - \frac{\omega_0}{\omega}\right) = \frac{1}{W}\left(\frac{\omega}{\omega_0} - \frac{\omega_0}{\omega}\right) \tag{2-26}$$

式中，$W = (\omega_{c2} - \omega_{c1})/\omega_0$ 为相对带宽；$\omega_0 = \sqrt{\omega_{c2}\omega_{c1}}$ 为中心频率。式（2-26）能将图 2-11（a）的低通特性映射到图 2-11（b）的带通特性。

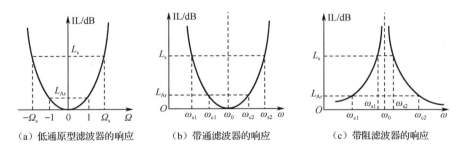

（a）低通原型滤波器的响应　　　（b）带通滤波器的响应　　　（c）带阻滤波器的响应

图 2-11　带通滤波器的频率变换

当 $\omega = 0$ 时，$\Omega = \dfrac{1}{W}\left(\dfrac{\omega}{\omega_0} - \dfrac{\omega_0}{\omega}\right) = -\infty$ ；

当 $\omega = \omega_{c1}$ 时，$\Omega = \dfrac{1}{W}\left(\dfrac{\omega}{\omega_0} - \dfrac{\omega_0}{\omega}\right) = \dfrac{1}{W}\left(\dfrac{\omega_{c1}^2 - \omega_0^2}{\omega_0 \omega_{c1}}\right) = -1$ ；

当 $\omega = \omega_{c2}$ 时，$\Omega = \dfrac{1}{W}\left(\dfrac{\omega}{\omega_0} - \dfrac{\omega_0}{\omega}\right) = \dfrac{1}{W}\left(\dfrac{\omega_{c2}^2 - \omega_0^2}{\omega_0 \omega_{c2}}\right) = 1$ ；

当 $\omega = \omega_0$ 时，$\Omega = \dfrac{1}{W}\left(\dfrac{\omega}{\omega_0} - \dfrac{\omega_0}{\omega}\right) = 0$。

所以

$$\frac{\mathrm{j}}{W}\left(\frac{\omega}{\omega_0} - \frac{\omega_0}{\omega}\right)g_k = \mathrm{j}\frac{\omega g_k}{W\omega_0} - \mathrm{j}\frac{\omega_0 g_k}{W\omega} = \mathrm{j}\omega L_k - \mathrm{j}\frac{1}{\omega C_k} \qquad (2\text{-}27)$$

这表明低通原型滤波器中的串联电感变换成新电路串联的 LC 谐振回路，其元器件值为

$$L_k = \frac{g_k}{W\omega_0} \qquad (2\text{-}28\mathrm{a})$$

$$C_k = \frac{W}{\omega_0 g_k} \qquad (2\text{-}28\mathrm{b})$$

同样，对于并联支路有

$$\mathrm{j}\frac{1}{W}\left(\frac{\omega}{\omega_0} - \frac{\omega_0}{\omega}\right)g_i = \mathrm{j}\frac{\omega g_i}{W\omega_0} - \mathrm{j}\frac{\omega_0 g_i}{W\omega} = \mathrm{j}\omega C_i - \mathrm{j}\frac{1}{\omega L_i} \qquad (2\text{-}29)$$

这表明低通原型滤波器中的并联电容必须用并联的 LC 谐振回路表示，其元器件值为

$$L_i = \frac{W}{\omega_0 g_i} \qquad (2\text{-}30\mathrm{a})$$

$$C_i = \frac{g_i}{W\omega_0} \qquad (2\text{-}30\mathrm{b})$$

所以低通原型滤波器在串联支路上的元器件变换为串联谐振回路，并联支路上的元器件变换为并联谐振回路。带通滤波器的归一化电路如图 2-12 所示。如前所述，求得最后的元器件值还需对信号源内阻反归一化。

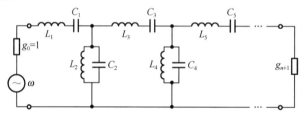

图 2-12　带通滤波器的归一化电路

4. 低通原型滤波器到带阻滤波器的频率变换

低通原型滤波器与带阻滤波器频率响应曲线如图 2-11 所示，两者间的频率变换式为

$$\frac{1}{\Omega} = \frac{1}{W}\left(\frac{\omega_0}{\omega} - \frac{\omega}{\omega_0}\right) \qquad (2\text{-}31)$$

低通原型滤波器到带阻滤波器的变换过程中，低通原型滤波器中的串联电感变换为带阻滤波器中串接的并联谐振回路，其归一化元器件值为

$$L_k = \frac{Wg_k}{\omega_0} \qquad (2\text{-}32\mathrm{a})$$

$$C_k = \frac{1}{W\omega_0 g_k} \qquad (2\text{-}32\mathrm{b})$$

低通原型滤波器中的并联电容变换为带阻滤波器中并接的串联谐振回路，其归一化元器件值为

$$L_i = \frac{1}{W\omega_0 g_i} \qquad (2\text{-}33\mathrm{a})$$

$$C_i = \frac{Wg_i}{\omega_0} \tag{2-33b}$$

带阻滤波器的归一化电路如图 2-13 所示。

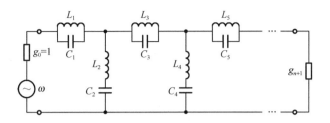

图 2-13　带阻滤波器的归一化电路

2.3　设计实例

2.3.1　低通滤波器设计

采用集总参数设计一个最平坦式低通滤波器，其截止频率为 1GHz，在 1.5GHz 处的带外抑制度大于 15dB，输入特性阻抗、输出特性阻抗均为 50Ω。

首先确定在 1.5GHz 处满足插入损耗所要求的最平坦式滤波器的阶数。根据要求，有 $(\omega/\omega_c - 1) = 0.5$，从图 2-5 可以看出 $n=5$ 就足够。查表 2-1，可得归一化元器件值为

$$g_1 = g_5 = 0.618 , \quad g_2 = g_4 = 1.618 , \quad g_3 = 2.000$$

低通原型滤波器选用电感输入式梯形网络，电路如图 2-14 所示。

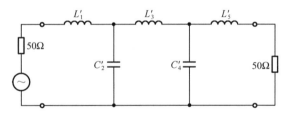

图 2-14　滤波器集总参数电路

确定集总参数的元器件值：

$$L_1' = L_5' = \frac{g_1 R_0}{\omega_c} = \frac{0.618 \times 50}{2\pi \times 1 \times 10^9} \approx 4.92\text{nH}$$

$$C_2' = C_4' = \frac{g_2}{R_0 \omega_c} = \frac{1.618}{50 \times 2\pi \times 1 \times 10^9} \approx 5.15\text{pF}$$

$$L_3' = \frac{g_3 R_0}{\omega_c} = \frac{2.000 \times 50}{2\pi \times 1 \times 10^9} \approx 15.9\text{nH}$$

下面采用 ADS 软件对上述计算结果进行仿真计算。如图 2-15（a）所示，打开 ADS 软件，在主窗口中选择 "File" → "New" → "Workspace" 菜单命令。在新弹出的 "New Workspace" 对话框中，设置工程文件名称为 "lowpass filter"，单击 "Create Workspace" 按钮，弹出图 2-15（b）所示的页面，在弹出的页面中单击 "New Schematic Window" 图标按钮，将原理图命名为 "lpf"，单击 "Create Schematic" 按钮，创建原理图。

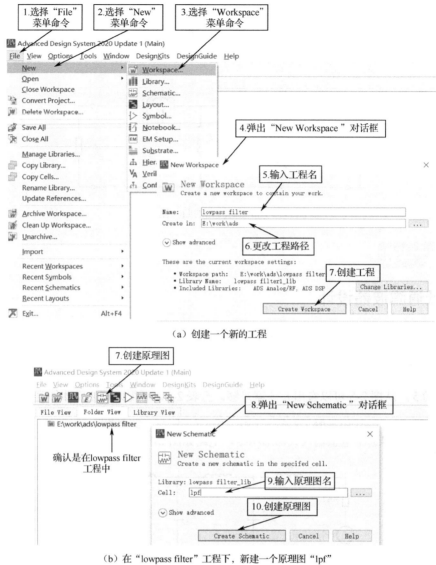

（a）创建一个新的工程

（b）在"lowpass filter"工程下，新建一个原理图"lpf"

图 2-15 创建 ADS 工程文件及原理图过程

在图 2-16 所示的原理图窗口中，在元器件模型列表中选择"Lumped-Components"（集总参数元器件库）选项，分别单击电感"L"图标按钮和电容"C"图标按钮，在原理图中，按图 2-16 加入对应元器件，设置"L1"="L3"=4.92nH，"L2"=15.9nH，"C1"="C2"=5.15pF。在"Simulation-S_Param" S 参数仿真模板中，单击"Term"图标按钮和"SP"（S 参数仿真模板）图标按钮，将其加入原理图中。设置端口特性阻抗为50Ω；设置仿真起始频率"Star=0GHz"，终止频率"Stop=4GHz"，频率步进"Step=0.01GHz"。单击原理图窗口上方的"Simulate"图标按钮进行仿真。

仿真完成后，系统会弹出状态窗口，可以看到数据显示窗口左上方的名称为"lpf"，如图 2-17 所示。在这个窗口中，可以用表格、圆图等形式显示仿真数据。单击"Rectangular Plot"图标按钮，在自动弹出的对话框中选择"S(1,1)"和"S(2,1)"两个选项，单击"Add"按钮，选择"dB"为单位，单击"OK"按钮，弹出图 2-18 所示的仿真结果。从图 2-18 可以看出，滤波器在 1GHz 处的插入损耗为 2.997dB，在 1.5GHz 处的带外抑制度为 17.672dB。由于实际的电容、电感元器件值往往是离散的，因此需要使用实际的电感值、电容值替换理论计算值。

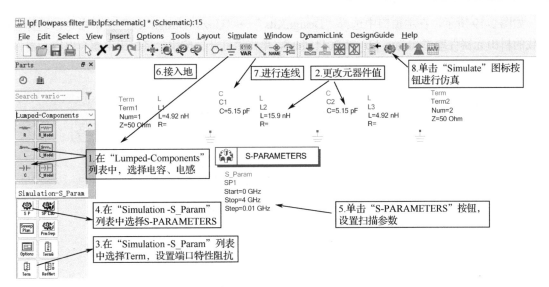

图 2-16　低通滤波器理论仿真模型

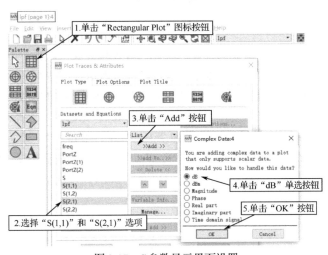

图 2-17　S 参数显示界面设置

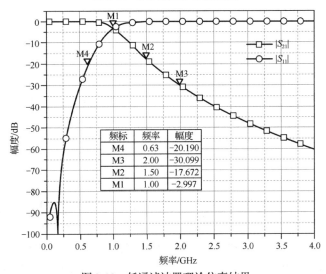

图 2-18　低通滤波器理论仿真结果

如图 2-19 所示，在主窗口中选择"DesignKits"→"Unzip Design Kit"菜单命令，选择已经下载的村田元器件库"murata_lib_ads2011later"，单击"打开"按钮，将村田电感、电容元器件导入 ADS 中。

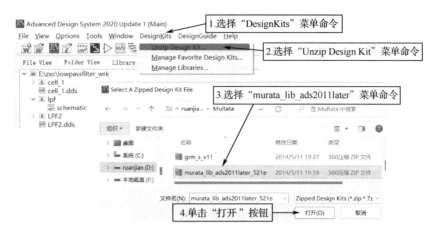

图 2-19　导入实际的电感、电容元器件

在"lpf"原理图中，导入村田元器件库。在元器件模型列表中选择"muRataLibWeb Set Up"选项，单击"NETLIST INCLUDE"图标按钮，将其放入原理图中。在元器件模型列表中选择"muRata Components"选项，分别单击电感"LQG18HN"和电容"GRM18"图标按钮，在原理图中加入对应元器件，如图 2-20 所示。双击村田电感和电容元器件，选择与图 2-16 中最接近的电感值和电容值：本例中设置"L4"="L5"=4.7nH，"L6"=15nH，"C3"="C4"=4.9nH，得到图 2-20 所示的原理图。在原理图窗口中单击"Simulate"图标按钮进行仿真，仿真结束后，在显示面板中单击"Rectangular Plot"按钮，加入"S(2,1)"和"S(1,1)"参数，仿真结果如图 2-21 所示。

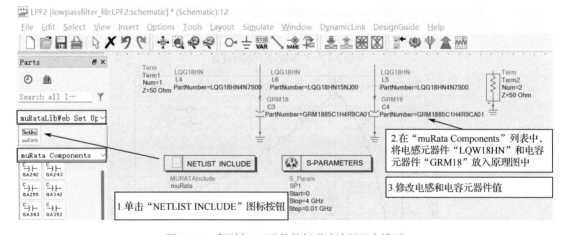

图 2-20　采用村田元器件的低通滤波器仿真模型

完成仿真后，下一步进行版图的设计。在原理图窗口中，选择"Tools"→"Star LineCalc"菜单命令，弹出图 2-22 所示的传输线计算工具，选择传输线类型为共面波导（CPWG）；选用国产 F4B 介质基板，设置相对介电常数 ε_r=2.650，介质厚度 H=0.5mm，覆铜层厚度 t=34μm（ADS LineCalc 中为 T），铜的电导率为 $5.7×10^7$，介质正切损耗 $\tan\delta$=0.002；设置仿真频率为 1GHz，特性阻抗为 50Ω。单击"Synthesize"按钮，计算出共面波导的线宽 W 为 1.37mm，缝隙 G 为 1mm。

采用印制版绘图软件，绘制出的低通滤波器电路图如图 2-23 所示。

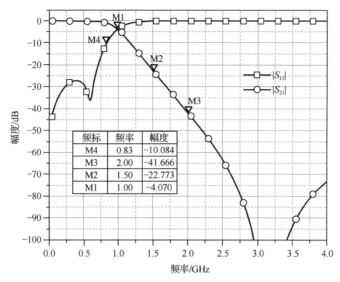

图 2-21 采用村田元器件的低通滤波器仿真结果

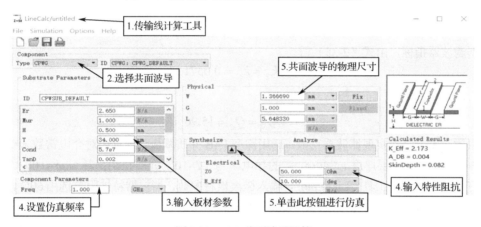

图 2-22 50Ω 共面波导计算

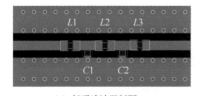

（a）低通滤波器版图

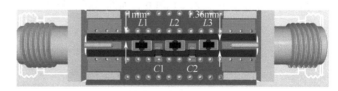

（b）低通滤波器带测试接头的三维示意图

图 2-23 低通滤波器印制版图设计

2.3.2 带通滤波器设计

设计一款中心频率为 2GHz，带宽为 160MHz，插入损耗小于 1.5dB，DC～1.6GHz 和 2.4～3.5GHz 处带外抑制度大于 30dB 的带通滤波器。

带通滤波器的阶数由阻带归一化频率 Ω 处的带外抑制度来确定。对于带通滤波器而言，其归一化频率表达式为

$$\Omega = \frac{f_0}{f_H - f_L}\left(\frac{f}{f_0} - \frac{f_0}{f}\right) \tag{2-34}$$

由式（2-34）得上边阻带边频和下边阻带边频的归一化频率分别为

$$\Omega_H = \frac{f_0}{f_H - f_L}\left(\frac{f}{f_0} - \frac{f_0}{f}\right) = \frac{2}{2.08 - 1.92} \times \left(\frac{2.4}{2} - \frac{2}{2.4}\right) \approx 4.58$$

$$\Omega_L = \frac{f_0}{f_H - f_L}\left(\frac{f}{f_0} - \frac{f_0}{f}\right) = \frac{2}{2.08 - 1.92} \times \left(\frac{1.6}{2} - \frac{2}{1.6}\right) = -5.625$$

采用 0.5dB 等纹波切比雪夫式低通原型滤波器进行设计。因为 $\Omega_H < \Omega_L$，故用 Ω_H 来选定滤波器的阶数 n，根据图 2-7，得 $n=3$ 可满足带外抑制度要求，查表 2-3 得

$$g_1 = g_3 = 1.5963，\quad g_2 = 1.0967，\quad g_4 = 1$$

第 i 个与第 j 个谐振器之间的耦合系数 k_{ij} 由低通原型滤波器的元器件参数确定：

$$k_{ij} = \text{FBW}/\sqrt{g_i g_j} \tag{2-35}$$

这里 FBW 为滤波器相对带宽，其表达式为 $\text{FBW} = \text{BW}/f_0$。

外部品质因数反映了滤波器和输入、输出电路之间的特性阻抗匹配关系，外部品质因数与低通原型滤波器元器件参数的关系为

$$Q_{e1} = g_0 g_1 / \text{FBW}，\quad Q_{e2} = g_n g_{n+1} / \text{FBW} \tag{2-36}$$

根据滤波器指标，由式（2-35）得

$$k_{12} = k_{23} = 0.0571 \tag{2-37}$$

由式（2-36）可得外部品质因数为

$$Q_{e1} = Q_{e2} = 15.96 \tag{2-38}$$

采用微带发卡结构实现滤波器功能，选用国产 F4B 介质基板，设置相对介电常数 $\varepsilon_r = 2.65$，介质厚度 $h=0.5\text{mm}$，覆铜层厚度 $t=34\mu\text{m}$，铜的导电率为 5.7×10^7，介质正切损耗 $\tan\delta=0.002$。在 ADS 软件中打开传输线计算工具"LineCalc"，输入微波板材参数，谐振器特性阻抗选用 60Ω，电长度为 $180°$，计算出单元谐振器线宽为 0.98mm，微带长度为 51.5mm。

在 HFSS 软件中新建一个工程文件，建立图 2-24 所示的模型，设置 L_2 初始值为 6mm，L_1 为 22.75mm，谐振器总长度为 51.5mm，微带宽度 W_1 为 0.98mm。

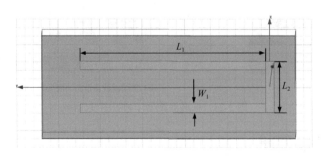

图 2-24 谐振器的 HFSS 模型

如图 2-25 所示，在 HFSS 主窗口中，选择"HFSS"→"Solution Type"菜单命令。在新弹出的页面中单击"Eigenmode"单选按钮，单击"OK"按钮。选择"HFSS"→"Analysis"→"Add Solution Setup"菜单命令，在新弹出的页面中设置"Minimum Frequency"为 0.5GHz，"Number of Modes"为 3，"Maximum Number of Passes"为 12，"Maximum Delta Frequency Per Pass"为 2%。

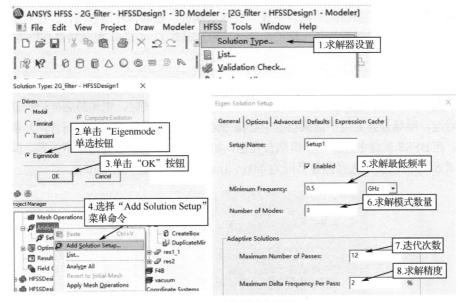

图 2-25　本征模求解设置

添加参数扫描，对 L_1 进行扫参，选择扫参范围为 21.7～23.7mm，扫描步进为 0.1mm，单击 "Simulate" 图标按钮进行仿真。

仿真结果如图 2-26 所示，当 L_1 为 22.6mm 时，谐振器第一个模式的谐振频率为 1.994GHz，无载品质因数的值为 343.86。选择 L_1=22.6mm、L_2=6mm、W_1=0.96mm 作为单元谐振器的初始尺寸。

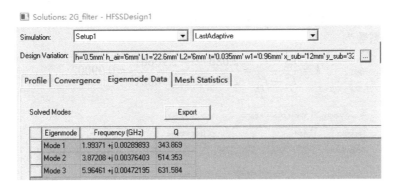

图 2-26　本征模求解结果

根据图 2-26 计算出的谐振器无载品质因数，可计算出滤波器的插入损耗。根据谐振器的无载品质因数 Q_{0i}、滤波器的相对带宽 FBW、滤波器阶数 n，可计算出带通滤波器的插入损耗的 L_{Ar} 为

$$L_{Ar} \geqslant \frac{4.324}{\text{FBW}} \sum_{i=1}^{n} \frac{g_i}{Q_{0i}} \tag{2-39}$$

式中，g_i 为低通原型滤波器的元器件值。由式（2-39）计算出滤波器的插入损耗约为 0.6dB。

谐振于不同的自谐振频率的谐振器之间的耦合系数公式记为

$$k = \pm \frac{1}{2} \left(\frac{f_{02}}{f_{01}} + \frac{f_{01}}{f_{02}} \right) \sqrt{ \left(\frac{f_{p2}^2 - f_{p1}^2}{f_{p2}^2 + f_{p1}^2} \right)^2 - \left(\frac{f_{02}^2 - f_{01}^2}{f_{02}^2 + f_{01}^2} \right)^2 } \tag{2-40}$$

式中，f_{0i} 为谐振器的自谐振频率，f_{pi} 是谐振器间有耦合时的谐振频率。式（2-40）可以用来求任何结构的非对称耦合谐振器间的耦合系数，包括电耦合、磁耦合和混合耦合。在对称耦合谐振器的情况下，谐振器自谐振频率是一样的，式（2-40）中有 $f_{01} = f_{02}$，因而耦合系数可以化简为

$$k = \pm \frac{f_{p2}^2 - f_{p1}^2}{f_{p2}^2 + f_{p1}^2} \qquad (2-41)$$

对于本例中的半波长谐振器，当谐振器工作于最低谐振模式时，电场最强处位于谐振器微带的开路端附近，磁场最强处位于谐振器的中心微带附近，对于发卡式滤波器而言，其耦合以电场耦合为主。在 HFSS 软件中建立谐振器耦合模型，如图 2-27 所示，设置两个谐振器之间的耦合缝隙为 S_1。对 S_1 进行扫参，选择扫参范围为 0.05～1mm，扫描步进为 0.05mm。

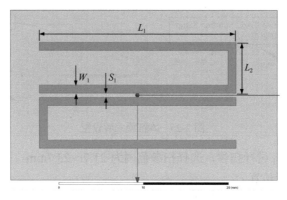

图 2-27　谐振器耦合模型

仿真完成后，在"Solution Data"页面查看本振求解器仿真结果，图 2-28 为耦合缝隙为 0.5mm 时的仿真结果，选择"Mode1"和"Mode2"的谐振频率，根据式（2-41），可以算出耦合缝隙为 0.5mm 时的耦合系数为

$$k = \frac{f_{p2}^2 - f_{p1}^2}{f_{p2}^2 + f_{p1}^2} = \frac{2.08672^2 - 1.90661^2}{2.08672^2 + 1.90061^2} \approx 0.09002 \qquad (2-42)$$

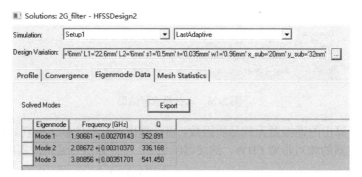

图 2-28　谐振器耦合缝隙为 0.5mm 时的仿真结果

按照上述方法，计算耦合缝隙 S_1 从 0.05mm 至 1mm 变化时的耦合系数，得到图 2-29 所示的耦合系数 k 与耦合缝隙 S_1 之间的关系曲线。改变相邻谐振器间隙，可以调节级间耦合系数至预期值。由于半波长谐振器通过边缘场耦合，而边缘场幅度随距离的增大呈指数衰减，谐振器之间的耦合系数随间隙的增大迅速减小。

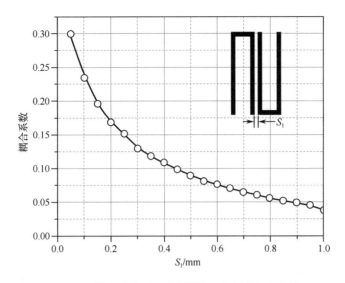

图 2-29　耦合系数 k 与耦合缝隙 S_1 之间的关系曲线

图 2.30（a）给出了一般结构的谐振器输入等效电路模型。根据图 2-30（b），有载品质因数可表示为

$$Q_e = \frac{\omega_0}{\Delta\omega_{\pm 90}} \tag{2-43}$$

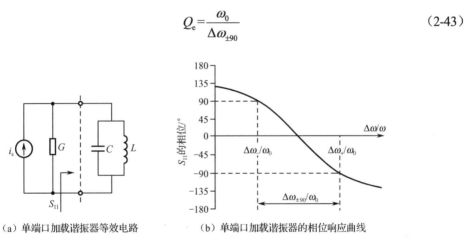

（a）单端口加载谐振器等效电路　　　　（b）单端口加载谐振器的相位响应曲线

图 2-30　单端口有载品质因数提取

有载品质因数 Q_e 还可以通过 S_{11} 在谐振频率处的群时延来提取，有载品质因数还可以表示为

$$Q_e = \frac{\omega_0 \tau_{S_{11}} \omega_0}{4} \tag{2-44}$$

在 HFSS 软件中，建立图 2-31 所示的单端口加载谐振器仿真模型，设置输入耦合微带宽度 W_3=0.5mm，输入耦合线和谐振器之间的缝隙 S_2=0.2mm。选择驱动求解模式"Driven mode"。设置仿真起始频率为 1.9GHz，终止频率为 2.1GHz，步进为 1MHz。对 S_2 进行扫参，选择扫参范围为 0.1～0.8mm，扫描步进为 0.05mm。

仿真完成后，单击"Rectangular Plot"按钮，弹出图 2-32 所示的对话框，"Y"设置为"abs(GroupDelay(1,1))*1e9"，单击"Add Trace"按钮，弹出图 2-33 所示的群时延响应曲线。

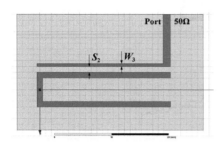

图 2-31　单端口加载谐振器仿真模型

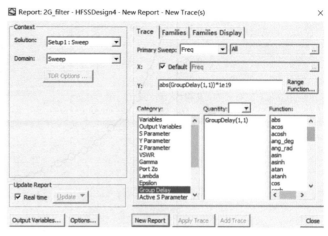

图 2-32　群时延输出显示设置

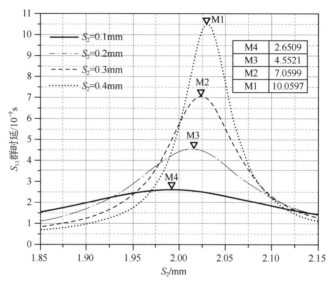

图 2-33　群时延响应曲线

从图 2-33 中可以看到，当输入耦合缝隙为 0.3mm 时，群时延的最大值为 7.0599×10^{-9}s，根据式（2-44），可以计算出耦合缝隙为 0.3mm 时的输入有载品质因数为

$$Q_{\mathrm{e}}=\frac{\omega_0 \tau_{S_{11}} \omega_0}{4}=\frac{2\pi \times 2 \times 10^9 \times 7.0599 \times 10^{-9}}{4} \approx 22.168 \qquad (2\text{-}45)$$

根据式（2-45），可得到耦合缝隙 S_2 从 0.1mm 至 0.8mm 变化时的输入有载品质因数。输入有载品质因数与耦合缝隙 S_2 之间的关系曲线如图 2-34 所示。

根据式（2-37）及图 2-29，设置 S_1 的初始值为 0.8mm；根据式（2-38）及图 2-34，设置输入耦合缝隙 S_2=0.2mm。在 HFSS 软件中建立图 2-35 所示的滤波器模型进行仿真，仿真结果如图 2-36 所示。

从图 2-36 可以看出，滤波器的初始仿真结果中心频率约为 2.04GHz，在要求的中心频率 2GHz 处 S_{11} 为-9.593dB，初始仿真结果出现了频偏，需对滤波器进一步优化。

在仿真优化参数中，设置优化变量 S_1、S_2、L_1，设置优化目标，如图 2-37 所示。优化结束后得到的结构参数如表 2-4 所示，得到的 S 参数曲线如图 2-38 所示，从图中可以看出，在通带内，插入损耗小于 1.42dB，回波损耗大于 13dB，在 1.6GHz 和 2.4GHz 处带外抑制度大于 30dB，满足设计要求。采用印制版绘图软件绘制的发卡式带通滤波器版图如图 2-39（a）所示，三维示意图如图 2-39（b）所示。

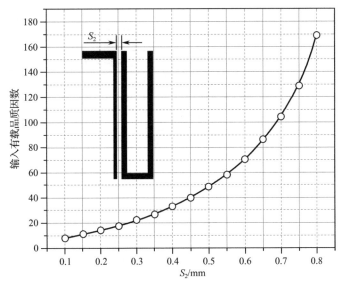

图 2-34　输入有载品质因数与耦合缝隙 S_2 之间的关系曲线

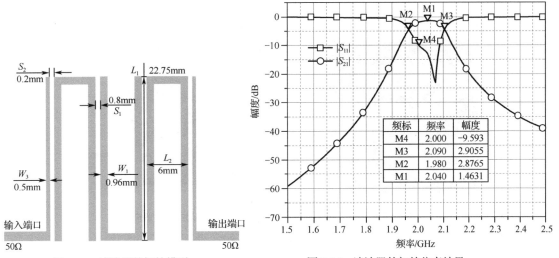

图 2-35　滤波器的初始模型　　　　图 2-36　滤波器的初始仿真结果

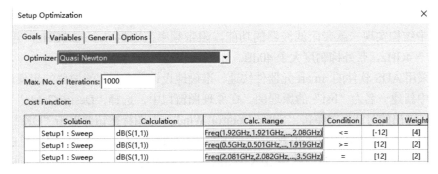

图 2-37　滤波器优化设置

表 2-4　发卡式带通滤波器优化后的尺寸

结构参数	W_1	W_2	L_1	L_2	S_1	S_2
数值/mm	0.96	0.5	22.845	6	0.648	0.226

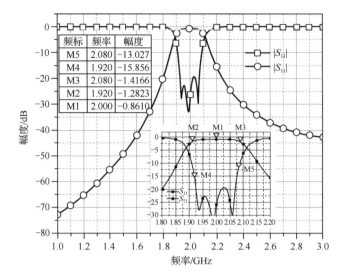

图 2-38　滤波器优化后的 S 参数曲线

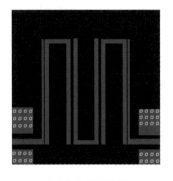

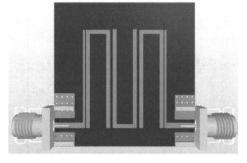

（a）发卡式带通滤波器版图　　　　（b）发卡式带通滤波器带测试接头的三维示意图

图 2-39　发卡式带通滤波器的版图设计

2.3.3　带阻滤波器设计

采用微带结构实现一款带阻滤波器的功能，阻带频率范围为 1.8～2.2GHz，通带为 DC～1.3GHz，2.7～4GHz，带外抑制度大于 40dB。

以下是采用 ADS 软件的 Smart 元器件快速、准确地设计一个带阻滤波器的步骤。在 ADS 软件的主窗口中新建一名为"bsf"的原理图。在原理图窗口中，选择"DesignGuide"→"Filter"菜单命令，在弹出的对话框中单击"Filter Control Window"图标按钮并单击"OK"按钮，进入"Filter DesignGuide"窗口，如图 2-40 所示。在"Filter DG（DesignGuide）"列表中，单击"band-stop filter DT"图标按钮，在原理图中放入该元器件。输入滤波器的特性参数：通带为"Fp1=1.5GHz""Fp2=2.5GHz"；阻带频率为"Fs1=1.8GHz""Fs2=2.2GHz"；阻带衰减为"As=40dB"。

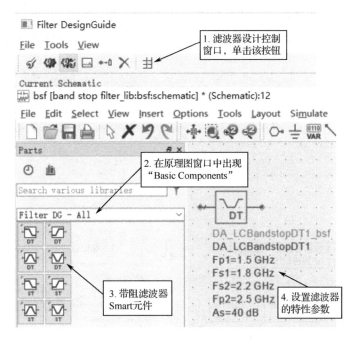

图 2-40 "Filter DesignGuide" 窗口

在"Filter DesignGuide"窗口中，将"Filter Assistant"页面激活，选择最平坦式滤波器响应"Maximally Flat"选项，单击"Design"按钮进行设计，在滤波器响应窗口中可以看到滤波器的 S 参数曲线，如图 2-41 所示。

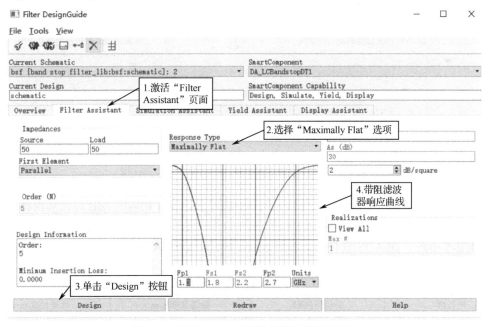

图 2-41 基于 Smart 元器件的带阻滤波器设计

如图 2-42（a）所示，原理图窗口中，Smart 元器件已具有所要求滤波器的特性，而且滤波器电路已经创建好。在原理图窗口中选择图 2-42（a）所示的带阻元器件，单击"push in"按钮，进入图 2-42（b）所示的带阻滤波器的集总参数电路。在"Filter DesignGuide"窗口中选择

"Transformation Assistant"选项，按照图 2-42（c）和（d）所示的方法，将 LC 并联谐振回路和串联谐振回路分别转换为传输线和开路支节，可以得到图 2-42（e）所示的滤波器分布参数。

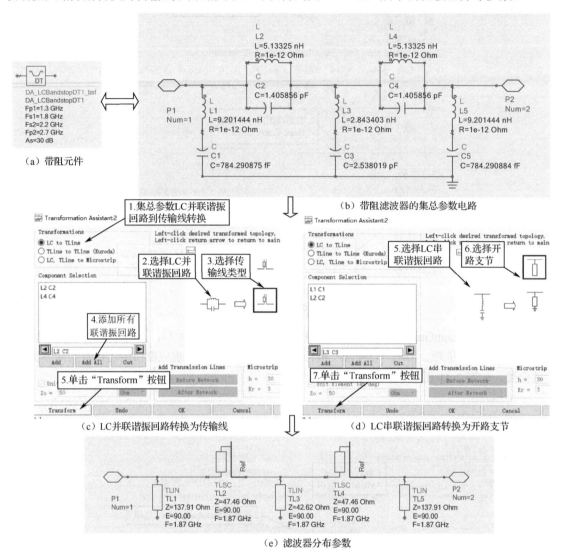

（a）带阻元件

（b）带阻滤波器的集总参数电路

（c）LC 并联谐振回路转换为传输线　　　（d）LC 串联谐振回路转换为开路支节

（e）滤波器分布参数

图 2-42　集总参数滤波器到分布参数滤波器的转换

本例中，滤波器采用微带结构，并且采用和前面滤波器设计相同的 **F4B** 微波基板材料。利用 **ADS** 软件的"LineCalc"工具将图 2-42（e）中的 TL1～TL5 传输线转换为实际的物理结构参数，结果如表 2-5 所示。在 **ADS** 软件中，按照表 2-5 的尺寸新建 **ADS** 仿真模型，如图 2-43 所示。

表 2-5　滤波器的物理结构参数

电长度	特性阻抗/Ω	微带宽度/mm	微带长度/mm
90°	137.91	0.16	28.55
	47.46	1.48	27.00
	42.62	1.73	26.85

建立完物理模型后，按照图 2-44（a）、（b）、（c）分别设置材料参数及厚度、仿真频率范围和网格划分，然后单击"EM"图标按钮![EM]进行仿真。

仿真结果如图 2-45 所示，从图 2-45 可以看出，所设计的带阻滤波器通带为 DC～1.3GHz 和 2.7～4GHz，插入损耗小于 0.5dB，在阻带 1.815～2.105GHz 频率范围内，带外抑制度大于 30dB。

图 2-43　带阻滤波器的 ADS 仿真模型

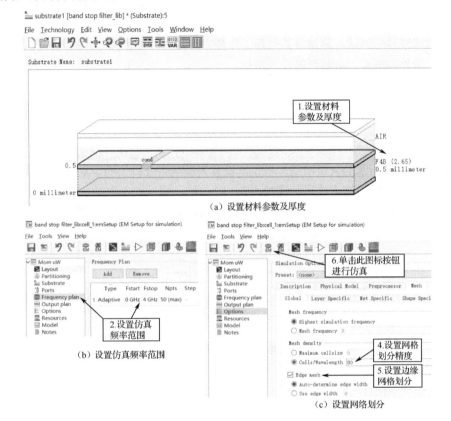

（a）设置材料参数及厚度

（b）设置仿真频率范围

（c）设置网络划分

图 2-44　带阻滤波器的仿真参数设置

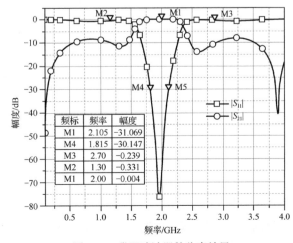

频标	频率	幅度
M1	2.105	−31.069
M4	1.815	−30.147
M3	2.70	−0.239
M2	1.30	−0.331
M1	2.00	−0.004

图 2-45　带阻滤波器的仿真结果

2.4 实验内容及步骤

2.4.1 实验内容

（1）低通滤波器的测试，测试参数包括截止频率、带宽、插入损耗、输入（出）电压驻波比、带外抑制度、群时延等技术指标。

（2）带通滤波器的测试，测试参数包括工作频率、带宽、插入损耗、输入（出）电压驻波比、插入损耗、带外抑制度、矩形系数、群时延等技术指标。

（3）高通滤波器的测试，测试参数包括工作频率、带宽、截止频率、插入损耗、输入（出）电压驻波比、带外抑制度、群时延等技术指标。

2.4.2 实验测试系统

2.4.2.1 测试方法一

（1）选用图 2-46 所示的矢量网络分析仪，设置矢量网络分析仪的带宽，对仪器进行校准；

（2）按照图 2-46 的连接方法进行连接；

（3）采用这种方法可直接测试三种滤波器的工作频率、带宽、插入损耗、输入（出）电压驻波比、带外抑制度、矩形系数、群时延等技术指标。

图 2-46 采用矢量网络分析仪测试滤波器的技术指标

2.4.2.2 测试方法二

（1）选用图 2-47 所示的仪器，按照图 2-46 的连接方法进行连接；

（2）先将射频输入端口的功率设置为-10dBm，频率范围为滤波器需要测试的频率范围；

（3）设置频谱分析仪的中心频率为射频输入信号的中心频率，带宽为信号扫频带宽等。

（4）对三种滤波器，观察不同输入频率下的输出信号功率大小。采用这种方法可检测滤波器的工作频率、带宽、插入损耗、截止频率、矩形系数等技术指标。

图 2-47 采用信号发生器和频谱分析仪测试滤波器的技术指标

2.4.3 实验步骤

2.4.3.1 测试方法一实验步骤

（1）保持矢量网络分析仪接地良好，打开电源。开机 10～20 分钟后，设置测试频率范围、频率步进，设置功率为-10dBm，按照第 1 章的校准方法对矢量网络分析仪进行校准；

（2）保持测试电缆不变，按图 2-46 接入待测滤波器；

（3）在显示窗口中选择 S_{21} 和 S_{11}，通过移动频标，记录 S_{11} 和 S_{21} 在不同频点的读数；

（4）测试滤波器的插入损耗、纹波、带宽、矩形系数、带外抑制度、回波损耗等技术指标；

（5）设置显示窗口，只显示 S_{21}，选择群时延测试；

（6）记录测试数据。

2.4.3.2　测试方法二实验步骤

（1）开启信号发生器和频谱分析仪，预热 10～20 分钟；

（2）设置信号发生器和频谱分析仪，包括测试频率、功率（在元器件和频谱分析仪的正常工作范围内）；

（3）设置信号发生器的输出为 CW 模式，功率为-10dBm；信号发生器设置为扫频模式，扫频起始频率和终止频率为滤波器测试频率范围，扫频点数为 401 个频点，打开信号发生器输出开关；

（4）设置频谱分析仪的起始频率和终止频率，按照图 2-47，通过两根 50Ω 的同轴电缆连接信号发生器和频谱分析仪，在不同频点上，信号发生器的输出功率减去频谱分析仪上的功率读数就是两根电缆的插入损耗；

（5）保持同轴电缆不变，按图 2-47 接入待测滤波器，在频谱分析仪上读出不同频点的功率值；

（6）记录测试数据。

2.4.4　注意事项

（1）为确保测试准确，应在仪器开机后预热 10～20 分钟再进行测试。

（2）开启仪器前，一定要检查仪器仪表接地是否良好，测试的过程应佩戴接地手环。

（3）完成仪器校准后，应保持校准时所用的连接电缆和接头不变更。

（4）待测件、校准件、电缆和各转接连接器的连接最好使用力矩扳手。

（5）测试过程中应始终保持电缆和转接连接器的各个接头拧紧。

2.5　总结与思考

2.5.1　总结

实验总结以学生撰写实验报告的方式体现。实验报告要求如下：

（1）写明学号、姓名、班级及实验名称；

（2）结合滤波器的基本原理，写出带通滤波器的设计步骤；

（3）写出利用仿真软件优化仿真的步骤及运行结果，并附图；

（4）比较仿真软件仿真得出的结果和实际制作的滤波器参数的测试结果，分析存在差异的原因；

（5）写出实验的心得体会；

（6）提交实验报告。

2.5.2 思考

（1）采用集总参数电路，设计一款低通滤波器，要求通带为DC～1.2GHz，插入损耗小于1dB，在1.6GHz处带外抑制度大于30dB，电压驻波比（VSWR）小于1.5。

（2）采用微带结构，设计一款带通滤波器，要求通带为1.9～2.1GHz，插入损耗小于2.5dB，在DC～1.5GHz和2.5～4GHz范围内带外抑制度大于40dB，VSWR小于1.5。

（3）采用微带结构，设计一款高通滤波器，要求通带为1.8～3GHz，插入损耗小于2dB，在DC～1.4GHz范围内带外抑制度大于40dB，VSWR小于1.8。

第3章

微波功分器的设计及测试

3.1 实验目的

(1) 熟悉微波功分器的功能、分类、主要技术指标及基本工作原理；

(2) 掌握 HFSS 软件设计微波功分器的基本方法和步骤；

(3) 实现微波功分器电路的仿真及设计；

(4) 掌握微波功分器的主要技术指标，如插入损耗、回波损耗、电压驻波比、隔离度等的定义及测试方法，完成试验样品技术指标的测试及分析。

3.2 基本工作原理

微波功分器（全称微波功率分配器）是一种将输入信号的功率按一定比例分成几路信号输出的多端口微波网络，它是一个互易网络，既可以用于功率分配，也适用于功率合成的应用场合。例如，当微波功分器用于相控阵雷达系统中时，可将发射机功率分配到各个发射单元；微波功分器也常用于微波发射机中，其功能是实现功率合成，以提高整机的发射功率。对微波功分器的基本要求是输出功率按一定的比例进行分配，且各输出端口之间要相互隔离及各输入、输出端口必须匹配。

微波功分器按分配比例，可分为等分和不等分两类。等分功分器是指将输入功率按相同比例平均分配给所有的输出端口，而不等分功分器则将输入功率按照一定比例（不全为 1）分配给各个输出端；按工作带宽可分为窄带和宽带两类，一般是按照微波功分器的相对带宽大小来区分的，但二者没有严格的分界限；根据电路结构特点，可分为二进制和累进制两类。二进制微波功分器的功率分配路数（用 N 表示）和级数（用 n 表示）呈 $N=2^n$ 关系；累进制则只有一级，直接将输入功率按一定比例分成 N 路。由于二进制微波功分器具有结构和分析方法都很简单的优点，因此使用得更广泛。另外，微波功分器按照传输方式的不同，又可分为矩形波导型（包括 T 形结、Y 形结、魔 T 等）、同轴型及微带型等。鉴于目前对小型轻量化、便于集成元器件及子系统的应用需求，重点介绍微带型的威尔金森（Wilkinson）功分器的原理及设计。

常用的微带型功分器有楔形结构、威尔金森结构、径向辐射结构、圆盘形和扇形结构等。微带型功分器在频率比较低时，理论分析和实际结果比较接近，但是随着频率的升高，特别是当工作频率处于毫米波频段时，在设计过程中就需要考虑很多因素。随着频率的升高，微带线的损耗增大，色散影响明显，微带的不连续性影响增加，加工的精度误差对性能的影响也增加；混合集成式微波功分器中隔离电阻的尺寸和波长可比拟，不能再将其看作一个单纯的电阻，且焊接对性能的影响也不容忽视，分布参数的影响也有所增大；同时由于波长变短，微波功分器的体积变小，导致微带间的耦合增强，因此在频率比较低时，可以直接使用集总参数的隔离电阻，当频率比较高时，为了尽可能减小以上原因对技术指标的影响，毫米波及以上频段微波功分器的隔离电阻一般选择将薄膜电阻直接制作在电路基片上来实现隔离。

衡量微波功分器的主要技术指标包括工作带宽、插入损耗、隔离度、输入（出）电压驻波比、回波损耗等。

1．工作带宽

工作带宽是指微波功分器的指标都符合使用要求时所对应的频率范围，有绝对带宽和相对带宽两种表示方法，前者是指工作频率起止频率的差值，后者则用绝对工作带宽与中心频率的百分比来表示。

2．插入损耗

插入损耗定义为输入功率和传输至输出负载功率比值的对数（单路直通损耗，用 A 表示）与理想情况下输入功率与输出功率比值的对数（分配损耗或理论损耗，用 B 表示）之差。以两路等分微波功分器的插入损耗为例，其插入损耗可表示为 $A-B$ 或 $-10\lg|S_{21}|-10\lg 2$。

3．隔离度

隔离度是指输入端和其他输出端口接匹配负载时，任意两输出端口之间输入功率与输出功率比值的对数。它用来衡量输出端口之间的互相干扰程度。

4．输入（出）电压驻波比

电压驻波比（VSWR）是表征微波功分器输入（出）端口匹配程度的技术指标，如果用 Γ 表示输入（出）端口的反射系数，那么微波功分器的输入（出）电压驻波比可表示为

$$\text{VSWR} = \frac{1+|\Gamma|}{1-|\Gamma|} \tag{3-1}$$

5．回波损耗

回波损耗定义为端口入射功率 P_{in} 与反射功率 P_{r} 的比值的对数值，用来描述微波功分器端口的匹配程度。

3.2.1 威尔金森功分器

3.2.1.1 两路威尔金森功分器

两路威尔金森功分器由于结构简单，可以通过增加隔离电阻来提高两输出端之间的隔离度，因此在平面集成电路中应用非常广泛，常用于功率合成电路中。在需要使用多路功率分配（或合成）的应用场合，两路威尔金森功分器通过多级级联（即二进制方式）实现，其电路原理示意图

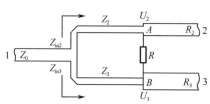

图3-1 两路威尔金森功分器的电路原理示意图

如图 3-1 所示。图中，输入端口微带特性阻抗为 Z_0，两段分支微带的电长度为 $\lambda_{\text{g}}/4$，两输出端口的特性阻抗分别为 Z_2 和 Z_3，终端分别接负载 R_2 和 R_3，两输出端口之间接阻值为 R 的隔离电阻。按功分器的功能，可以总结出三个端口的特性：

（1）端口 1 无反射；

（2）端口 2、端口 3 输出电压相等且同相；

（3）端口 2、端口 3 输出功率比值 $1/k^2$（k 为功分比）为任意指定值。

根据端口 1 无反射的特性，有

$$\frac{1}{Z_{in2}} + \frac{1}{Z_{in3}} = \frac{1}{Z_0} \tag{3-2}$$

根据各端口功率及功分比的定义有

$$\frac{P_3}{P_2} = k^2 \tag{3-3}$$

$$P_2 = \frac{1}{2}\frac{U_2^2}{R_2} \tag{3-4}$$

$$P_3 = \frac{1}{2}\frac{U_3^2}{R_3} \tag{3-5}$$

由 $\lambda_g/4$ 传输线阻抗变换原理有

$$\begin{cases} Z_2 = \sqrt{Z_{in2} \times R_2} \\ Z_3 = \sqrt{Z_{in3} \times R_3} \end{cases} \tag{3-6}$$

为不失一般性，令 $R_2 = kZ_0$（即 $R_3 = Z_0/k$），则有

$$Z_2 = Z_0\sqrt{k(1+k^2)} \tag{3-7}$$

$$Z_3 = Z_0\sqrt{\frac{1+k^2}{k^3}} \tag{3-8}$$

两个输出端口 2、3 间的隔离度是通过两个输出端口间串联的端接电阻得到的。当信号由端口 1 输入时，在端口 2、3 按比例获得相位相同的输出功率。其中 A、B 两点等电位，故电阻上没有电流，相当于电阻不起作用。而当端口 2 有信号输入时，它就分两路到达端口 3。适当选择电阻及焊接位置可以使两路信号互相抵消，从而使端口 2、3 得到隔离。利用以上原理，在两路威尔金森功分器电路中，为了满足端口 2、3 之间有一定的隔离度及输入端口无反射的条件要求，利用微波网络相关理论可以求得，两输出端口 2、3 之间隔离电阻阻值的公式为

$$R = \left(k + \frac{1}{k}\right)Z_0 \tag{3-9}$$

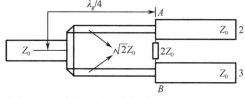

当 $k=1$ 时，对应于等功率输出的情况，此时微波功分器的微带特性阻抗及隔离电阻阻值如图 3-2 所示。

图 3-2　两路等分威尔金森功分器的原理示意图

3.2.1.2　多路威尔金森功分器

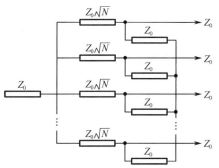

图 3-3　N 路等分威尔金森功分器的原理示意图

威尔金森功分器也可以推广到 N 路（$N \geqslant 3$），电路的各路输出端口均通过一个隔离电阻与一个公共节点相连，以提高各输出端口间的隔离度。当威尔金森功分器是 N 路等分时，隔离电阻为 Z_0，如图 3-3 所示。当一微波信号输入威尔金森功分器后，由于电路结构的对称性，将使输入功率分成大小相等的 N 路输出。当各路输出都与匹配负载 Z_0 相接时，只要各路信号所经过的电长度相等且均为 $\lambda_g/4$，那么各输出端口就将处于同电位，因而输出端口和公共节点间的隔离电阻并不消耗任何功率。但是，假如输出端口之一由于某种原因使信号发生了反射，此反射信号的功率也将

分路传输，一部分直接经过这些隔离电阻传至其余各输出端口，而其余的功率将反向传输至输入端口，并在各路支线交叉口再度分配，于是重新经由各支线传至各输出端口。因此，某一端口的反射信号将经过两种途径传至其余各输出端口，而这两种途径的电长度并不相同，当隔离电阻尺寸很小可视为集总元器件时，它的电长度可近似地认为是零，支线阻抗变换节的电长度在中心频率时为 $\pi/2$，因而往返各一次后的电长度是 π。可见由两种不同途径至其余各输出端口的反射信号相位正好相反。可以证明，只要隔离电阻与负载电阻 R_0 一样，且变换节的特性阻抗取为 $\sqrt{N}\,Z_0$，那么两种途径的反射波幅度就是相等的，因而彼此相消，这就实现了各输出端口之间的相互隔离。

由上述分析可见，这个电路可以在所有端口上实现匹配，并且所有端口之间彼此隔离。然而，这种结构的缺点是当 $N\geq3$ 时，威尔金森功分器需要电阻跨接，这使得用平面集成电路形式在制作上会产生困难。

3.2.2　多节威尔金森功分器

威尔金森功分器的典型带宽约为一个倍频程，在大约一个倍频程的带宽内可看到合适的平坦响应特性。只是在频带两端，负载阻抗影响了隔离度。根据可用空间，通过在功分阶梯的前面增加一个四分之一波长变换器，可使威尔金森功分器的性能得到进一步改善。经补偿的微波功分器输入电压驻波比优于未补偿的输入电压驻波比。但在许多应用场合中，单节威尔金森功分器的倍频程带宽远远不能满足系统的指标要求，所以 Cohn 提出了采用多节来展宽频带的方法。利用多节设计有可能获得十倍频程带宽。多节威尔金森功分器是由一些四分之一波长线段组成的，在每节末尾有电阻性终端。所用节数越多，得到的带宽越宽，隔离度也越大。

两路等分 N 节威尔金森功分器的原理示意图如图 3-4 所示，由于是等功率分配的，因此微波功分器上下两部分电路的参数相同，属于面对称结构，因此可采用奇偶模分析法进行分析。根据奇偶模分析法原理，对于线性网络，其特性满足线性迭加原理，因此可以将对称结构电路分别用偶模（相应量用下标 e 表示）和奇模（相应量用下标 o 表示）进行激励，然后在两种不同激励状态下分别求解相应网络的传输系数（T_e 和 T_o）和反射系数（用 Γ_e 和 Γ_o 表示），最后将两者结果进行迭加从而获得整个电路的特性。该方法的核心思想是对称和反对称思想，即可以将任意矩阵分解为对称和反对称矩阵之和。下面以图 3-4 所示的两路等分 N 节威尔金森功分器为例对奇偶模分析法进行说明。图 3-4 的结构关于中心截面 CC' 对称，因此当微波功分器电路采用偶模激励，即在端口 2、3 加上等幅、同相电压 U_0 时，上下两路各对应点电位相等，隔离电阻上无电流流过，因此可将电路分成上下两部分，其每一路的阻抗等效电路如图 3-5（a）所示，此时微波功分器端口 1 负载变成了 $2R_0$。同理，当奇模馈电，即在端口 2、3 加上等幅、反相电压 $\pm U_0$ 时，隔离电阻两端电位差为 $2U_0$，有电流流过，由于电路具有对称特性，电阻中点位置及端口 1 均为地电位，因此仍然可将电路分成上下两部分，其每一路的阻抗等效电路如图 3-5（b）所示。通过奇偶模分析法，将端口 3 网络分解为两个双端口奇、偶模网络。根据微波网络相关理论，可以分别求出奇模、偶模时端口 2（或 3）的反射系数 Γ_o 和 Γ_e 及传输系数 T_o 和 T_e。

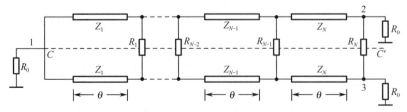

图 3-4　两路等分 N 节威尔金森功分器的原理示意图

从图 3-5（a）可以看出，当微波功分器偶模工作时，它相当于一个 N 节四分之一波长阶梯阻抗变换器，与隔离电阻阻值无关，因此整个微波功分器隔离电阻的阻值由奇模确定；从图 3-5（b）的电路图可以看出，当微波功分器奇模工作时，端口 1 的电位为 0，即奇模激励对端口 1 没有贡献，因此端口 1 反射系数的模值与偶模激励时反射系数的模值相等，即有

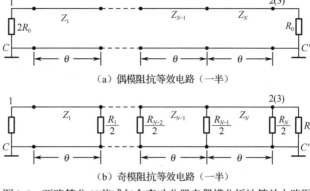

（a）偶模阻抗等效电路（一半）

（b）奇模阻抗等效电路（一半）

图 3-5　两路等分 N 节威尔金森功分器奇偶模分析法等效电路图

$$\begin{cases} \varGamma_{2e} = \varGamma_{3e} = \varGamma_e \\ \varGamma_{2o} = \varGamma_{3o} = \varGamma_o \\ |\varGamma_1| = |\varGamma_e| \end{cases} \quad (3\text{-}10)$$

同理，由于奇模工作时端口 1 电位为 0，故端口 1 到端口 2（或端口 3）的传输系数也只与偶模激励有关，同时由于微波功分器结构具有对称性，有

$$T_{12} = T_{13} = \frac{1}{2}T_e \quad (3\text{-}11)$$

式中，T_{12} 和 T_{13} 分别表示微波功分器输入端口 1 与两输出端口 2 和端口 3 之间的传输系数。

根据能量守恒原理，对于无耗网络，偶模工作时有

$$|\varGamma_1|^2 + |T_{12}| + |T_{13}| = 1，\quad 即 |T_{12}| = |T_{13}| = \sqrt{\frac{1}{2}(1 - |\varGamma_1|^2)} \quad (3\text{-}12)$$

$$\varGamma_2 = \frac{\varGamma_e + \varGamma_o}{2} \quad (3\text{-}13)$$

$$T_{23} = \frac{\varGamma_e - \varGamma_o}{2} \quad (3\text{-}14)$$

式中，T_{23} 表示输出端口 2 和端口 3 之间的传输系数。

根据图 3-5 所示的等效电路图，可以分别求得奇模、偶模工作时的级联矩阵，分别记为 $[A]_o$ 和 $[A]_e$，其表达式分别为

$$[A]_e = \begin{bmatrix} \cos\theta & jZ_1\sin\theta \\ jY_1\sin\theta & \cos\theta \end{bmatrix} \cdots \begin{bmatrix} \cos\theta & jZ_N\sin\theta \\ jY_N\sin\theta & \cos\theta \end{bmatrix} \quad (3\text{-}15)$$

$$[A]_o = \begin{bmatrix} \cos\theta & jZ_1\sin\theta \\ jY_1\sin\theta & \cos\theta \end{bmatrix}\begin{bmatrix} 1 & 0 \\ 2R_1^{-1} & 1 \end{bmatrix} \cdots \begin{bmatrix} \cos\theta & jZ_N\sin\theta \\ jY_N\sin\theta & \cos\theta \end{bmatrix}\begin{bmatrix} 1 & 0 \\ 2R_N^{-1} & 1 \end{bmatrix} \quad (3\text{-}16)$$

根据式（3-15）和（3-16）可以求出微波功分器奇模、偶模工作时的散射矩阵 $[S]$，从而获得整个微波功分器各端口的反射系数、传输系数、各节隔离电阻的表达式。

以上介绍的是多节威尔金森功分器的奇偶模分析法，而在实际工程应用中，我们常常会提出微波功分器在工作频率范围内的传输系数（或插入损耗）、反射系数（或电压驻波比）及隔离度指标要求，然后采用综合法获得其物理尺寸。具体对于两路等分多节威尔金森功分器而言，其隔离度 ISO、输入电压驻波比和分离度 $D_{12} = D_{13}$ 的定义分别为

$$ISO = 20\lg\frac{2}{|\varGamma_e - \varGamma_o|} \quad (3\text{-}17)$$

$$VSWR_{in} = \frac{1 + \varGamma_e}{1 - \varGamma_e} \quad (3\text{-}18)$$

$$D_{12} = D_{13} = \frac{2}{\sqrt{1-|\Gamma_e|^2}}$$

(3-19)

当给定带内最大反射系数（或最小电压驻波比）、最小隔离度及相对带宽时，可按照带内等波纹响应特性，利用奇偶模分析法获得的相应公式，反向综合出微波功分器的参数，即获得所需节数 N、各节四分之一波长微带特性阻抗、隔离电阻等参数。

3.3 设计实例

3.3.1 两路等分单节威尔金森功分器设计举例

1. 两路等分单节威尔金森功分器设计技术指标

中心频率：2GHz；

带宽：≥0.4GHz；

插入损耗：≤0.15dB；

通带内各个端口电压驻波比：VSWR≤1.43 或反射系数幅度 $|S_{ii}| \leqslant -15$dB（$i=1\sim3$）；

通带内输出端口间隔离度：≥20dB 或 $|S_{23}| \leqslant -20$dB。

2. 两路等分单节威尔金森功分器设计的具体步骤

（1）基片选择。根据微波功分器工作频段及技术指标要求，结合性价比，选用国产 F4B 介质基板，设置相对介电常数 ε_r=2.6，介质厚度 H=0.50mm，介质正切损耗 $\tan\delta$=0.002，覆铜层厚度 t=0.035mm，导带材质为铜。

（2）理论初值计算。根据两路等分威尔金森功分器的相关理论，利用 ADS 软件中的 LineCalc 小程序可综合计算出中心频率为 2GHz 时微波功分器分支线特性阻抗为 70.7Ω，四分之一波长微带长度 L=26.2289mm，微带宽度 W_2=0.737588mm（见图 3-6）；用同样的方法可得特性阻抗为 50Ω 时微带宽度 W_1=1.34116mm，将它们作为在 HFSS 软件中建立仿真模型的初始参数。

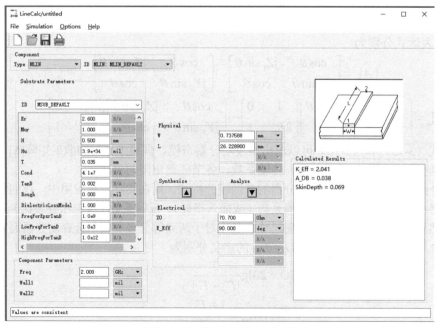

图 3-6 微带基本特性计算截面

（3）模型参数化及初值设定。在上一步理论计算的基础上，考虑到加工精度，各参数精确到 mm 的百分位，为了方便优化仿真，电路的尺寸应该全参数化。单节威尔金森功分器参数定义如图 3-7 所示，其初始变量值如表 3-1 所示，其中 $L=\lambda_g/4\approx2l_1+l_2-S/2$。

表 3-1　单节威尔金森功分器的初始变量

变量	W_1	l_1	W_2	l_2	l_3	r_1	S
数值/mm	1.34	9.50	0.74	7.73	8.80	8.00	1.00

（4）建立电路模型。根据初始变量，在 HFSS 软件中建立仿真模型，主要包括建立空气腔和电路模型，定义端口、边界条件、基板及电路的材料厚度等。

（5）隔离电阻设置。为了满足两输出端之间具有一定的隔离度，按照理论分析得到其隔离电阻为 100Ω，由于本微波功分器的工作频率较低，可以选用 0805 封装的贴片电阻，在图 3-7 中 S 位置处连接一只隔离电阻 $R=100\Omega$，具体设置界面如图 3-8 所示。

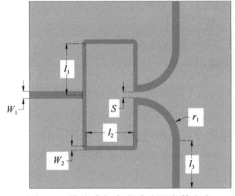

图 3-7　单节威尔金森功分器参数定义

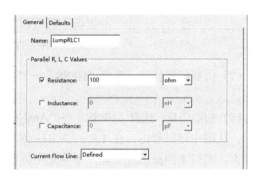

图 3-8　隔离电阻设置界面

（6）仿真设置。建立好的微波功分器的 HFSS 仿真模型如图 3-9 所示。在"HFSS"菜单中选择"Analysis Setup"命令，分别选择"Add Solution Setup"和"Add Frequency Sweep"选项，设置扫描频率、最大迭代次数及迭代精度等，如图 3-10 和图 3-11 所示。

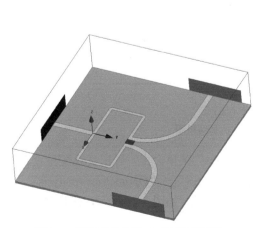

图 3-9　微波功分器的 HFSS 仿真模型

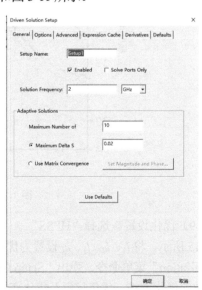

图 3-10　自适应迭代法设置

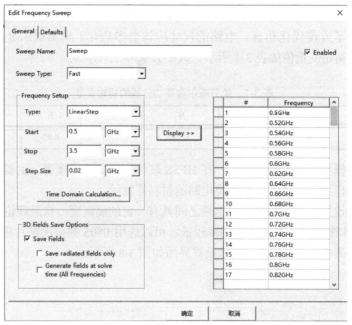

图 3-11   扫描频率设置

（7）仿真模型验证。选择"HFSS"→"Validation Check"菜单命令，验证仿真模型设置的正确性。

（8）初始仿真。选择"HFSS"→"Analysis All"菜单命令，获得仿真结果，如图 3-12～图 3-14 所示。从图中可以看出，在 1.8～2.2GHz 频率范围内，两路等分单节威尔金森功分器输出不平衡度较大，端口 1 回波损耗较差，不满足指标要求。

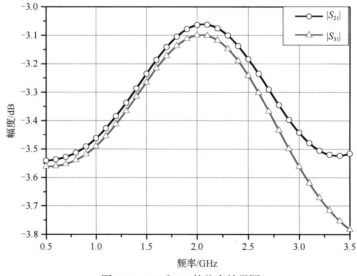

图 3-12 $|S_{21}|$ 和 $|S_{31}|$ 的仿真结果图

（9）优化设置。选择"HFSS"→"Design Properties"菜单命令，弹出优化变量设置框，如图 3-15 所示，将 l_1、l_2、l_3、r_1 设置为优化变量；选择"HFSS"→"Optimetrics Analysis"→"Add Optimization"菜单命令，弹出"Setup Optimization"对话框，如图 3-16 所示，在此对话框中完成 S 参数的优化方法、优化目标及优化变量的设置。

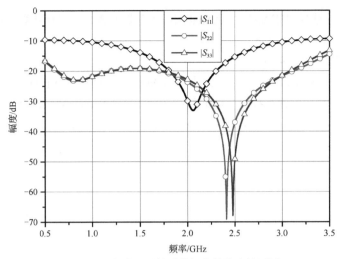

图 3-13　各端口反射系数幅度的仿真结果图

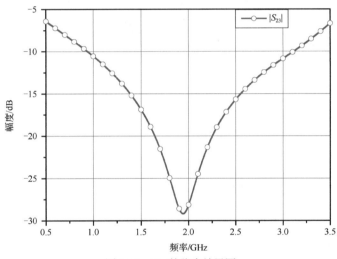

图 3-14　$|S_{23}|$ 的仿真结果图

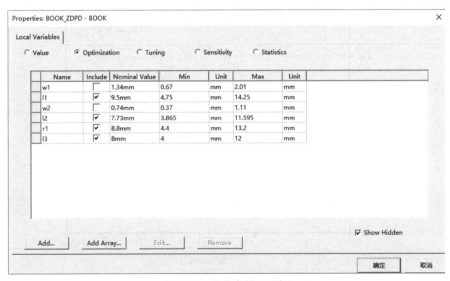

图 3-15　优化变量设置框

（10）优化仿真。选择"HFSS"→"Analysis All"菜单命令，进行计算，在仿真计算过程中，可在工程树"Analysis"下的"Optimetrics"处右击，选择"View Analysis Results"命令，实时观察优化收敛情况。若经过图3-16设置的优化方法和迭代次数无法获得满意的指标，则可选择上次最优变量作为初值，通过增加优化变量或选用其他优化方法进行二次优化计算，直到获得满足指标要求的结果为止。本次设计在经过"Quasi Newton"和"Sequential Nonlinear Programming"两种方法优化后，获得满足指标要求的结果，各变量最终取值如表3-2所示，优化结果如图3-17~图3-19所示。

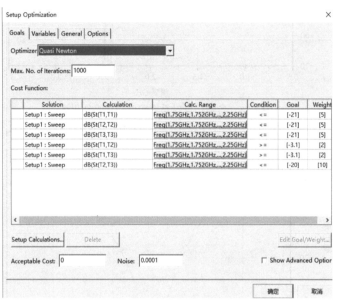

图 3-16　优化方法及优化目标设置图

表 3-2　单节威尔金森功分器优化后的变量值

变量	W_1	W_2	l_2	l_3	r_1	l_1	S
数值/mm	1.35	0.75	8.80	6.00	10.00	9.50	1.00

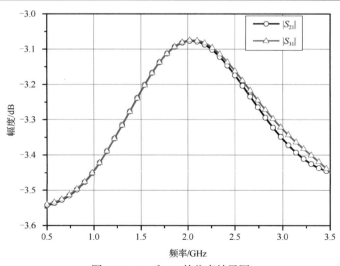

图 3-17　$|S_{21}|$和$|S_{31}|$的仿真结果图

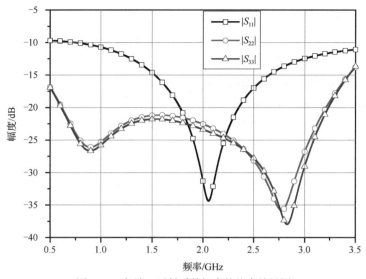

图 3-18　各端口反射系数幅度的仿真结果图

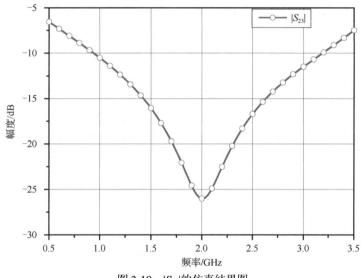

图 3-19　$|S_{23}|$ 的仿真结果图

从图 3-17～图 3-19 的仿真结果可以看出，在工作频率为 1.8～2.2GHz 的范围内，回波损耗大于 20.8dB，隔离度大于 22dB，插入损耗小于 0.11dB，满足设计要求。对比优化前后单节威尔金森功分器相应仿真结果图可知，优化后，虽然隔离度没有明显的提升，但是其回波损耗、插入损耗的带内不平坦度及两输出端的幅度一致性都有很大改善。

3. 优化后加工测试

完成优化后，选择"Modeler"→"Export"菜单命令可以导出电路加工图进行加工。加工好的单节威尔金森功分器电路可以利用矢量网络分析仪进行测试。

3.3.2　两路等分多节威尔金森功分器设计举例

1. 两路等分多节威尔金森功分器设计技术指标

中心频率：2GHz；

带宽：≥2GHz；

插入损耗：≤0.2dB；

通带内各个端口电压驻波比：VSWR≤1.4 或反射系数幅度$|S_{ii}| \leqslant -15.6$dB（i=1～3）；

通带内输出端口间隔离度：≥20dB 或$|S_{23}| \leqslant -20$dB。

2. 两路等分多节威尔金森功分器设计的具体步骤

（1）基片选择。根据微波功分器工作频段及技术指标要求，结合性价比，选用国产 F4B 介质基板，设置相对介电常数 ε_r=2.6，介质厚度 H=0.50mm，介质正切损耗 tanδ=0.002，覆铜层厚度 t=0.035mm，导带材质为铜。

（2）理论初值计算。按照微波功分器设计技术指标可知相对带宽 FBW≥1。根据四分之一波长阻抗变换器及微带电路理论，由阻抗变换比 r=2，FBW=1.2，VSWR≤1.4，可确定变换节数 n=3，每节微带线的归一化特性阻抗分别为 $\overline{z}_1$=1.73964，$\overline{z}_2$=1.41421 和 $\overline{z}_3$=1.14966，相应的特性阻抗分别为 Z_1=86.982Ω，Z_2=70.711Ω 和 Z_3=57.483Ω（归一化特性阻抗及特性阻抗的下标编号表示功分器节数编号）。

（3）微带宽度及微带长度初值计算。与两路等分单节威尔金森功分器建立模型时相类似，利用 ADS 软件中的 LineCalc 小程序可计算出每节微带宽度分别为 W_1=0.479732mm（λ_g/4=26.5974mm），W_2=0.737368mm（λ_g/4=26.2292mm），W_3=1.0689mm（λ_g/4=25.8852mm）。用同样的方法可得特性阻抗为 50Ω 时微带宽度 W_{50}=1.34116mm，根据加工精度，W_{50}=1.34mm，微带长度选为 L_{50}=3.5mm。

（4）隔离电阻值计算。利用奇偶模分析法可得到隔离电阻的归一化值分别为 $\overline{r}_{e1}$=2.1436，$\overline{r}_{e2}$=4.2292，$\overline{r}_{e3}$=8.0000，相应的电阻分别为 R_{e1}=107.2Ω（取 110Ω），R_{e2}=211Ω（取 210Ω），R_{e3}=400Ω（取 390Ω），选用 0805 封装的贴片电阻。

（5）仿真模型参数化及初值设定。根据前面几步的理论计算，考虑到加工精度，各参数精确到 mm 的百分位；为了方便优化仿真，电路模型各个尺寸都应该全参数化，设计中两路等分 3 节威尔金森功分器的初始模型参数定义如图 3-20 所示，各参数的初始变量值如表 3-3 所示。

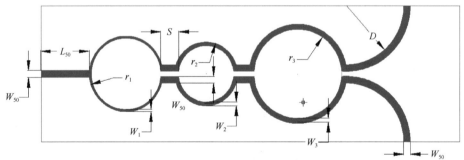

图 3-20　两路等分 3 节威尔金森功分器的初始模型参数定义

表 3-3　两路等分 3 节威尔金森功分器的初始变量

变量	W_1	W_2	W_3	D	S	r_1	r_2	r_3	W_{50}	L_{50}
数值/mm	0.48	0.74	1.07	12.00	1.00	8.47	8.35	8.24	1.34	3.50

（6）建立电路模型。根据初始变量及参数，在 HFSS 软件中建立仿真模型，主要包括空气腔和电路模型建立，定义端口、边界条件、基板及电路的材料厚度等，如图 3-21 所示。

（7）仿真设置、模型验证及初始仿真。具体关键命令操作参见 3.3.1 节相关内容。初始仿真获得的微波功分器 S 参数曲线图如图 3-22～图 3-24 所示，从图中可以看出，微波功分器在 1～3GHz 范围内，回波损耗小于 15.8dB，隔离度大于 20.3dB，插入损耗小于 0.19dB，指标满足设计要求，但是输入电压驻波比仿真结果较差，需要进一步进行优化。

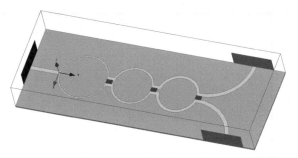

图 3-21　两路等分 3 节威尔金森功分器的 HFSS 仿真模型

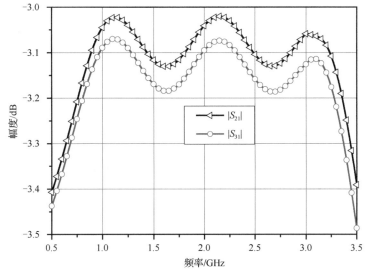

图 3-22　$|S_{21}|$ 和 $|S_{31}|$ 的仿真结果图

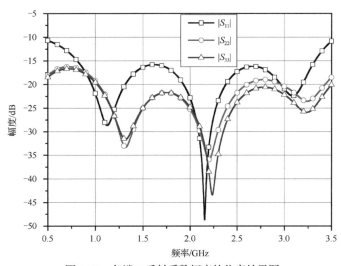

图 3-23　各端口反射系数幅度的仿真结果图

（8）优化设置。接下来可以将表 3-3 中的部分或全部变量设置为优化变量，选择 "HFSS" →
"Optimetrics Analysis" → "Add Optimization" 菜单命令，打开优化设置框，可以设置 S 参数的优
化方法、优化目标及优化变量等，如图 3-25 和图 3-26 所示，设置完成后，选择 "HFSS" → "Analysis
All" 菜单命令，软件自动进行优化计算，可在 "View Analysis Results" 窗口中实时观察优化收敛
情况。本设计优化后各变量值如表 3-4 所示，S 参数如图 3-27～图 3-29 所示。

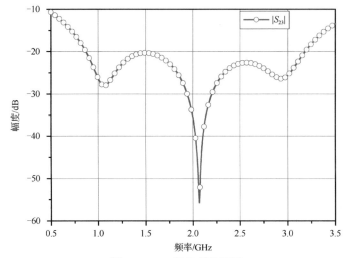

图 3-24 $|S_{23}|$的仿真结果图

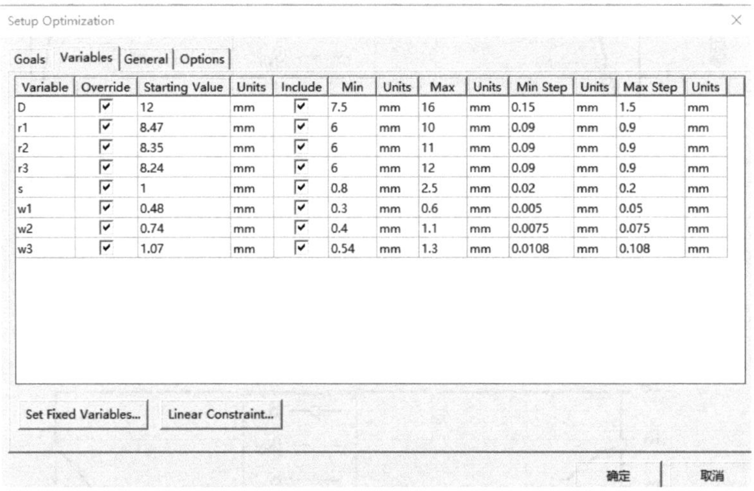

图 3-25   优化变量设置图

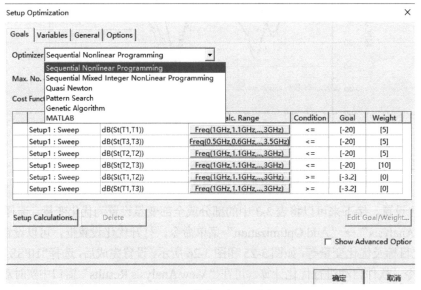

图 3-26   优化目标设置图

表 3-4　3 节威尔金森功分器优化后各变量值

变量	W_1	W_2	W_3	W_{50}	D	r_1	r_2	r_3	S
数值/mm	0.42	0.66	1.06	1.34	13.85	8.50	7.45	8.32	1.69

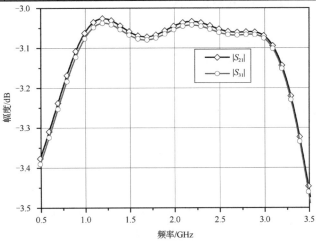

图 3-27　$|S_{21}|$ 和 $|S_{31}|$ 的仿真结果图

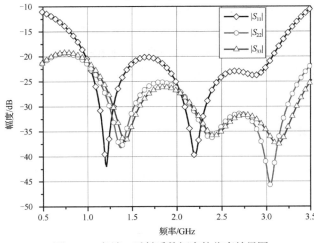

图 3-28　各端口反射系数幅度的仿真结果图

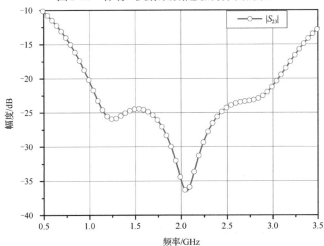

图 3-29　$|S_{23}|$ 的仿真结果图

从图 3-27～图 3-29 的仿真结果中可以看到，在工作频率为 1～3GHz 的范围内，回波损耗大于 20.1dB，隔离度大于 20.5dB，插入损耗小于 0.08dB，满足设计指标要求。对比优化前后宽带功分器相应仿真结果可知，优化后虽然隔离度没有明显的提升，但是其回波损耗、插入损耗的带内不平坦度及两输出端的幅度一致性都有很大改善。

3．优化后加工测试

完成优化后，选择"Modeler"→"Export"菜单命令可以导出电路加工图进行加工。加工好的 3 节威尔金森功分器电路可以利用矢量网络分析仪进行测试。

3.4　实验内容及步骤

3.4.1　实验内容

请从以下 4 个实验内容中任意选择 3 个进行测试。

（1）两路等分单节威尔金森功分器（含隔离电阻）的测试，测试参数包括工作频率、带宽、插入损耗、隔离度、输入（出）电压驻波比和两路输出的相位差。

（2）两路等分单节威尔金森功分器（不含隔离电阻）的测试，测试参数包括工作频率、带宽、插入损耗、隔离度、输入（出）电压驻波比和两路输出的相位差。

（3）两路等分 3 节威尔金森功分器（含隔离电阻）的测试，测试参数包括工作频率、带宽、插入损耗、隔离度、输入（出）电压驻波比和两路输出的相位差。

（4）两路等分 3 节威尔金森功分器（不含隔离电阻）的测试，测试参数包括工作频率、带宽、插入损耗、隔离度、输入（出）电压驻波比和两路输出的相位差。

3.4.2　实验测试系统

根据实验室的具体情况，可以通过测试方法一，即选用图 3-30 所示的仪器，按照图 3-30 的连接方式测试除电压驻波比外的 S 参数；也可以采用测试方法二，即选用矢量网络分析仪，按照图 3-31 的连接方式测试微波功分器的幅相特性。

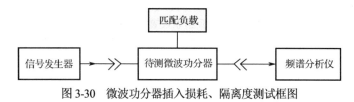

图 3-30　微波功分器插入损耗、隔离度测试框图

3.4.3　实验步骤

3.4.3.1　测试方法一实验步骤

（1）开启信号发生器和频谱分析仪，预热 10～20 分钟。

（2）选用图 3-30 所示的仪器，按照图 3-30 的连接方式进行连接。

（3）先将信号发生器的射频输出功率设置为适当值，如 0dBm，信号频率范围设置为微波功分器需要测试的频率范围（也可以用点频），信号发生器的扫频方式设置为连续波（CW）模式，关闭调制方式。

（4）频谱分析仪的中心频率设置为射频输入信号中心频率，带宽要大于信号发生器扫频带宽，即测试频率范围。

（5）记录相应频率点处频谱分析仪功率读数即微波功分器的输出功率，完成后将与频谱分析仪连接的微波功分器的输出端口和接 50Ω 匹配负载端口对调，改变信号发生器的输出频率，记录频谱分析仪功率读数即可完成微波功分器插入损耗随频率变化的测试。

（6）在待测微波功分器输入端口接匹配负载，两输出端口分别接信号发生器和频谱分析仪后，将信号发生器功率设置为合适的固定输出功率（如 0dBm），改变信号发生器的输出频率，记录不同频点时的频谱分析仪输出功率，则可完成微波功分器两输出端口间的隔离度随频率变化的测试；如果忽略连接器的损耗，那么隔离度是信号发生器输出功率（dBm 表示）与频谱分析仪读到的输出功率（dBm 表示）两者的差值。

（8）用这种方法只能测试出微波功分器的工作频率、带宽、插入损耗、隔离度、平坦度及两输出之路间的幅度一致性。

3.4.3.2　测试方法二实验步骤

（1）开启矢量网络分析仪，预热 10～20 分钟。

（2）设置矢量网络分析仪的测试频率范围，可以选用中心频率及带宽方式，也可以选用起始频率和终止频率方式进行设置。

（3）矢量网络分析仪功率可以选用缺省设置。

（4）对矢量网络分析仪进行校准，其中包括选择校准件型号、设置测试点数等；具体的校准方法可参考第 1 章中矢量网络分析仪的使用，本实验是对典型的多端口无源元器件 S 参数进行测量的，常选用 Full 2-Port 校准方法，即分别对两端口进行开路、短路及负载校准后，再将矢量网络分析仪两端口直接连接进行直通校准。

（5）按照图 3-31 所示的连接方式将待测微波功分器接入矢量网络分析仪的两端口之间。

（6）由于威尔金森功分器属于多端口无源元器件，对未接入系统的微波功分器的其他端口接 50Ω 的匹配电阻后，即可在矢量网络分析仪的屏幕上显示其 S 参数，进而完成对微波功分器的工作频率、带宽、插入损耗、隔离度、输入（出）电压驻波比、输出各路间相位一致性等指标的测试。

（7）当接入矢量网络分析仪两端口的分别是微波功分器的输入端口和任意一个输出端口时，$|S_{21}|$ 反映的是微波功分器的损耗特性；而当接入矢量网络分析仪的是两输出端口时，$|S_{21}|$ 表征的是微波功分器两输出端口之间的隔离特性。

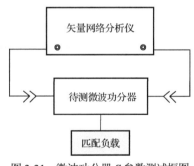

图 3-31　微波功分器 S 参数测试框图

3.4.4　注意事项

（1）为确保测试准确，应在仪器开机后预热 10～20 分钟再进行测试。

（2）开启仪器前，一定要检查仪器、仪表接地是否良好，测试过程中，应佩戴接地手环。

（3）连接时要先对准接口，如果发现在拧紧螺纹时比较困难，则说明两接口没有对准，应该先拧松，然后将两接口对准后再重新操作。

（4）待测件、校准件、电缆和各转接连接器的连接最好使用力矩扳手。

（5）完成仪器校准后，在测试过程中，应保持校准时所用的连接电缆和接头不变更，同时应始终保持电缆和转接连接器的各个接头处于拧紧状态。

3.5　总结与思考

3.5.1　总结

实验总结以撰写实验报告的方式体现。实验报告要求如下。

（1）写明学号、姓名、班级及实验名称；

（2）结合微波功分器的工作原理，给出设计微波功分器的过程；

（3）写出利用仿真软件（如 HFSS）对微波功分器进行建模、优化仿真的步骤及运行结果，并附图；

（4）比较 HFSS 软件仿真得出的结果和实际制作的微波功分器参数的测量结果，分析产生差异的原因；

（5）重点分析两类四种微波功分器的测试指标，对单节和多节、有无隔离电阻的微波功分器性能特点进行分析对比；

（6）写出实验的心得体会；

（7）提交实验报告。

3.5.2　思考

（1）1 分 2 的不等分微波功分器能否同时实现三端口匹配？为什么？

（2）对于多路（$N \geq 3$）威尔金森功分器，如果要求各输出端口之间有一定的隔离度，能够采用平面结构实现，为什么？

（3）为什么多节微波功分器可拓宽微波功分器的带宽？

（4）通过仿真及测试结果对比，分析实际制作中哪些因素会影响设计技术指标。

（5）分别用理论分析、仿真及测试方法，解释隔离电阻能提高微波功分器隔离度的原因。

第4章

微波耦合器的设计及测试

4.1 实验目的

（1）了解微波耦合器的种类及其特点，熟悉微带定向耦合器、微带分支线耦合器、微带兰格耦合器的基本工作原理，了解微波耦合器的主要技术指标；

（2）了解采用 HFSS 软件设计微带定向耦合器、微带分支线耦合器、微带兰格耦合器的步骤和方法；

（3）掌握并测试微带定向耦合器、微带分支线耦合器、微带兰格耦合器的工作频率、带宽、耦合度、插入损耗、方向性、隔离度、电压驻波比等主要技术指标，与仿真结果比较，分析实际制作中哪些因素会影响设计技术指标。

4.2 基本工作原理

微波无源电路的微波耦合器包括微带定向耦合器、微带分支线耦合器、微带兰格耦合器等，下面分别对这三种微波耦合器的工作机理和特点进行介绍。

4.2.1 微带定向耦合器

微带定向耦合器是一个四端口器件，其基本工作原理可借助图 4-1 进行说明，该图给出了微带定向耦合器的两种常用的表示符号和端口定义。提供给端口 1 的功率耦合到端口 3（耦合端口），耦合因数为 $|S_{13}|^2$。而剩余的输入功率传送到端口 2（直通端口），其系数为 $|S_{12}|^2$。在理想的耦合器中，没有功率传送到端口 4（隔离端口）。

通常用下面三个参量表征微带定向耦合器：

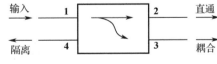

$$耦合度 = C = 10\lg\frac{P_1}{P_3} = 20\lg|S_{31}| \qquad (4\text{-}1a)$$

$$方向性 = D = 10\lg\frac{P_3}{P_4} = 20\lg\frac{|S_{31}|}{|S_{41}|} \qquad (4\text{-}1b)$$

$$隔离度 = \mathrm{ISO} = 10\lg\frac{P_1}{P_4} = -20\lg|S_{41}| \qquad (4\text{-}1c)$$

$$插入损耗 = \mathrm{IL} = 10\lg\frac{P_1}{P_2} = -20\lg|S_{21}|$$

图 4-1 微带定向耦合器的两种常用的表示符号和端口定义

这里，P_1 是端口 1 的输入功率，P_2、P_3 和 P_4 分别是端口 2、3 和 4 的输出功率。方向性如同隔离度一样，是微波耦合器隔离前向波和反向波能力的量度。耦合端口和非耦合端口间的方向性为

$$D = \text{ISO} - C \tag{4-2}$$

理想的微波耦合器有无限大的方向性和隔离度。一般的使用情况下，微带定向耦合器的性能根据其在工作频带内中心频率处的耦合度、方向性及特性阻抗来确定。电路设计者利用这些数据能够计算出微波耦合器的结构参数。

在微波集成电路中，常采用微带电路来实现微带定向耦合器。当两条微带互相靠近时，电磁能量就从一条线耦合到另一条线。这一特性就产生了一类宽带平面定向耦合器，图 4-2 为一微带定向耦合器，它由两条直接耦合的微带构成。

靠得很近的两条微带之间存在耦合电容 C，间距越小，电容越大。电容耦合电流 i_{C3} 和 i_{C4} 分别沿着耦合线向两端传输，如图 4-3 所示；对于电磁信号传输主线上的射频信号 i_1，根据电磁感应定律可知会在耦合线上有一个感应电流 i_L，i_L 的方向与 i_1 的方向相反。这样在端口 3，电容耦合电流 i_{C3} 和感应电流 i_{L3} 同向叠加。在端口 4，电容耦合电流 i_{C4} 和感应电流 i_{L4} 方向相反，互相抵消。在理想情况下，端口 4 的两个电流抵消为 0，没有信号输出，为隔离端。端口 3 为耦合端。由于需要 $\frac{1}{4}\lambda_g$ 长度，单节定向耦合器在带宽上是受限制的，与匹配变换器和微波功分器一样，可以采用多节结构来增大带宽。

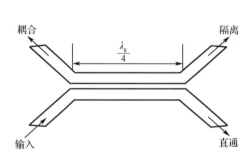

图 4-2 微带定向耦合器

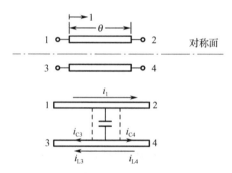

图 4-3 微带定向耦合器的基本工作原理图

4.2.2 微带分支线耦合器

微带分支线耦合器也称为微带分支电桥，其直通和耦合臂的输出之间有 90° 相位差。其在微波集成电路中有广泛的应用，尤其是功率等分的微带 3dB 分支线耦合器，不仅制作容易，而且它的输出端口位于同一侧，因而结构上易于同半导体器件结合，构成如平衡混频器、移相器和开关等集成电路。

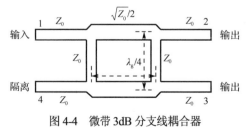

图 4-4 微带 3dB 分支线耦合器

图 4-4 是一个典型的微带 3dB 分支线耦合器。如图 4-4 所示，各分支线长度为四分之一波长。若分支线耦合器各端口接匹配负载，信号自端口 1 输入，则从理论上讲中心频率处端口 4 将无输出，它称为隔离端，而端口 2 和端口 3 的输出在相位上相差 90°，功率大小相等。需要注意的是，微带分支线耦合器具有高度的对称性，任意端口都可以作为输入端口，输出端口总是在与网络的输出端口相反的一侧，而隔离端是在输入端口同一侧的余下端口。

实际上，由于工艺条件的限制，电路结构不可能做到完全对称，端口 4 也不是真正的完全隔离，它或多或少都有点输出。

如图 4-4 所示，由于需要四分之一波长，微带分支线耦合器的带宽限制在 10%～20%。但是和多节匹配变换器及定向耦合器一样，通过使用多级级联，微带分支线耦合器的带宽可提高十倍或者更多。

当微带分支线耦合器作为微波电桥与半导体器件结合起来组成各种功能的微波集成电路时，由于半导体器件的输入阻抗并不一定正好等于微波集成电路常用的系统阻抗 50Ω，需要用阻抗变换器来实现电路的匹配，这势必使电路的尺寸变大，因此需要设计变阻抗的微带分支线耦合器来实现功率分配和阻抗匹配。

如图 4-5 所示，假设微带分支线耦合器端口 1 和端口 4 的端接阻抗为 Z_0，而端口 2 和端口 3 的端接阻抗为 Z_L，为了使微带分支线耦合器既有阻抗变换作用，又在设计频率上具有最佳匹配和最理想的隔离度，微带分支线耦合器的主线和支线的阻抗应满足如下关系：

$$Z_1 = K_1 Z_0$$
$$Z_2 = K_2 Z_0 \qquad (4-3)$$
$$Z_3 = K_3 Z_0$$

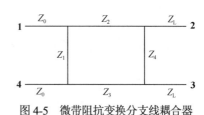

图 4-5　微带阻抗变换分支线耦合器

式中，K_1、K_2 和 K_3 是由微带分支线耦合器输出和输入端口的端接阻抗比 Z_1/Z_2 和耦合度 C 决定的比例系数。对于微带 3dB 分支线耦合器，有

$$K_1 = 1$$
$$K_2 = \sqrt{R/2} \qquad (4-4)$$
$$K_3 = R$$

这里 R 为输出和输入端口端接阻抗的比值：$R = Z_L/Z_0$。微带阻抗变换分支线耦合器主线和支线的长度与普通的微带分支线耦合器一样，均为四分之一波长。

在微带分支线耦合器的设计中，还需考虑不连续性的影响。实际上，微带分支线耦合器的支线和主线以 T 形交接时，交接处有不连续电纳存在，它将影响微带分支线耦合器的参数和性能。因此设计微带分支线耦合器时，必须将这些不连续性电纳考虑在内，从而使设计出的电路性能更接近于理论值，或者说具有更优越的特性。

4.2.3　微带兰格耦合器

普通耦合线耦合器的耦合太松了，无法达到 3dB 或者 6dB 的耦合系数。提高边缘耦合的一种方法是将耦合的两条导体带分裂成指状，交替安置，构成图 4-6 所示的交指型耦合器，也称为微带兰格（Lange）耦合器。图 4-6（a）是折叠交指型微带兰格耦合器，为了达到紧耦合，此处用了相互连接的 4 根耦合线，在某些应用中耦合线数量也可以大于 4。这种微波耦合器通常设计成 3dB 耦合系数并有一个倍频程或更宽的带宽，易于用微带电路来实现。输出端口 2 和端口 3 之间有 90° 的相位差，所以微带兰格耦合器是正交混合网络的一种类型。微带兰格耦合器有许多优点，如体积小、与双耦合线器件比较间距较大、与微带分支线耦合器比较带宽大得多。它的主要缺点是这些耦合线很窄，又紧靠在一起，加工难度大，横跨在线之间所必需的连接线的加工也很困难。

图 4-6（b）是非折叠交指型微带兰格耦合器，其基本工作原理与折叠交指型微带兰格耦合器一样，但是更容易用等效电路模拟。虽然已有很多参考文献给出了微带兰格耦合器的设计方法，

但借助商用设计软件的帮助无疑是很好的方法。

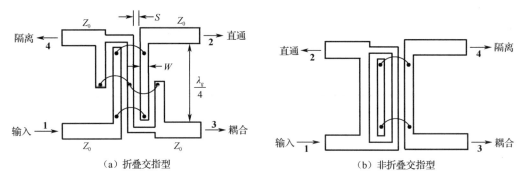

（a）折叠交指型　　　　　　　　　　　　　（b）非折叠交指型

图 4-6　微带兰格耦合器

4.3　设计实例

4.3.1　微带定向耦合器设计及优化

1．微带定向耦合器设计技术指标

工作频率范围：1～3GHz；

中心频率：2GHz；

耦合度 C：中心频率处 C 约为 8dB；

隔离度 ISO：在 1～3GHz 范围内 ISO≥25dB；

插入损耗 IL：在 1～3GHz 范围内 IL≤2dB。

2．初始参数计算

根据设计技术指标要求进行微带定向耦合器设计，所选微带定向耦合器的基本参数计算模型结构如图 4-7 所示。

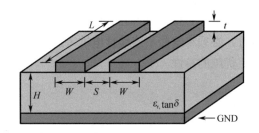

图 4-7　微带定向耦合器的基本参数计算模型结构

下面进行微带定向耦合器电路初值的设计，首先选择微带电路介质基板，根据电路的工作频率及加工综合性价比，选用国产 F4B 介质基板，设置相对介电常数 ε_r =2.6，介质正切损耗 $\tan\delta$=0.002，介质厚度 H=0.5mm，覆铜层厚度 t=0.035mm，导带材质为铜。然后在 ADS LineCalc 中进行微带定向耦合器初值的计算，设置微带定向耦合器的中心频率为 2GHz，将参数代入 ADS LineCalc 计算，如图 4-8 所示，可得微带定向耦合器两条微带基本参数：四分之一波长微带长度 L=26.8213mm，微带宽度 W=0.975949mm，耦合缝隙 S=0.059462mm。

而中心频率为 2GHz 的 50Ω 四分之一波长微带长度 L=25.6678mm，微带宽度 W=1.34116mm，如图 4-9 所示。

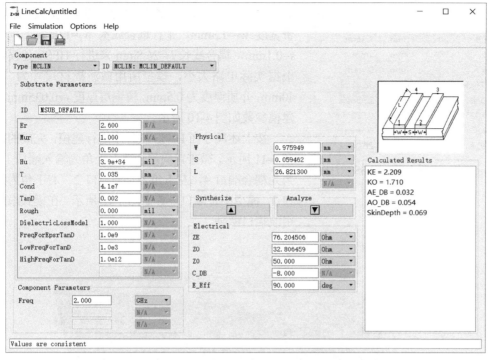

图 4-8　微带定向耦合器初值计算结果

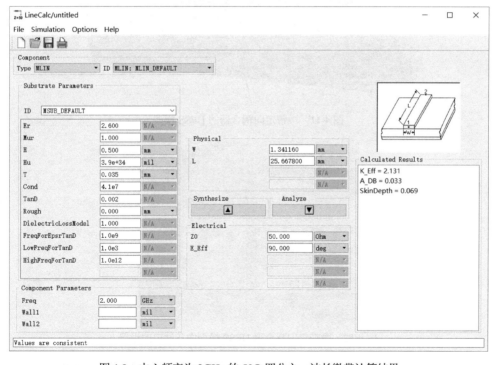

图 4-9　中心频率为 2GHz 的 50Ω 四分之一波长微带计算结果

3. HFSS 建模仿真

为了优化微带定向耦合器在整个工作频段内的性能，将上述初值计算结果输入至 HFSS 软件进行进一步的仿真优化。由于电路在实际加工时是有加工精度要求的，一般的电路加工精度为 0.1mm，因此为了得到更符合实际电路的仿真结果，在对微带定向耦合器进行 HFSS 建模时需要

Na...	Value	Unit	Evaluated Va...
w1	1.3	mm	1.3mm
w2	1	mm	1mm
s	0.1	mm	0.1mm
l1	(75mm-w2*2-s)/2		36.45mm
l2	l0-w1		25.5mm
t	0.035	mm	0.035mm
h	0.5	mm	0.5mm
l0	26.8	mm	26.8mm

图 4-10　微带定向耦合器在 HFSS 软件中的
建模参数

对上述计算结果按加工精度进行近似取值，因此最终按微带宽度 w_1=1.3mm，平行耦合线宽 w_2=1.0mm，耦合缝隙 s=0.1mm，耦合线长 l_0=26.8mm 来进行 HFSS 建模仿真。根据实际电路大小，模型所用微波板材尺寸为 75mm×40mm，介质厚度为 0.5mm，覆铜层厚度 t=0.035mm，HFSS 建模参数如图 4-10 所示。

按上述尺寸在 HFSS 软件中进行建模，完成的模型如图 4-11 所示。微带定向耦合器左上角为输入端口 1，右上角为耦合端口 4，左下角为直通端口 2，右下角为隔离端口 3，模型中各端口设置如图 4-12 所示。在模式求解中采用波端口激励。

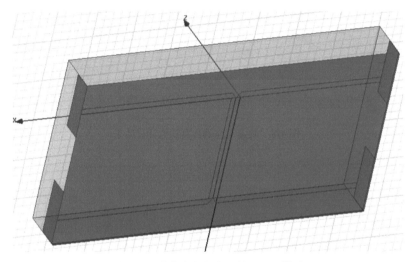

图 4-11　微带定向耦合器的 HFSS 模型

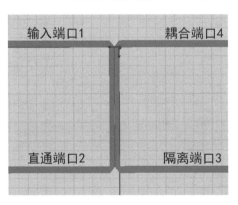

图 4-12　微带定向耦合器 HFSS 模型中各端口的设置

在 HFSS 软件中选择快速扫频，设置扫描范围为 1～3GHz，中心频率为 2GHz，得到的初步仿真结果如图 4-13 所示。为了更清楚、准确地读出各个指标，也可以单独显示|S_{11}|、|S_{21}|、|S_{31}|和|S_{41}|，分别如图 4-14、图 4-15、图 4-16 和图 4-17 所示。从图中可见，在中心频率处，回波损耗小于-30dB，插入损耗为 0.9072dB，隔离度为 32.6451dB，耦合度为 7.9855dB，可见采用 ADS 计算得到的初始参数仿真出来的结果有一定差异，在中心频率处基本达到目标耦合度，但在整个 1～

3GHz 频段范围内耦合度并不理想，所以需要对微带定向耦合器的参数进行优化。

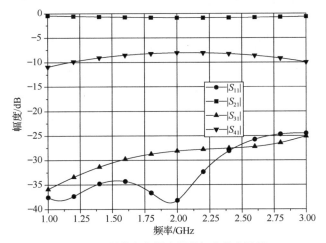

图 4-13　微带定向耦合器的初步仿真结果

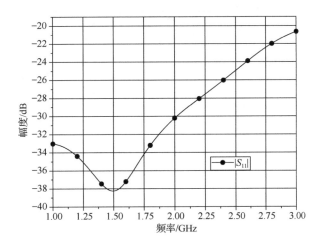

图 4-14　微带定向耦合器$|S_{11}|$的初步仿真结果

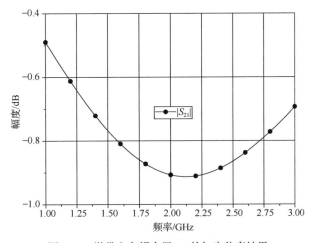

图 4-15　微带定向耦合器$|S_{21}|$的初步仿真结果

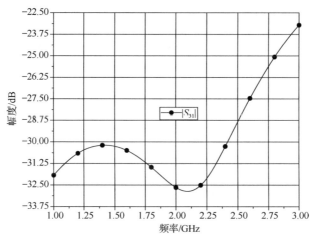

图 4-16　微带定向耦合器$|S_{31}|$的初步仿真结果

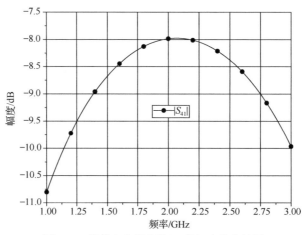

图 4-17　微带定向耦合器$|S_{41}|$的初步仿真结果

4. 优化仿真

在 HFSS 建立模型时，定义了 w_1、w_2、l_0、s 等参数变量，但耦合线缝隙 s 已经是加工精度能保证的最小尺寸，在确定中心频率和介质基板的情况下，w_1 也是确定值，因此为了获得设计目标，选择对耦合线宽 w_1 和耦合线长 l_0 进行优化。

在此，变量耦合线宽 w_2 的参数优化范围设置为 0.8～1.2mm，步进为 0.1mm；变量耦合线长 l_0 的参数优化范围设置为 26.4～27mm，步进为 0.1mm，参数设置如图 4-18 所示。

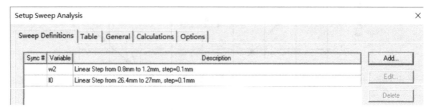

图 4-18　优化仿真参数设置

采用参数扫描方式进行仿真，扫描结果如图 4-19、图 4-20、图 4-21 和图 4-22 所示，可直接从中选取最佳优化结果。

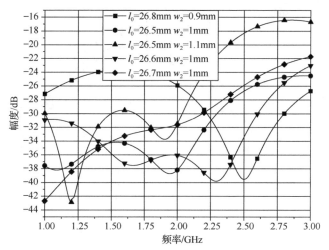

图 4-19　$|S_{11}|$ 的优化仿真结果

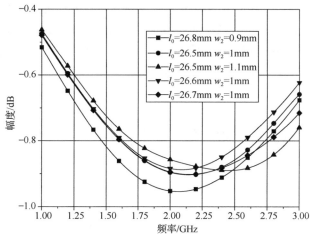

图 4-20　$|S_{21}|$ 的优化仿真结果

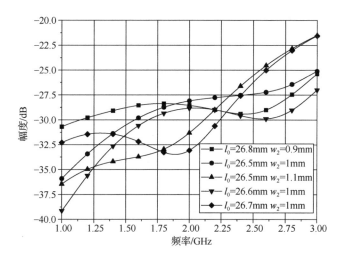

图 4-21　$|S_{31}|$ 的优化仿真结果

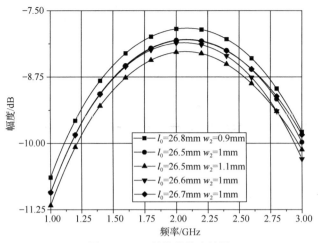

图 4-22　$|S_{41}|$的优化仿真结果

综合选取最佳优化结果，相应变量取值为 w_2=1mm，l_0=26.5mm，此时最终优化仿真结果如图 4-23 所示。单独显示的$|S_{11}|$、$|S_{21}|$、$|S_{31}|$和$|S_{41}|$仿真结果分别如图 4-24、图 4-25、图 4-26 和图 4-27 所示。从图中可见，在中心频率处，插入损耗（$|S_{21}|$）在 1～3GHz 范围内小于 1dB，隔离度（$|S_{31}|$）在 1～3GHz 范围内均大于 25dB，耦合度（$|S_{41}|$）在中心频率处满足 8dB 要求。

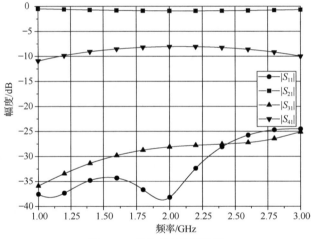

图 4-23　最终优化仿真结果

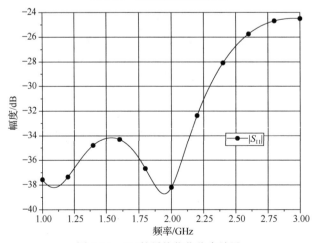

图 4-24　$|S_{11}|$的最终优化仿真结果

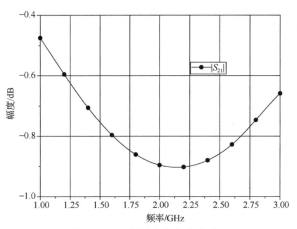

图 4-25　$|S_{21}|$的最终优化仿真结果

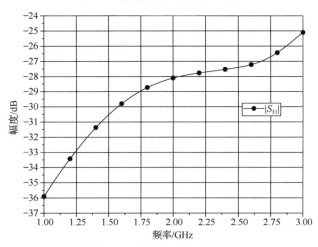

图 4-26　$|S_{31}|$的最终优化仿真结果

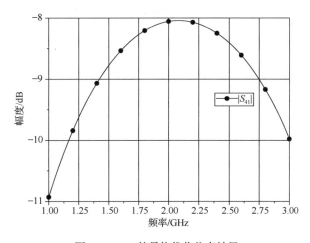

图 4-27　$|S_{41}|$的最终优化仿真结果

4.3.2　微带 3dB 分支线耦合器设计及优化

1. 微带 3dB 分支线耦合器设计技术指标

工作频率范围：1～3GHz；

中心频率：2GHz；

耦合度 C：中心频率处 C 约为 3dB；

隔离度 ISO：在 2GHz 处 ISO≥25dB；

插入损耗 IL：在 2GHz 处 IL 约为 3dB。

2．初始参数计算

根据设计技术指标要求进行微带 3dB 分支线耦合器设计，所选微带 3dB 分支线耦合器的基本参数计算模型结构如图 4-28 所示。

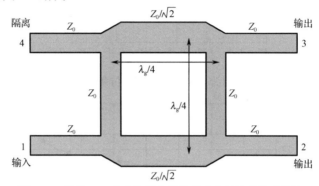

图 4-28　微带 3dB 分支线耦合器的基本参数计算模型结构

下面进行微带 3dB 分支线耦合器电路初值的设计，首先选择微带电路介质基板，根据电路的工作频率及加工综合性价比，选用国产 F4B 介质基板，设置相对介电常数 ε_r=2.6，介质正切损耗 $\tan\delta$=0.002，介质厚度 H=0.5mm，覆铜层厚度 t=0.035mm，导带材质为铜。微带 3dB 分支线耦合器的输入、输出为 50Ω 微带，各臂微带阻抗如图 4-28 所示。利用 ADS LineCalc 进行初值计算，设置微带 3dB 分支线耦合器的中心频率为 2GHz，将参数代入 ADS LineCalc 计算，如图 4-29 所示，可得 50Ω 四分之一波长微带长度 L=25.667800mm，微带宽度 W=1.341160mm。$\frac{Z_0}{\sqrt{2}}$=35.35Ω，则 35.35Ω 四分之一波长微带长度 L=25.176000mm，微带宽度 W=2.231570mm，如图 4-30 所示。

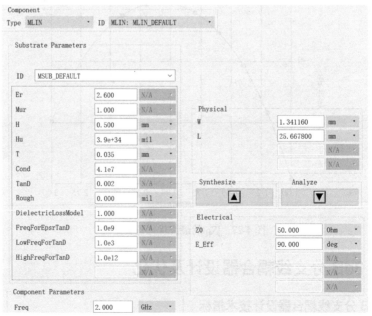

图 4-29　中心频率为 2GHz 的 50Ω 四分之一波长微带计算结果

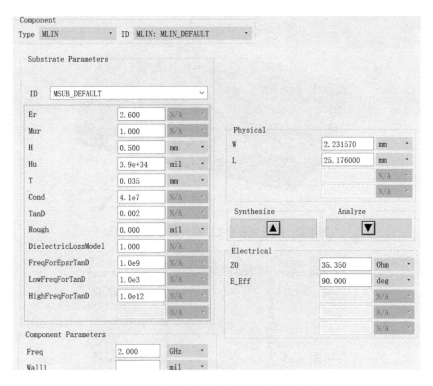

图 4-30　微带 3dB 分支线耦合器初值计算结果

3. HFSS 建模仿真

　　为了优化微带定向耦合器在整个工作频段内的技术指标，将上述初值计算结果带入 HFSS 软件进行进一步的仿真优化。由于电路在实际加工时是有加工精度要求的，一般的电路加工精度为 0.1mm，因此为了得到更符合实际电路的仿真结果，在对微带 3dB 分支线耦合器进行 HFSS 建模时需要对上述计算结果按加工精度进行近似取值，因此最终按 L_1=25.2mm，W_1=2.2mm，L_2=25.6mm，W_2=1.3mm 来进行 HFSS 建模仿真。介质厚度为 0.5mm，导带覆铜层厚度为 0.035mm，HFSS 建模参数如图 4-31 所示。

Name	Value	Unit	Evaluated Va...	Type
L1	25.2	mm	25.2mm	Design
W1	2.2	mm	2.2mm	Design
L2	25.6	mm	25.6mm	Design
W2	1.3	mm	1.3mm	Design
T0	0.035	mm	0.035mm	Design
h0	0.5	mm	0.5mm	Design

图 4-31　微带 3dB 分支线耦合器在 HFSS 中的建模参数

　　按上述尺寸在 HFSS 中进行建模，完成的模型如图 4-32 所示。微带定向耦合器左上角为输入端口 1，右上角为直通端口 2，右下角为耦合端口 3，左下角为隔离端口 4，模型中各端口设置如图 4-33 所示。在模式求解中采用波端口激励。

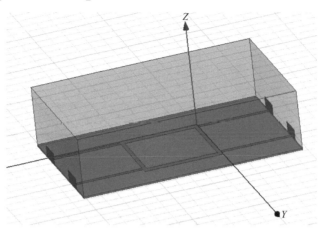

图 4-32 微带 3dB 分支线耦合器的 HFSS 模型

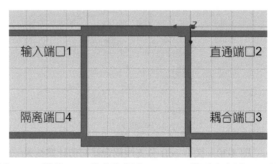

图 4-33 微带 3dB 分支线耦合器 HFSS 模型中各端口设置

在 HFSS 软件中选择快速扫频，设置扫描范围为 1～3GHz，中心频率为 2GHz，得到的初步仿真结果如图 4-34 所示。为了更清楚、准确地读出各个指标，单独显示$|S_{11}|$、$|S_{21}|$、$|S_{31}|$和$|S_{41}|$，分别如图 4-35、图 4-36、图 4-37 和图 4-38 所示。从图中可见，在中心频率处，回波损耗小于-25dB，插入损耗为-3.2734dB，隔离度为-27.5070dB，耦合度为-2.9907dB，可见采用 ADS 计算得到的初始参数仿真出来的结果有一定差异，中心频点有频偏，在中心频率处基本达到目标隔离度，但在 2GHz 处插入损耗并不理想，耦合度也可以优化使其更接近-3dB，所以需要对微波耦合器的参数进行优化。

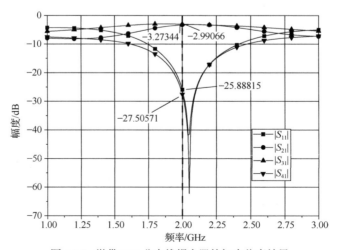

图 4-34 微带 3dB 分支线耦合器的初步仿真结果

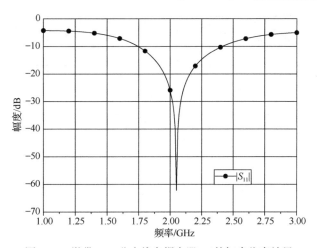

图 4-35　微带 3dB 分支线向耦合器$|S_{11}|$的初步仿真结果

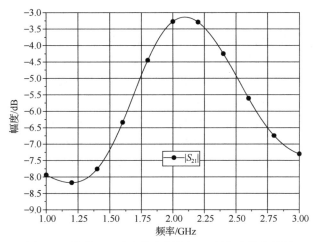

图 4-36　微带 3dB 分支线向耦合器$|S_{21}|$的初步仿真结果

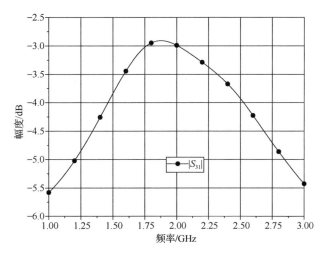

图 4-37　微带 3dB 分支线向耦合器$|S_{31}|$的初步仿真结果

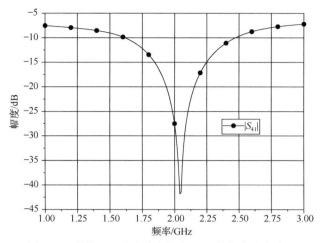

图 4-38　微带 3dB 分支线向耦合器 $|S_{41}|$ 的初步仿真结果

4．优化仿真

在 HFSS 软件中建立模型时，定义了 L_1、W_1、L_2、W_2 等参数，上述仿真结果显示，中心频率与设定的中心频率 2GHz 有一些偏差，这样就需要调整中心频率，使其靠近 2GHz。影响频率的主要参数是 L_1、L_2，W_1、W_2 对频率的影响较小，因此为了获得设计目标，使 L_1、L_2 参数扫描范围大，W_1、W_2 参数扫描范围小，由此来确定参数优化范围，使性能得到进一步的优化。

在此，设置变量 L_1 的参数优化范围为 24.9～25.4mm，步进为 0.1mm；W_1 的参数优化范围为 2.1～2.3mm，步进为 0.1mm；变量 L_2 的参数优化范围为 25.4～26mm，步进为 0.1mm；W_2 的参数优化范围为 1.2～1.4mm，步进为 0.1mm；参数设置如图 4-39 所示。

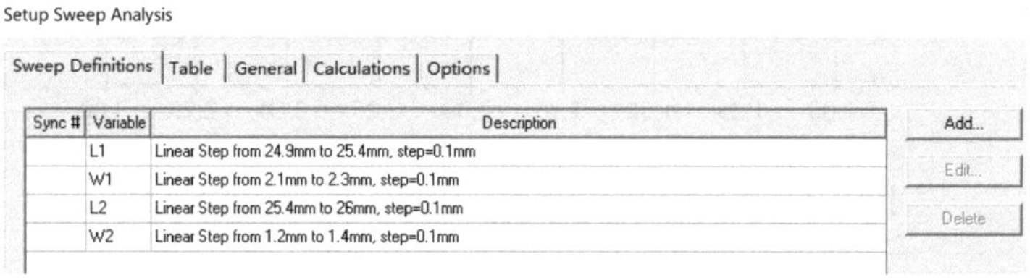

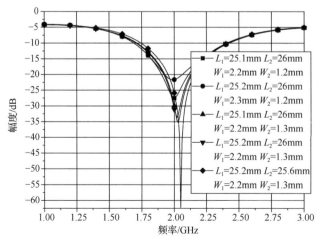

图 4-39　微带 3dB 分支线向耦合器优化仿真参数设置

采用参数扫描方式进行仿真，扫描结果如图 4-40、图 4-41、图 4-42 和图 4-43 所示，可直接从中选取最佳优化结果。

图 4-40　微带 3dB 分支线向耦合器 $|S_{11}|$ 的优化仿真结果

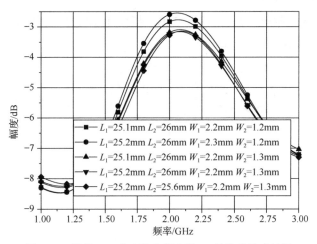

图 4-41　微带 3dB 分支线向耦合器$|S_{21}|$的优化仿真结果

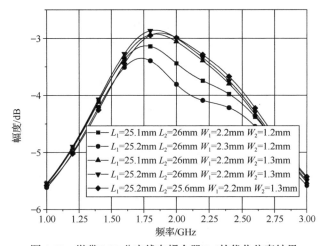

图 4-42　微带 3dB 分支线向耦合器$|S_{31}|$的优化仿真结果

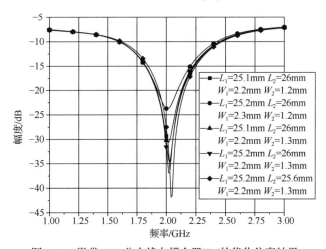

图 4-43　微带 3dB 分支线向耦合器$|S_{41}|$的优化仿真结果

综合选取最佳优化结果，相应变量取值为 L_1=25.1mm，L_2=26mm，W_1=2.2mm，W_2=1.3mm，此时最终优化仿真结果如图 4-44 所示。微带 3dB 分支线向耦合器单独显示的$|S_{11}|$、$|S_{21}|$、$|S_{31}|$和$|S_{41}|$的仿真结果分别如图 4-45、图 4-46、图 4-47 和图 4-48 所示。从图中可见，频偏已经改善，在中

心频率（2GHz）处，插入损耗（$|S_{21}|$）接近 3dB，耦合度（$|S_{31}|$）在中心频率处满足 3dB 要求，隔离度（$|S_{41}|$）在中心频率处大于 25dB。

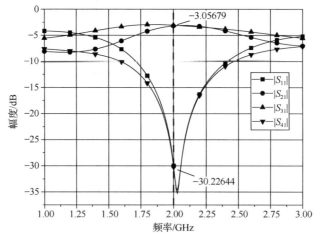

图 4-44　微带 3dB 分支线向耦合器的最终优化仿真结果

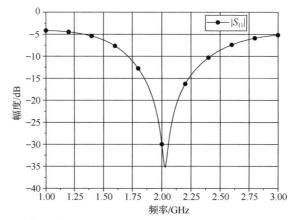

图 4-45　微带 3dB 分支线向耦合器$|S_{11}|$的最终优化仿真结果

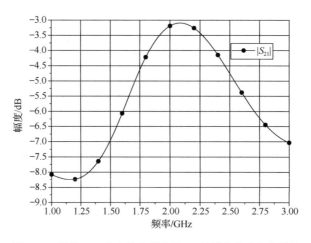

图 4-46　微带 3dB 分支线向耦合器$|S_{21}|$的最终优化仿真结果

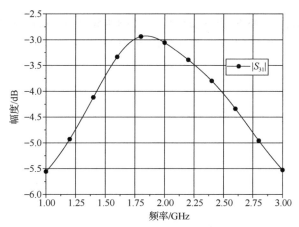

图 4-47　微带 3dB 分支线向耦合器$|S_{31}|$的最终优化仿真结果

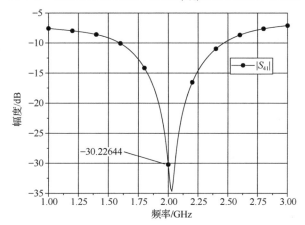

图 4-48　微带 3dB 分支线向耦合器$|S_{41}|$的最终优化仿真结果

4.3.3　微带兰格耦合器设计及优化

1. 微带兰格耦合器设计技术指标

工作频率范围：1～3GHz；

中心频率：2GHz；

耦合度 C：中心频率处 C 约为 6dB；

隔离度 ISO：在 1～3GHz 范围内 ISO≥20dB；

插入损耗 IL：在 1～3GHz 范围内 IL≤1.5dB；

输入电压驻波比 VSWR：在 1～3GHz 范围内 VSWR≤2。

2. 初始参数计算

根据设计技术指标要求进行微带兰格耦合器设计，所选微带兰格耦合器的基本参数计算模型结构如图 4-49 所示。

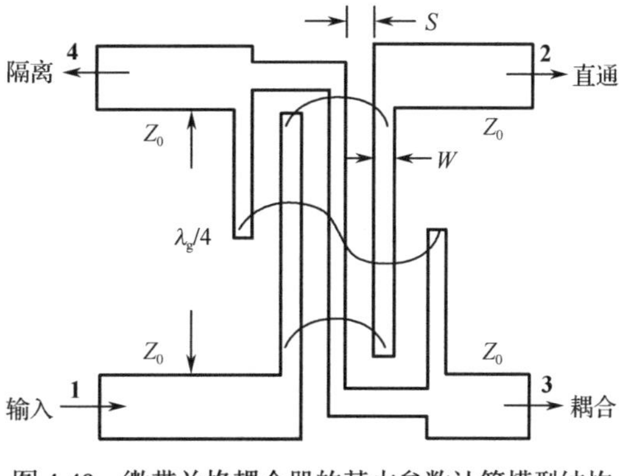

图 4-49　微带兰格耦合器的基本参数计算模型结构

下面进行微带兰格耦合器电路初值设计，首先选择微带电路介质基板，根据电路的工作频率及加工综合性价比，选用国产 F4B 介质基板，设置相对介电常数 ε_r=2.6，介质正切损耗 tanδ=0.002，介质厚度 H=0.5mm，覆铜层厚度 t=0.035mm，导带材质为铜。然后在 ADS LineCalc 中进行微带兰格耦合器初值计算，设置微带兰格耦合器的中心频率为2GHz，将参数代入 ADS LineCalc 计算，如图 4-50 所示，可得微带兰格耦合器基本参数：四分之一波长微带长度 L=26.5468mm，微带宽度 W=0.33125mm，耦合缝隙 S=0.144942mm。

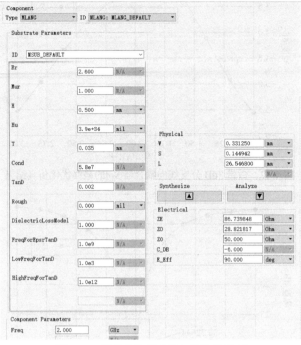

图 4-50　微带兰格耦合器初值计算结果

而中心频率为 2GHz 的 50Ω 四分之一波长微带长度 L=25.6678mm，微带宽度 W=1.34116mm，如图 4-51 所示。

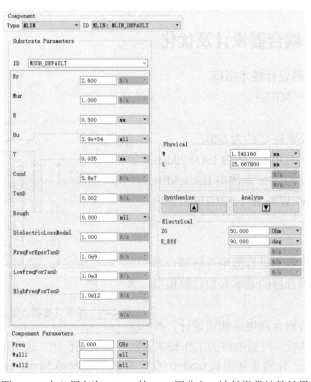

图 4-51　中心频率为 2 GHz 的 50Ω 四分之一波长微带计算结果

3．HFSS 建模仿真

为了优化微带兰格耦合器在整个工作频段内的技术指标，将上述初值计算结果带入 HFSS 软件进行进一步的仿真优化。由于电路在实际加工时是有加工精度要求的，一般的电路加工精度为 0.1mm，缝隙加工精度为 0.05mm，因此为了得到更符合实际电路的仿真结果，在对微带兰格耦合器进行 HFSS 建模时需要对上述计算结果按加工精度进行近似取值，因此最终按耦合线长 l=26.7mm，耦合线宽 w_0=0.35mm，耦合缝隙 w_1=S=0.15mm，50Ω 四分之一波长微带长度 l_1=l_2=25.7mm，微带宽度 w=1.34mm 来进行 HFSS 建模仿真，HFSS 建模参数如图 4-52 所示。

Project

Properties

Name	Value	Unit	Evaluated...	Type
w	1.34	mm	1.34mm	Design
w0	0.35	mm	0.35mm	Design
w1	0.15	mm	0.15mm	Design
l1	25.7	mm	25.7mm	Design
l2	25.7	mm	25.7mm	Design
h	0.5	mm	0.5mm	Design
t	0.035	mm	0.035mm	Design
l	26.7	mm	26.7mm	Design

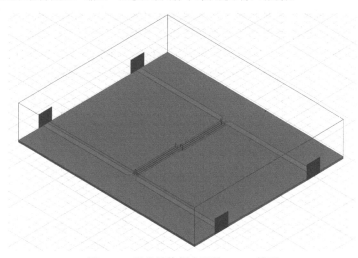

图 4-52　微带兰格耦合器在 HFSS 中的建模参数

按上述尺寸在 HFSS 中进行建模，完成的模型如图 4-53 所示。微带兰格耦合器中左上角为输入端口 1，右上角为耦合端口 3，左下角为隔离端口 4，右下角为直通端口 2，各端口设置如图 4-53 所示。设定辐射边界条件为空气腔，在模式求解中采用波端口激励。

图 4-53　微带兰格耦合器的 HFSS 模型

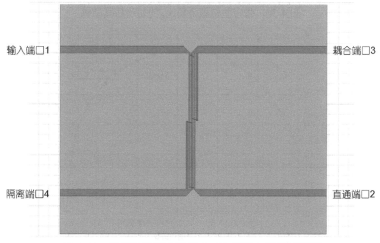

图 4-54　微带兰格耦合器在 HFSS 模型中各端口设置

微带兰格耦合器在条带间要加金丝连接线，从图 4-54 的局部放大斜视图可以清楚地看到 HFSS 模型中的金丝连接线。

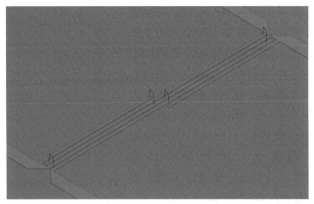

图 4-55　微带兰格耦合器 HFSS 模型中的局部放大斜视图

在 HFSS 软件中选择快速扫频，设置扫描范围为 0.5～3.5GHz，中心频率为 2GHz，可得初步仿真结果如图 4-56、图 4-57、图 4-58、图 4-59 所示。从图中可见，在中心频率处，插入损耗为 1.88866dB，耦合度仅为 5.09369dB，隔离度为 27.75974dB，输入电压驻波比在 1～3GHz 范围内小于 1.80，可见采用 ADS 计算得到的初始参数仿真出来的结果有一定差异，耦合度没有达到所要求的 6dB，且插入损耗比较大，所以需要对微带兰格耦合器的参数进行优化。

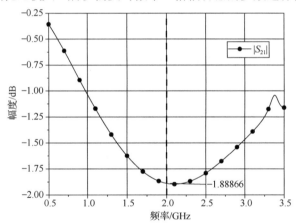

图 4-56　微带兰格耦合器$|S_{21}|$的初步仿真结果

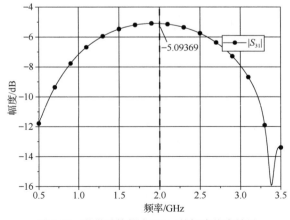

图 4-57　微带兰格耦合器$|S_{31}|$的初步仿真结果

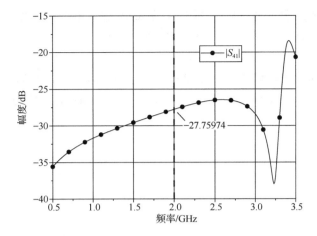

图 4-58　微带兰格耦合器$|S_{41}|$的初步仿真结果

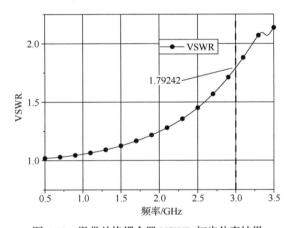

图 4-59　微带兰格耦合器 VSWR 初步仿真结果

4．优化仿真

从上述初步仿真结果可以看出，微带兰格耦合器的耦合度指标与设计技术指标要求相差最大，而影响微带兰格耦合器的耦合系数 C 的参数如下。

（1）工作频率；

（2）线宽比率：w_0/H；

（3）缝隙宽度比率：$w_1(S)/H$；

（4）基板相对介电常数：$\varepsilon_r =2.6$；

（5）导体厚度比率：t/H。

在确定了中心频率和介质基板的情况下，微带的基本参量也就确定了，因此为了获得设计目标，选择优化耦合线宽 w_0 和耦合缝隙间距 w_1。

在此，设定变量耦合线宽 w_0 的参数优化范围为 0.10～0.50mm，步进为 0.1mm；变量耦合缝隙间距 w_1 的参数优化范围为 0.10～0.50 mm，步进 0.1mm；采用参数扫描方式进行仿真，最终选取最佳扫描结果。

最佳优化结果变量为 w_0=0.3mm，w_1=0.2mm，优化后的参数如图 4-60 所示。

Name	Value	Unit	Evaluated...	Type
w	1.34	mm	1.34mm	Desian
w0	0.3	mm	0.3mm	Desian
w1	0.2	mm	0.2mm	Desian
l1	25.7	mm	25.7mm	Desian
l2	25.7	mm	25.7mm	Desian
h	0.5	mm	0.5mm	Desian
t	0.035	mm	0.035mm	Desian
l	26.7	mm	26.7mm	Desian

图 4-60　优化后的参数

优化后微带兰格耦合器的插入损耗、耦合度、隔离度、输入电压驻波比和方向性分别如图 4-61、图 4-62、图 4-63、图 4-64、图 4-65 所示。从图中可见，在 1～3GHz 范围内，插入损耗小于 1.46dB，在中心频率（2GHz）处，耦合度约为 5.96 dB，在 1.45～2.44GHz 范围内，耦合度在 5.96dB 到 6.50dB 之间。在 1～3GHz 的范围内，隔离度均大于 29.5dB。输入电压驻波比 VSWR 在中心频率处为 1.07，在 1～3GHz 范围内均小于 1.62。方向性 $D=\text{ISO}-C$，在 1～3GHz 范围内均大于 21dB。

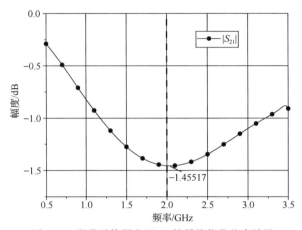

图 4-61 微带兰格耦合器$|S_{21}|$的最终优化仿真结果

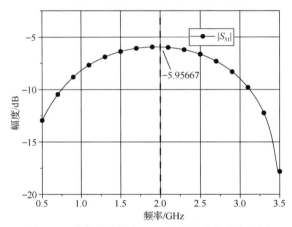

图 4-62 微带兰格耦合器$|S_{31}|$的最终优化仿真结果

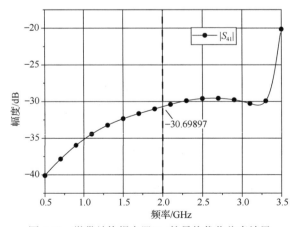

图 4-63 微带兰格耦合器$|S_{41}|$的最终优化仿真结果

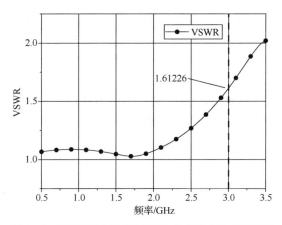

图 4-64　微带兰格耦合器 VSWR 的最终优化仿真结果

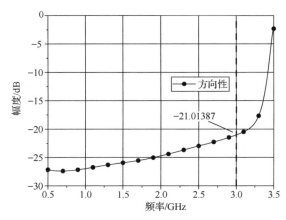

图 4-65　微带兰格耦合器方向性的最终优化仿真结果

4.4　实验内容及步骤

4.4.1　实验内容

（1）微带定向耦合器的测试，测试参数包括工作频率、带宽、耦合度、插入损耗、方向性、隔离度、输入（出）电压驻波比。

（2）微带分支线耦合器的测试，测试参数包括工作频率、带宽、耦合度、插入损耗、方向性、隔离度、输入（出）电压驻波比。

（3）微带兰格耦合器的测试，测试参数包括工作频率、带宽、耦合度、插入损耗、方向性、隔离度、输入（出）电压驻波比。

4.4.2　实验测试系统

4.4.2.1　测试方法一

（1）选用图 4-66 所示的矢量网络分析仪，设置矢量网络分析仪的带宽，对仪器进行校准；

（2）按照图 4-66 的连接方式进行连接；

（3）对于三种微波耦合器，对没有进行测试的端口采用 50Ω 的匹配电阻进行短接，采用这种方法可直接测试三种微波耦合器的工作频率、带宽、耦合度、插入损耗、方向性、隔离度、输入（出）电压驻波比。

4.4.2.2　测试方法二

（1）选用图 4-67 所示的仪器，按照图 4-67 的连接方式进行连接；

（2）先将信号发生器的输出端口的功率设置为-30dBm，频率范围为微波无源元器件需要测试的频率范围，扫频方式设置为 CW 模式；

（3）设置频谱分析仪的中心频率为射频输入信号的中心频率，带宽为信号扫频带宽等；

（4）对于三种微波耦合器，对没有进行测试的端口采用 50Ω 的匹配电阻进行短接，观察不同输入频率下的输出信号功率大小。采用这种方法可检测微波耦合器的工作频率、带宽、耦合度、隔离度、方向性、插入损耗。

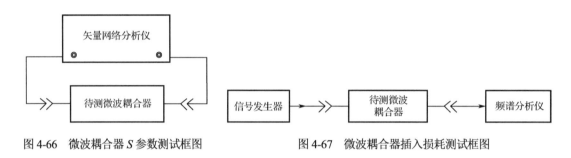

图 4-66　微波耦合器 S 参数测试框图　　　　图 4-67　微波耦合器插入损耗测试框图

4.4.3　实验步骤

4.4.3.1　测试方法一实验步骤

（1）开启矢量网络分析仪，预热 10～20 分钟；

（2）设置矢量网络分析仪的参数，包括测试频率、功率、测试点数等；

（3）对矢量网络分析仪进行校准；

（4）按照图 4-66 所示的连接方式连接待测件，根据不同待测件的测试技术指标要求，测试其工作频率、带宽、耦合度、隔离度、方向性、插入损耗；

（5）记录测试数据。

4.4.3.2　测试方法二实验步骤

（1）开启信号发生器和频谱分析仪，预热 10～20 分钟；

（2）设置信号发生器和频谱分析仪，包括测试频率，功率（在元器件和频谱仪能正常工作的范围内）；

（3）按照图 4-67 所示的连接方式连接待测件，根据不同待测件的测试技术指标要求，测试其工作频率、带宽、耦合度、隔离度、方向性、插入损耗；

（4）记录测试数据。

4.4.4　注意事项

（1）为确保测试准确，应在仪器开机后预热 10～20 分钟再进行测试。

（2）开启仪器时，一定要检查仪器仪表接地是否良好，测试过程中应佩戴接地手环。

（3）完成仪器校准后，应保持校准时所用的连接电缆和接头不变更。

（4）待测件、校准件、电缆和各转接连接器的连接最好使用力矩扳手。

（5）测试过程中应始终保持电缆和转接连接器的各个接头拧紧。

4.5　总结与思考

4.5.1　总结

实验总结以学生撰写实验报告的方式体现，实验报告要求如下：

（1）写明学号、姓名、班级及实验名称；

（2）结合微带定向耦合器的基本原理，写出微带定向耦合器的设计步骤；

（3）简略写出利用仿真软件优化仿真的步骤及运行结果，并附图；

（4）比较仿真软件仿真得出的结果和实际制作的微带定向耦合器参数的测试结果，分析产生差异的原因；

（5）写出实验的心得体会；

（6）提交实验报告。

4.5.2　思考

（1）采用微带电路，设计一微带 3dB 分支线耦合器，要求频率范围为 1.4～1.6GHz，插入损耗小于 1dB，隔离度大于 20dB，VSWR 小于 1.6。

（2）低频微带分支线耦合器尺寸较大，尝试采用慢波加载的方法设计一个小型化微带分支线耦合器，要求至少比传统的微带分支线耦合器少 20%的面积，频率范围为 1.4～1.6GHz，插入损耗小于 1dB，隔离度大于 20dB，VSWR 小于 1.6。

第 5 章

天线的设计及测试

5.1　实验目的

(1) 了解微带窄带天线、微带宽带天线、阵列天线和时域天线的基本概念、辐射原理及应用领域；

(2) 了解上述各类天线的基本结构和主要技术指标；

(3) 掌握上述各类天线的设计方法和评判指标；

(4) 掌握"路"和"场"实验测试方法，并会搭建测试平台；

(5) 了解上述各类天线的加工工艺及制作流程；

(6) 了解电波传播的基本实验方法。

5.2　基本工作原理

5.2.1　微带窄带天线

5.2.1.1　主要技术指标介绍

微带天线是在接地介质基板上涂覆金属涂层的天线，可以利用同轴或微带进行馈电。通常情况下，微带天线的顶层金属涂层与底层接地金属板之间激励起辐射电磁场，通过金属涂层四周的缝隙向外辐射电磁能量。与喇叭天线、螺旋天线、八木天线相比，微带天线具有剖面低、体积小、质量小及易与有源元器件、电路集成等优点；但同时微带天线也具有许多缺点，如频带窄、损耗较大且会激励起表面波等缺陷。

衡量微带天线性能的技术指标有阻抗带宽、反射系数、电压驻波比、回波损耗、辐射方向图、波瓣参数、方向性系数和增益、极化参数等，它们的具体定义如下。

1. 阻抗带宽

在工程应用中，阻抗带宽通常被简称为带宽。它一般指$|S_{11}|$小于-10dB 的频率范围。若 f_H 为带宽内最高频率，f_L 为带宽内最低频率，f_0 为带宽内中心频率，则

(1) 绝对带宽：$B = f_H - f_L$。

(2) 相对带宽：$B_r = (f_H - f_L)/f_0$。一般而言，相对带宽小于 10%的天线称为窄带天线。

(3) 频比带宽：对宽频带天线而言，往往直接用比值 f_H/f_L 来表示带宽。将 f_H/f_L 比值大于 2∶1 的天线，称为宽带天线；大于 3∶1 的天线，称为特宽带天线；大于 10∶1 的天线，则称为超宽带天线。

图 5-1 是一个典型的矩形微带贴片天线结构示意图及其阻抗带宽示意图。从图 5-1（a）中可以看出，该矩形微带贴片天线包括位于顶层的辐射元和微带馈电线，位于底层的接地板及支撑接地板和辐射元的介质基板。从图 5-1（b）中可以看出，该天线的-10dB 阻抗绝对带宽约为 140MHz，是典型的窄带天线。

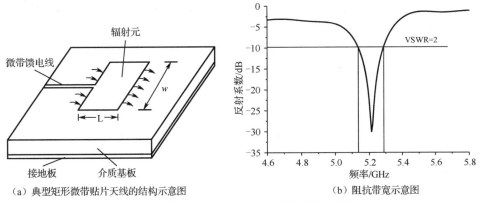

（a）典型矩形微带贴片天线的结构示意图　　　　　　（b）阻抗带宽示意图

图 5-1　矩形微带贴片天线及其阻抗带宽示意图

2. 电压驻波比

通常，天线的馈电线中反射波与入射波叠加会形成驻波。将电压振幅最大值的点$|V|_{max}$称为驻波的波腹点，振幅最小值的点$|V|_{min}$称为驻波的波谷点，相邻的波腹点与波谷点的电压振幅之比称为电压驻波比（VSWR），简称驻波比。本质上，天线可以视为终端连接负载的等效传输线结构，故而天线也可用电压驻波比来描述其端口匹配情况。电压驻波比的表达式为

$$\text{VSWR} = \frac{|V|_{max}}{|V|_{min}} = \frac{1+|S_{11}|}{1-|S_{11}|} \tag{5-1}$$

电压驻波比和前述阻抗带宽均可通过矢量网络分析仪直接测量获得，我们在后续章节会详细讲解测试方法。此外，电压驻波比和反射系数功能重叠，测试其中一个参数，通过式（5-1）换算即可得到另一个参数。

3. 回波损耗

回波损耗定义为天线馈电线上某点的入射功率与反射功率之比，通常以分贝表示。根据定义，可以知道回波损耗与反射系数有如下关系：

$$\text{RL} = -20\lg|S_{11}| \tag{5-2}$$

回波损耗的取值范围为 0 至正无穷。无反射时为正无穷，全反射时为 0。回波损耗的数值越大，天线端口匹配的性能越好。

4. 辐射方向图

辐射方向图往往简称为方向图，它是表征天线的辐射特性与空间角度关系的图形，有场强方向图和功率方向图之分。

场强方向图和功率方向图分别用远场区某一距离处电场（或磁场）的强度和功率随角度变化的函数来表示，通常描述为以天线为中心的同一个大球面上各点场强值或功率值随角度的变化图形。

另外，通常将天线最大辐射方向平行于电场矢量的平面被称为辐射方向图的 E 面，天线最大辐射方向平行于磁场矢量的平面则被称为 H 面。

在实际测试过程中，往往在距离待测天线足够远处（满足远场条件），以待测天线为圆心，在同圆周距离上利用测试天线接收信号（或向待测天线发射信号），即可测得待测天线的发射（或接收）方向图。同时，利用待测天线绕其自身相位中心旋转的方式可等效测试天线沿远场同圆周距

离的圆周旋转，通常远场测试都是以这种方实现的。

5. 波瓣参数

波瓣参数较多，常见的波瓣参数有波束指向、波束宽度、副瓣及零点电平和副瓣及零点位置等。

波束指向是指方向图最大值对应的角度，即主瓣的指向；波束宽度是指方向图的主瓣宽度，如半功率波束宽度、第一零点波束宽度等；副瓣及零点电平是指在归一化方向图上的电平，或者对数幅度方向图上电平值与主瓣电平值之差；副瓣及零点位置则是指各副瓣或零点对应的角度位置。栅瓣则是指能量和主瓣一样的副瓣。

在方向图测量之后上述各波瓣参数均可通过计算获得。图 5-2 给出了定义波束指向、波束宽度及副瓣的示意图。

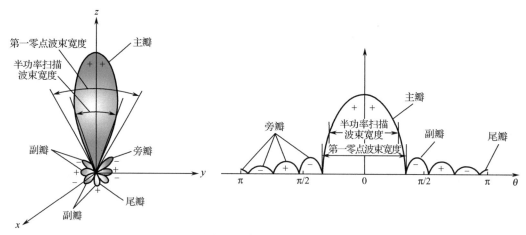

图 5-2   波瓣参数示意图

需要指出，图 5-2 中与波束指向相反的旁瓣称为尾瓣。将辐射功率下降到一半时对应的波束角度称为半功率波束宽度。此外，将第一个辐射零点对应的波束角度称为第一零点波束宽度。图 5-3 给出了典型的三扇区基站天线方向图测试结果。

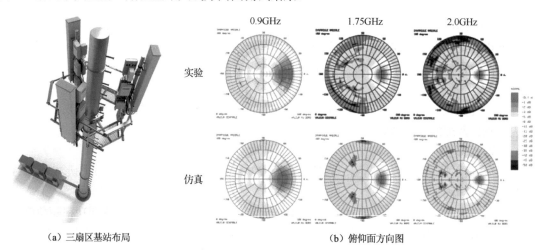

（a）三扇区基站布局　　　　　　　　（b）俯仰面方向图

图 5-3   典型的三扇区基站天线方向图测试结果

6. 方向性系数和增益

在相同的辐射功率下某天线产生的最大辐射强度与点源天线在同点产生的辐射强度的比值称为该天线的方向性系数，记为 D，也可定义为在产生相等电场强度的前提下，点源天线的总辐射

功率 P_0 与待测天线的总辐射功率 P_{total} 的比值，表达式为

$$D = \frac{\int_0^{2\pi}\int_0^{\pi}\sin\theta\,\mathrm{d}\theta\,\mathrm{d}\varphi}{\int_0^{2\pi}\int_0^{\pi}F^2(\theta,\varphi)\sin\theta\,\mathrm{d}\theta\,\mathrm{d}\varphi} = \frac{4\pi}{\int_0^{2\pi}\int_0^{\pi}F^2(\theta,\varphi)\sin\theta\,\mathrm{d}\theta\,\mathrm{d}\varphi} \qquad (5\text{-}3)$$

式中，$F(\theta,\varphi)$ 是球坐标系下天线的方向图。

增益则是在产生相等电场强度的条件下，点源天线需要的输入功率与待测天线需要的输入功率的比值。

7. 极化参数

天线的极化是描述天线辐射电磁波场矢量空间指向的参数，是指在与传播方向垂直的平面内，且在变化周期内，场矢量端点在空间描绘出的轨迹。极化分为线极化、圆极化和椭圆极化。图 5-4 分别给出了三种极化的场矢量示意图。

在图 5-4 中，以地面为参数，电场矢量方向与地面平行的极化称为水平极化，与地面垂直的称为垂直极化。电场矢量与传播方向构成的平面叫极化平面。而圆极化又可分为右旋圆极化和左旋圆极化，向传播方向看去，电场矢量顺时针方向旋转的叫右旋圆极化，逆时针方向旋转的叫左旋圆极化。

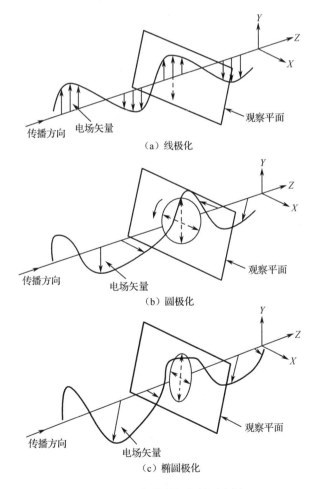

图 5-4　不同极化的场矢量示意图

极化效率是当接收天线的极化方向与入射方向不一致时，由于极化失配引起的极化损失，天

线实际接收的功率与在同方向、同强度且极化匹配条件下的接收功率比值。需要指出,圆极化天线接收任一线极化波或线极化天线接收圆极化波都有 3dB 的极化损失。

天线接收交叉极化波功率与主极化功率之比称为交叉极化隔离度。实验时,需要分别测试天线在反极化时的接收功率与同极化情况下的接收功率,并做比值。

轴比为极化平面波椭圆的长轴与短轴之比。实验时,将待测天线与标准天线对准后,在一定角度内寻找功率最大值,然后将标准天线沿极化轴旋转,测量仪器连续测量功率值,形成以极化角度为坐标的轴比曲线,其最大值与最小值之比(对数幅度之差)即天线轴比。

5.2.1.2 基本场型介绍

以矩形微带贴片为例,通常矩形微带贴片和地板之间的空间可近似为空腔,该空腔的四周为磁壁,空腔的上下则等效为电壁。矩形微带贴片空腔模型中任意一点的电场可表述为

$$E_z = \sum_{m,n} B_{mn} \cos\frac{m\pi x}{a} \cos\frac{n\pi y}{b} \tag{5-4}$$

式中,B_{mn} 是矩形微带贴片谐振模式的系数,a 是矩形微带贴片沿 x 轴放置的长边,b 则是矩形微带贴片沿 y 轴放置的短边。

图 5-5 给出了矩形微带贴片不同模式下的内场分布曲线。

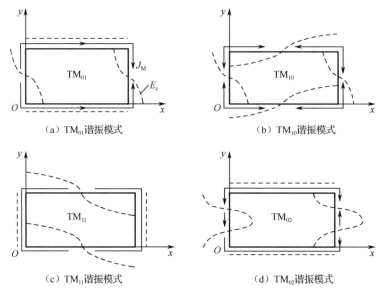

(a) TM$_{01}$谐振模式

(b) TM$_{10}$谐振模式

(c) TM$_{11}$谐振模式

(d) TM$_{02}$谐振模式

图 5-5 矩形微带贴片不同模式下的内场分布曲线

对图 5-5 进行分析,可以发现矩形微带贴片四周的磁流分布具有以下规律:

(1) TM$_{mn}$ 谐振模式的等效磁流沿 a 和 b 边分别有 m 和 n 个零点;

(2) 等效磁流相邻零点之间的距离为 $\lambda_m/2$;

(3) 等效磁流每次经过一个零点,磁流方向便会反向;

(4) 矩形微带贴片的 4 个顶点附近处等效磁流取得最大值。

此外,矩形微带贴片 TM$_{mn}$ 谐振模式的工作频率可以表示为

$$f_{mn} = \frac{c}{2\sqrt{\varepsilon_r}} \sqrt{\left(\frac{m\pi}{a}\right)^2 + \left(\frac{n\pi}{b}\right)^2} \tag{5-5}$$

除 $m=n=0$ 的特殊情况外,可以将 m 和 n 取值为 0,1,2 等整数,并分别代入式(5-5)中,可以求出常用低阶模式的谐振频率:

$$\begin{cases} f_{10} = \dfrac{c}{2a\sqrt{\varepsilon_r}} \\[3mm] f_{01} = \dfrac{c}{2b\sqrt{\varepsilon_r}} \\[3mm] f_{11} = \dfrac{c}{2b\sqrt{\varepsilon_r}}\sqrt{\dfrac{1}{a^2}+\dfrac{1}{b^2}} \\[3mm] f_{20} = \dfrac{c}{a\sqrt{\varepsilon_r}} \end{cases} \tag{5-6}$$

需要指出的是，在上述表达式中，a 和 b 是基于不同相对介电常数的等效尺寸，而并非实际的物理尺寸，一般情况下，这种等效尺寸要略大于实际尺寸。

5.2.1.3　方向图

根据矩形微带贴片空腔中的电场分布情况，并依据等效性原理，可以求解出矩形微带贴片空腔外的辐射场分布。

以 TM_{01} 为例，在 H 面 $E_z(\varphi,\theta)|_{\varphi=0}$：

$$\begin{cases} E_\theta = 0 \\[3mm] E_\varphi = j\dfrac{2a}{\lambda r}e^{-jk_0 r}e^{j\frac{k_0 a}{2}\sin\theta}\dfrac{\sin\left(\dfrac{k_0 b}{2}\sin\theta\right)}{\dfrac{k_0 a}{2}\sin\theta}\cos\theta \end{cases} \tag{5-7a}$$

在 E 面 $E_z(\varphi,\theta)|_{\varphi=0}$：

$$\begin{cases} E_\theta = j\dfrac{2a}{\lambda r}e^{-jk_0 r}e^{j\frac{k_0 a}{2}\sin\theta}\sin\left(\dfrac{k_0 b}{2}\sin\theta\right) \\[3mm] E_\varphi = 0 \end{cases} \tag{5-7b}$$

式中，a 和 b 分别是矩形微带贴片的长边和短边，k_0 是波数。观察可以发现，式（5-7）给出了天线的主极化分量的同时，也解出了由窄边引起的交叉极化分量。但是根据矩形微带贴片 TM_{01} 谐振模式的等效磁流分布，两条窄边的辐射相互抵消，所以在两个主平面没有辐射。因此这里交叉极化分量主要是在激励基础 TM_{01} 谐振模式时激励起了其他模式而引入的，这对于后面的设计非常重要，要注意避免其他模式对所需要模式辐射的影响，从而降低天线辐射中交叉极化分量。

由上述表达式可以发现如下规律：

（1）模式(0,1)，(1,0)，(0,2n+1)，(2m+1,0)等可产生边射方向图；

（2）模式(0,2)，(2,0)，(0,2n)，(2m,0)等最大辐射方向偏离边射方向，如图 5-6 所示；

（3）在两个主平面上，TM_{01} 谐振模式与 TM_{03} 谐振模式具有一致的电场极化方式，而 TM_{01} 谐振模式与 TM_{10} 谐振模式的极化方式不同。

在实际工程中，由于不同模式可以产生不同的极化及不同的方向图，为了激励贴片产生所需要的模式，不但需要使工作频率与该模式的谐振频率相接近，而且需要在贴片上选择适宜的馈电位置。例如，对用同轴进行馈电而言，当馈电同轴位于电场垂直分量的最大值处时，可以产生最强的耦合并且激励所需要的模式，与此同时还需要避开其他模式电场垂直分量的最大值处，避免激励其他不必要的模式，这样可以保证贴片实现单模式工作，并在一定程度上有效地减小交叉分量。

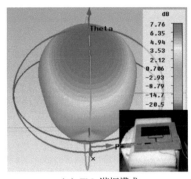

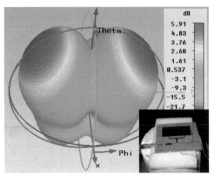

（a）TM$_{01}$谐振模式 （b）TM$_{02}$谐振模式

图 5-6　不同模式的辐射方向图

5.2.2　微带宽带天线

5.2.2.1　基本概念介绍

相比于微带窄带天线，微带宽带天线具有更宽的带宽。然后，由于微带天线是一种谐振式天线，它的谐振特性就像一个高 Q 值并联电路，这意味着只有当谐振时，微带天线才能以较窄的工作带宽工作。宽带化一直是微带天线研究领域的难点之一，它往往可以通过以下几种方式获取。

1. 非频变结构

非频变结构是指天线的结构以任意等几何比例变换后仍类似于原来的结构。实现非频变结构的方式主要有以下两种。

第一种是天线的结构只与角度有关，与其他的结构尺寸无关。比如，等角螺旋天线［如图 5-7（a）所示］和正弦曲线天线等。第二种是天线的尺寸按照一个特定的比例因子变换后，天线在相关离散的频点上具有相同的电特性。例如，对数周期偶极子天线，它通过采用改进型的振子来增大带宽，同时还可以减小天线尺寸，如图 5-7（b）所示。

（a）等角螺旋天线 （b）对数周期偶极子天线

图 5-7　非频变天线

2. 渐变结构

渐变结构包括渐变开槽、渐变填充等主要的形式。例如，渐变开槽天线通过在介质板的金属面一侧蚀刻出渐变形状，在开槽线较窄的一侧进行馈电，电磁波从馈电端沿着槽线渐变结构向远处辐射。渐变开槽天线主要的代表是 Vivaldi 天线。

3. 寄生层叠结构

寄生层叠结构实际上是指将简单的等效谐振电路修改为多谐振点的耦合谐振电路，从而获得较宽的谐振带宽。寄生贴片的配置方式可以是共面配置，也可以是上下层叠配置，如图 5-8 所示。

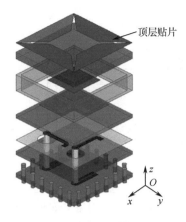

（a）寄生层叠结构　　　　　　　　　　（b）天线实物图

图 5-8　寄生层叠微带宽带天线

4．加载技术

加载技术通过将电抗元器件或匹配网络添加在微带天线的某一位置扩展天线的带宽。天线加载技术可展宽频带，其原理是通过在天线的某一位置添加加载元器件，从而改善天线的电流分布，使天线在相应频段内输入阻抗发生变化，进而使天线可以在很宽的频段内实现阻抗匹配。

5.2.2.2　Vivaldi 天线介绍

Vivaldi 天线是一种常见的超宽带天线，1979 年，由 P. J. Gibson 首次提出。传统 Vivaldi 天线的结构由微带介质基板、匹配馈电结构和渐变槽缝辐射结构三部分组成，如图 5-9 所示。它的匹配馈电结构和渐变槽缝辐射结构分别位于微带介质基板的两侧。这种结构的 Vivaldi 天线常用微带转槽线结构馈电，因槽线具有高特性阻抗，在微带转槽线馈电过程中需要用到巴伦，通过在槽线和微带耦合点处分别再延伸 $\lambda_g/4$ 的枝节实现，目前常用的枝节结构为 $\lambda_g/4$ 扇形微带短截线和 $\lambda_g/4$ 圆形槽线的形式，由于匹配馈电结构中用到的巴伦与频率有关，带宽受 $\lambda_g/4$ 长度的限制，同时渐变槽线始端最小宽度不能从零开始，限制了高频处的截止频率，从而导致传统 Vivaldi 天线的带宽受限。

针对传统 Vivaldi 天线带宽受限及馈电巴伦设计的问题，1989 年，E. Grazit 提出了对拓 Vivaldi 天线，如图 5-10 所示。一方面，与传统 Vivaldi 天线相比，对拓 Vivaldi 天线的两辐射臂分别位于微带介质基板的两侧，采用微带转平行双线结构馈电，能够实现更好的匹配，拓展了带宽；另一方面，传统 Vivaldi 天线槽线始端的最小宽度决定高频截止频率，始端宽度越小，高频截止频率越高，带宽也就越宽。对拓 Vivaldi 天线的巴伦采用的则是渐变结构，槽线可以从零开始，与传统 Vivaldi 天线相比，避免了槽线最小宽度对带宽的限制，因此相较于传统 Vivaldi 天线，对拓 Vivaldi 天线带宽更宽。对拓 Vivaldi 天线的缺点是，两辐射臂位于微带介质基板的两侧，天线工作时电场的方向从一侧辐射臂指向另一侧，因微带介质基板存在厚度，此时电场与微带介质基板之间形成了夹角，导致交叉极化恶化，并且频率越高交叉极化越差。

对于对拓 Vivaldi 天线交叉极化较差的问题，1996 年，Langly 提出了平衡对拓 Vivaldi 天线，它采用三层结构，在对拓 Vivaldi 天线的基础上又添加了一层新的微带介质基板和金属覆层，采用带状线转平行三线形式馈电，如图 5-11 所示。平衡对拓 Vivaldi 天线在工作时，因为馈电在中间，两侧是辐射臂，电场的方向从中间指向两侧，使得垂直于微带介质基板的分量上下抵消，最终电场合成的方向与微带介质基板平行，与对拓 Vivaldi 天线相比，很大程度上降低了交叉极化，但是平衡对拓 Vivaldi 天线的缺点是加工较为复杂。

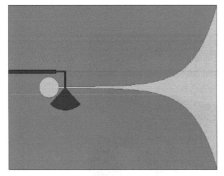

图 5-9　传统 Vivaldi 天线

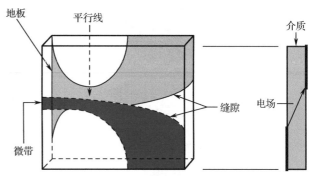

图 5-10　对拓 Vivaldi 天线

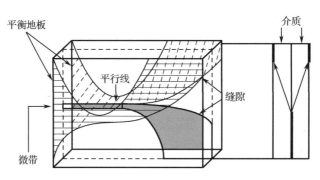

图 5-11　平衡对拓 Vivaldi 天线

5.2.3　阵列天线

阵列天线包含多个天线单元，对阵列中不同单元馈入不同相位，使阵列天线的主波束发生偏转，可实现波束扫描。根据阵列结构维度的不同，阵列天线可分为线阵和面阵。对于线阵而言，它可以在一个方位面内具有波束扫描能力；对于面阵而言，它则可以在两个正交的方位面（如对角面）内及其他方位面内实现任意指向角的波束扫描。

1. 线阵工作原理

常规线阵如图 5-12 所示。假设阵列由 N 个相同的单元构成，相邻单元之间的间隔为 d，依据阵元的不同位置，将 d 分别记为 $d_1, d_2, \cdots, d_N$。每个单元馈入信号的幅度分别为 $I_1, I_2, \cdots, I_N$。阵列的方向图为

$$F(\theta,\varphi) = \sum_{n=1}^{N} I_n f_n(\theta,\varphi) e^{j(\beta d_n \cos\theta + \alpha_n)} \tag{5-8}$$

其中，$f_n(\theta,\varphi)$ 为第 n 个单元的方向图，α_n 为第 n 个单元的馈电相位，β 是相位常数。从式（5-8）可以看出，线阵的方向图包括单元方向图和阵因子方向图，这就是方向图乘积定理。

在理论分析中，我们将每个天线单元假设为理想的各向同性点源，即 $f_n(\theta,\varphi)=1$。因此，式（5-8）可以简化为

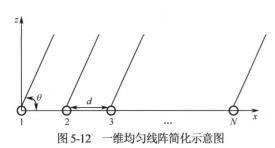

图 5-12　一维均匀线阵简化示意图

$$F(\theta,\varphi) = \text{AF} = \sum_{n=1}^{N} I_n \mathrm{e}^{\mathrm{j}(\beta d_n \cos\theta + \alpha_n)} \tag{5-9}$$

式中，AF 为阵因子。当阵列中每个单元馈电幅度和相位保持一致时，阵列方向图的波束指向为阵列边射方向。当阵列中每个单元馈电相位存在一定相位差时，阵列的方向图的波束则会根据相位差实现扫描，相控阵天线便是据此原理。相较于其他阵列天线，相控阵天线最大的优势为具有波束扫描能力。这就要求相控阵天线中每个单元馈入不同相位，同时要满足相邻单元之间相位差保持一致。为了简化阵列模型，可不考虑阵列单元的馈电幅度，即 I_n 为 1。同时，阵列单元间隔相同，因此，阵因子的表达式为

$$\text{AF} = \sum_{n=1}^{N} \mathrm{e}^{\mathrm{j}n(\beta d \cos\theta + \alpha)} \tag{5-10}$$

我们定义 $\psi = \beta d\cos\theta_0 + \alpha$，根据式（5-10），得

$$\text{AF} = \sum_{n=1}^{N} \mathrm{e}^{\mathrm{j}n\psi} \tag{5-11}$$

为了使式（5-11）中阵因子取得最大值，阵因子中 $\mathrm{e}^{\mathrm{j}n\psi}$ 项需等于 1，进而 ψ 等于 0。记此时波束指向角为 θ_0。从而，$\beta d\cos\theta_0 + \alpha = 0$，即

$$\alpha = -\beta d\cos\theta_0 \tag{5-12}$$

在式（5-12）中，当阵列中单元之间的相位差为 $-\beta d\cos\theta_0$ 时，阵列的波束指向角为 θ_0。通过不断改变阵列中单元之间的相位差 α，阵列天线的波束指向角发生不同形式的偏转，从而使相控阵天线实现主波束在全空间的连续扫描，这就是相控阵天线波束偏转的数学表述。

对式（5-11）进行数值上的求和运算，在式子两边同时乘以 $\mathrm{e}^{\mathrm{j}\psi}$，得

$$\text{AF}\mathrm{e}^{\mathrm{j}\psi} = \mathrm{e}^{\mathrm{j}\psi} + \mathrm{e}^{\mathrm{j}2\psi} + \cdots + \mathrm{e}^{\mathrm{j}N\psi} \tag{5-13}$$

同时，用式（5-11）减去式（5-13）可以得到

$$\text{AF}(1 - \mathrm{e}^{\mathrm{j}\psi}) = (1 - \mathrm{e}^{\mathrm{j}N\psi}) \tag{5-14}$$

将 $\psi = \beta d\cos\theta_0 + \alpha$ 代入上述公式并进行化简与合并，可以得到

$$\text{AF}(\psi) = \frac{\sin(N\psi/2)}{N\sin(\psi/2)} \tag{5-15}$$

2．面阵工作原理

相较于线阵，面阵可以在两个正交方位面均实现波束扫描，其空间波束覆盖更广阔。如果线阵需要在其他方位面进行扫描，必须借助机械转动的方式来辅助完成，操作较为复杂；而面阵则只需要更改馈入单元的信号，便可以在两个方位面实现扫描。同时，面阵由于单元数的增大，相较于线阵而言，其分辨率较高。但面阵也存在诸多困难，例如，面阵对单元的尺寸及波束宽度都有着严格的要求。

面阵的方向图依旧满足方向图乘积定理，为了简化阵列天线的模型，各单元采用各向同性点源，如图 5-13 所示。单元在三维空间中可以采用 r, θ, φ 三个坐标量进行表示。同时，单元沿 x 轴和 y 轴方向的数目依次为 m 和 n。这样就构建了一个 $m \times n$ 的二维面阵。

假设阵列中相邻单元之间沿 x 轴和 y 轴的距离分别为 d_x 和 d_y。那么，根据式（5-10），可知二维面阵的阵因子为

$$\text{AF} = \sum_{m=1}^{M} \sum_{n=1}^{N} I_{mn} \mathrm{e}^{\mathrm{j}\psi_{mn}} \tag{5-16}$$

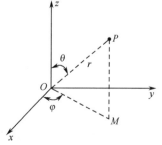

图 5-13　二维面阵球坐标示意图

其中，ψ_{mn} 中位置变量 d 是二维距离，记为 d_{mn}，表示阵列中第 (m,n) 单元相对于坐标原点的距离。由数学几何分析可知

$$d_{mn} = md_x \cos\varphi + nd_y \sin\varphi \tag{5-17}$$

式中，φ 表示单元与 x 轴的夹角。

在球坐标系中，径向单位矢量是

$$e_r = e_x \sin\theta \cos\varphi + e_y \sin\theta \sin\varphi + e_z \cos\theta \tag{5-18}$$

根据式（5-18），式（5-17）中的 d_{mn} 在三维球坐标系下，其大小可以表示为

$$d_{mn} = \cos\theta(md_x \cos\varphi + nd_y \sin\varphi) \tag{5-19}$$

变量 ψ_{mn} 可以表示为

$$\psi_{mn} = k\cos\theta(md_x \cos\varphi + nd_y \sin\varphi) \tag{5-20}$$

根据式（5-16）和式（5-20）可得二维面阵的阵因子为

$$AF = \sum_{m=1}^{M}\sum_{n=1}^{N} I_{mn} e^{j\beta(md_x \cos\theta \cos\varphi + nd_y \cos\theta \sin\varphi)} \tag{5-21}$$

在实际情况中，如果阵列沿 x 轴和 y 轴方向的单元馈入电流可以独立分开，那么式（5-21）中 I_{mn} 还可以拆分成两个独立的分量，即 I_{mx} 和 I_{ny}，那么式（5-21）可以等效为

$$AF = \sum_{m=1}^{M} I_{mx} e^{j\beta(md_x \cos\theta \cos\varphi + nd_y \cos\theta \sin\varphi)} \cdot \sum_{n=1}^{N} I_{ny} e^{j\beta(md_x \cos\theta \cos\varphi + nd_y \cos\theta \sin\varphi)} \tag{5-22}$$

也就是说，对于特殊情况，二维面阵可以拆分成两个线阵的阵因子相乘，这也表明在设计二维面阵时，可以参考线阵的设计原理。

3．相控阵工作原理

以图 5-12 所示的均匀 $1 \times N$ 线阵为例，说明相控阵工作原理。假设图 5-12 中每个单元都是各向同性辐射单元，间距为 d，第 n 个单元的相位通过 δ 弧度的移相即第 $n-1$ 个单元的相位，根据式（5-15），此时归一化阵因子可表述为

$$AF = \frac{1}{N}\frac{\sin\left(\dfrac{N}{2}\psi\right)}{\sin\left(\dfrac{\psi}{2}\right)} \tag{5-23}$$

式中，若直线阵沿 y 轴排列，则 $\psi = \beta d \sin\theta + \delta$；若直线阵沿 z 轴排列，则 $\psi = \beta d \cos\theta + \delta$。其中，$\delta$ 是相邻单元之间的相位差。

1）扫描角度

在式（5-23）中，当 $\psi = 0$ 时，阵因子出现最大值，为 1，此时可得到相控阵天线方向图的最大值，波束指向角为 θ_0。由 $\psi = \beta d \sin\theta + \delta$，有

$$\sin\theta = \sin\theta_0 = -\frac{\delta}{\beta d} \tag{5-24a}$$

同时可得最大辐射方向角，此时相控阵天线的扫描角度为

$$\theta_0 = \arcsin\left(-\frac{\delta}{\beta d}\right) \tag{5-24b}$$

式（5-24）解释了相控阵天线波束扫描的原理。从式（5-24）可以看出，通过改变相控阵天线内相邻单元之间的相位差 δ，就能改变相控阵天线扫描波束的最大值指向角 θ_0。若该 δ 由连续式移相器提供，则相控阵天线可实现连续扫描。若该 δ 由数字式移相器提供，则相控阵天线可实

现步进扫描。图 5-14 给出了在 $N=4$，$d = 0.5\lambda_g$ 情形下，$\delta = -\pi$ 和 $\delta = -\pi/2$ 时 1×4 相控阵天线的不同扫描角度。

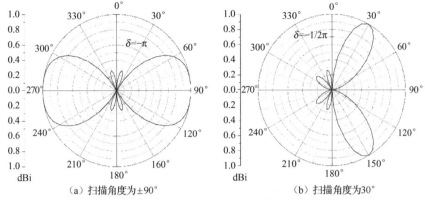

（a）扫描角度为±90°　　　　　（b）扫描角度为30°

图 5-14　在 $\delta = -\pi$ 和 $\delta = -\pi/2$ 相移下，相控阵天线的扫描角度

通过式（5-24）便可初步估算出相控阵天线在不同相位差下的扫描角度。反之，根据需求的扫描角度，可以推断出所需的相邻单元之间的相位差，甚至可以根据需要求的扫描角度确定相控阵天线的各单元排列间距。

2）扫描波束宽度

观察式（5-23）归一化阵因子，当 $\mathrm{AF} = 0.707$（或 $|\mathrm{AF}|^2 = 0.5$）时，可取得两个半功率方向角 θ_+ 和 θ_-，即

$$\frac{1}{N}\frac{\sin\left(\frac{N}{2}\psi\right)}{\sin\left(\frac{\psi}{2}\right)} = 0.707 \tag{5-25}$$

此时，$\psi = \beta d\sin\theta_\pm + \delta$。

接下来通过精确求解方法来分析式（5-25），找出相控阵天线扫描波束宽度与扫描角度之间的详细关联。由式（5-25）得

$$\sin\left(\frac{N}{2}\psi\right) = 0.707N\sin\left(\frac{\psi}{2}\right) \tag{5-26}$$

对式（5-26）两边同时求导得到 $\cos\left(\frac{N}{2}\psi\right) = \frac{1}{\sqrt{2}}\cos\left(\frac{\psi}{2}\right)$，再将其两边同时平方，然后与式（5-26）两边同时平方后相加，得到 $1 = \frac{1}{2}\cos^2\left(\frac{\psi}{2}\right) + \frac{N^2}{2}\sin^2\left(\frac{\psi}{2}\right)$。进一步化简后得

$$\sin\left(\frac{\psi}{2}\right) = \pm\sqrt{\frac{1}{N^2-1}} \tag{5-27a}$$

即

$$\psi = 2\arcsin\left(\pm\sqrt{\frac{1}{N^2-1}}\right) \tag{5-27b}$$

将 $\psi = \beta d\sin\theta_\pm + \delta$，$\delta = -\beta d\sin\theta_0$ 代入式（5-27b），得

$$\theta_\pm = \arcsin\left(\frac{1}{\beta d}\left(2\arcsin\left(\pm\sqrt{\frac{1}{N^2-1}}\right) + \beta d\sin\theta_0\right)\right) \tag{5-28}$$

图 5-15 给出了通过精确求解方法得到的半功率扫描波束宽度（HPBW）随扫描角度变化的曲线。

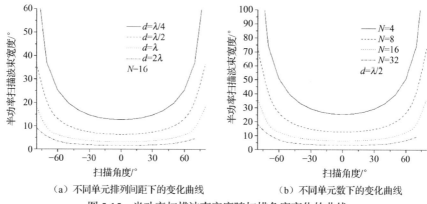

（a）不同单元排列间距下的变化曲线　　　　（b）不同单元数下的变化曲线

图 5-15　半功率扫描波束宽度随扫描角度变化的曲线

观察图 5-15 可以看出半功率扫描波束宽度与相控阵天线的单元数、扫描角度及单元排列间距有关。当单元数增大时，半功率波束宽度减小；当单元排列间距增大时，半功率扫描波束宽度减小；当相控阵天线的扫描波束指向偏离相控阵天线法线方向增大时，即 θ_{max} 越大时，半功率波束宽度同时增大。通过图 5-15 及式（5-28）便可初步估算相控阵天线在不同扫描角度所对应的半功率扫描波束宽度。反之，根据受约束的 3dB 扫描波束宽度，通过上述表达式可以求解其对应的单元排列间距和单元数。

3）扫描波束方向性系数

扫描波束方向性系数是对相控阵天线在某些方向上优先辐射能量能力的度量。它实质是在远区场的某一球面上最大辐射功率密度 $P(\theta,\varphi)_{max}$ 与其平均值 $P(\theta,\varphi)_{av}$ 之比。扫描波束方向性系数可具体表达为

$$D = \frac{P(\theta,\varphi)_{max}}{P(\theta,\varphi)_{av}} \tag{5-29}$$

进一步化简式（5-29），令 $P(\theta,\varphi)_{max} = 1$，得到扫描波束方向性系数更为普遍的表达式：

$$D = \frac{4\pi}{\int_0^{2\pi}\int_0^{\pi} P(\theta,\varphi)\sin\theta\mathrm{d}\theta\mathrm{d}\varphi} \tag{5-30}$$

其中，$P(\theta,\varphi)$ 为归一化功率方向图，$P(\theta,\varphi) = [E(\theta,\varphi)]^2$，$E(\theta,\varphi)$ 为归一化电场方向图。

将归一化近似值 $(AF)^2$ 代入式（5-30）得

$$D = \frac{4\pi}{\int_0^{2\pi}\int_0^{\pi}\left\{\dfrac{1}{N}\dfrac{\sin\left[\dfrac{N}{2}\beta d(\cos\theta - \sin\theta_0)\right]}{\sin\left[\dfrac{1}{2}\beta d(\cos\theta - \sin\theta_0)\right]}\right\}^2 \sin\theta\mathrm{d}\theta\mathrm{d}\varphi} \tag{5-31}$$

通过式（5-31）可以估算出相控阵天线在扫描角度为 θ_0 时所对应的扫描波束方向性系数。

4）扫描波束增益

扫描波束增益是扫描波束对扫描波束方向性系数的修改，以便包括天线处于无效状态的影响。对于均匀口径分布的相控阵天线，当扫描波束指向相控阵天线阵面法线方向时，其扫描波束增益为

$$G_0 \approx e \cdot \frac{4\pi}{\lambda^2} A \tag{5-32}$$

其中，A 为均匀口径的有效口径面积。

当扫描波束指向 θ_0 方向时，此时相控阵天线发射或接收能量的有效口径面积变为 $A_S \approx A\cos\theta_0$。如果考察对象是 N 元均匀线阵，那么其有效口径面积可记为 $A_S \approx A\cos\theta_0 \approx Nd^2\cos\theta_0$，所以此时均匀线阵的扫描波束增益为

$$G(\theta_0) \approx \frac{4\pi Nd^2}{\lambda^2}\cos\theta_0 \qquad (5\text{-}33)$$

从式（5-33）可以看出，扫描波束增益与扫描角度、单元数、单元排列间距等参数有关。随着相控阵天线单元数及单元排列间距的增大，扫描波束增益是增大的；随着扫描角度的增大，扫描波束增益逐步减小。

图 5-16 分别给出了相控阵天线各单元排列间距不变和相控阵天线单元数不变的两种情况下，相控阵天线扫描波束增益的变化曲线。以单元排列间距为半个波长的 16 元阵为例，从图 5-15（a）中可以看出，当相控阵天线扫描角度在相控阵天线阵面法线方向时，此时相控阵天线扫描波束增益最大约为 17dB；当扫描角度偏离相控阵天线阵面法线 60° 时，此时相控阵天线扫描波束增益减小到 13.5dB；如果继续增大扫描角度，相控阵天线扫描波束增益则会急剧衰落。

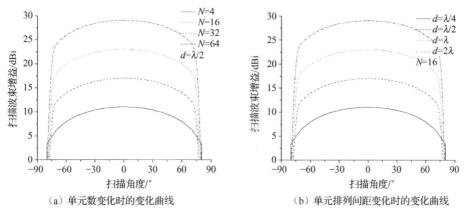

（a）单元数变化时的变化曲线　　　　　（b）单元排列间距变化时的变化曲线

图 5-16　相控阵天线扫描波束增益随扫描角度的变化曲线

式（5-33）可以用来估算相控阵天线扫描波束增益随扫描角度变化的情况，同时式（5-33）也验证了普通平面相控阵天线扫描角度受限的说法。

5）栅瓣

在扫描区域的某个方位面，当相控阵天线的扫描角度为 θ_0 时，仍旧不出现栅瓣的条件是

$$d < \frac{\lambda}{1+|\sin\theta_0|} \qquad (5\text{-}34)$$

式（5-34）中，当相控阵天线工作频带很宽时，由最短工作波长决定间距。比如，某相控阵天线，其轴向扫描角度的扫描范围为 $-80°\sim80°$，则最大单元排列间距为 $\max\left(\dfrac{\lambda}{1+|\sin\theta_0|}\right) = \dfrac{\lambda}{1+\sin 80°} = 0.5038\lambda$。可见，当 $d < 0.5038\lambda$ 时，在整个 $-80°\sim80°$ 扫描范围内不会出现栅瓣。因此，可以根据相控阵天线的扫描角度来布置相控阵天线的单元排列间距，以避免扫描区域内的栅瓣。

从图 5-14 和图 5-15 可以看出，扫描时相控阵天线的扫描波束宽度会随扫描角度的增大而增大。从图 5-16 则可以看出，扫描时平面相控阵的扫描波束增益会随扫描角度的增大而减小，特别是在低仰角，即大角度扫描时，相控阵天线的扫描波束宽度会急剧变大，扫描波束增益急剧减小，甚至分辨不出扫描主波束。

5.2.4　时域天线

5.2.4.1　时域天线概述

　　时域天线（Time-domain Antenna）是超宽带天线的一个分支。狭义的时域天线是指辐射冲激脉冲信号的超宽带天线，因此又可称为冲激脉冲天线（Impulse Antenna）或瞬态天线（Transient Antenna）。它是伴随 20 世纪 80 年代，基于冲激信号的无线通信和雷达技术快速发展背景下的一个天线领域。第一，时域天线是超宽带天线的一个分支，因而基于频域概念的超宽带天线的应用基础理论研究结果和工程设计方法对时域天线仍然有很好的借鉴价值；第二，时域天线辐射的是 ns、亚 ns 量级的冲激信号，这些信号的频谱覆盖了从 10MHz～10GHz 的极宽频带，具有比通常意义超宽带天线更高的相对带宽；第三，时域天线服务于无线时域通信和时域雷达，旨在利用电磁波的时间资源，因而描述时域天线技术指标的方法也与基于频域概念的超宽带天线有所不同。因此，时域天线的理论分析与工程设计方法既与频域超宽带天线有相通之处，也有自身的特殊要求。概括起来，当进行时域天线分析与设计时，应注意其以下特征。

　　（1）宽带特征。即要求时域天线阻抗、方向图、时域效率、有效长度、极化特征都具有宽带一致性，这使得时域天线设计时，需要对这些技术指标进行折中设计，与时域天线相关的馈电、接收电路也必须具有宽带特征。

　　（2）高波形保真性。时域天线辐射或接收冲激信号的拖尾信号幅度、持续时间都必须得到严格控制，同时要求天线主辐射方向的冲激信号具有较高的波形保真系数，以便后端信号处理算法的实现。

　　（3）一体化设计特征。与频域天线设计不同，时域天线设计需要将信号源、馈电和接收电路做一体化设计，因此必须考虑天线与信号源和接收系统的宽带匹配、电磁隔离等复杂问题。

　　通常，喇叭天线、平面渐变天线、Vivaldi 天线等典型的宽带天线都可以作为时域天线。在一定条件下，诸如偶极子、单极子这样的典型谐振窄带天线也可以通过加载等方法作为时域天线。但有些传统意义上的超宽带天线，如对数周期天线、阿基米德螺旋天线，由于相位中心不稳定的原因，反而不能作为时域天线。Stanislav Licul 曾经对加脊 TEM 喇叭天线、对数周期天线、阿基米德螺旋天线、Vivaldi 天线等几种超宽带天线的时域特性进行了详细的实验研究。在实验中，同类型的两个天线构成一套收发系统，用矢量网络分析仪测量收发天线间的频域传递函数 S_{21}，再使用傅里叶逆变换将实验数据从频域变换到时域，获得对应天线的时域响应。实验中设置的测量频率为 50MHz～20GHz。不同超宽带天线的脉冲时域响应结果如图 5-17～图 5-20 所示。

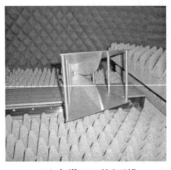

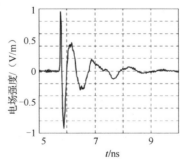

（a）加脊TEM喇叭天线　　　　　　　　（b）脉冲时域响应

图 5-17　加脊 TEM 喇叭天线的脉冲时域响应

（a）对数周期天线

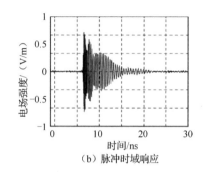
（b）脉冲时域响应

图 5-18　对数周期天线的脉冲时域响应

（a）阿基米德螺旋天线

（b）脉冲时域响应

图 5-19　阿基米德螺旋天线的脉冲时域响应

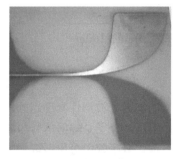
（a）Vivaldi天线

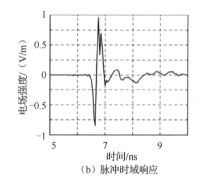
（b）脉冲时域响应

图 5-20　Vivaldi 天线的脉冲时域响应

从图 5-17～图 5-20 可以看出，加脊 TEM 喇叭天线和 Vivaldi 天线的时域信号保真性能较好，对数周期天线和阿基米德螺旋天线则出现了严重的失真。这是由于天线辐射超宽带脉冲是一个瞬态过程，电流脉冲在天线上一边传播一边辐射，不同的频谱分量在天线上有不同的有效辐射区。通常高频分量的有效辐射区更靠近天线馈电端，低频分量的有效辐射区更靠近天线终端，不同频率分量的相位中心不一致会引起脉冲信号的色散，若其距离可以和 $\lambda_g/4$ 相比拟，则会导致时域波形的严重畸变。对数周期天线和阿基米德螺旋天线虽然带宽很宽，但不同频率辐射的相位中心偏离较大，瞬时带宽很窄，不属于时域天线。

5.2.4.2　时域天线的主要技术指标

时域雷达和通信系统利用的是电磁波的时域特性,因此对信号时域波形的保真度有较高要求。与微带窄带天线不同，时域天线要同时满足瞬时带宽宽、带内相位响应平坦、相位中心稳定等要求，因此一些描述传统频域天线性能的技术指标，如增益、扫描波束宽度、效率、有效面积等便不再适用于时域天线，需要进行修改并增加一些新的技术指标。表征时域天线性能的技术指标主要有时域方向图、时域效率、时域增益、波形保真度等。

1. 时域方向图

时域方向图描述了时域天线向不同方向辐射电磁脉冲的能力。James S. McLean 提出了一个定义时域方向图的公式：

$$U_E(\theta,\varphi) = \frac{1}{\eta_0} \int_{-\infty}^{+\infty} |\boldsymbol{E}(t,R,\theta,\varphi)|^2 R^2 \mathrm{d}t \tag{5-35}$$

式中，η_0 表示自由空间波阻抗，$\boldsymbol{E}(t,R,\theta,\varphi)$ 表示某方向上一定距离处天线辐射的电场强度随时间变化的函数，$U_E(\theta,\varphi)$ 的单位是焦耳/立体角，表示某方向上通过单位立体角的能量。

2. 时域效率

时域效率表征天线辐射出去的能量与源提供给天线的能量之比，可以定义为

$$\eta_A = \frac{\int_0^{2\pi} \int_0^{\pi} \int_{-\infty}^{+\infty} |\boldsymbol{E}(t,R,\theta,\varphi)|^2 R^2 \sin\theta \mathrm{d}t \mathrm{d}\theta \mathrm{d}\varphi}{\eta_0 \int_{-\infty}^{+\infty} (V_s^2(t)/4R_s)\, \mathrm{d}t} \tag{5-36}$$

式中，分子为天线辐射的能量对以天线为球心的球面积分的结果；分母中 $V_s^2(t)$ 表示源的输出电压，R_s 表示源内阻，积分表示源提供的总能量，η_0 表示自由空间波阻抗。

3. 时域增益

类比频域增益，时域增益定义为时域方向图对总辐射能量相等的各向同性点源天线进行归一化的结果，表达式为

$$G_E(\theta,\varphi) = \eta_A \frac{4\pi U_E(\theta,\varphi)}{\int_0^{2\pi} \int_0^{\pi} U_E(\theta,\varphi) \sin\theta \mathrm{d}\theta \mathrm{d}\varphi} \tag{5-37}$$

式中，$U_E(\theta,\varphi)$ 为式（5-35）所定义的时域方向图。

4. 波形保真度

波形保真度衡量的是时域天线不失真地辐射信号的能力，波形保真度越好，天线辐射的信号与馈入的信号相似度越高，失真越小。如式（5-38）所示，分子是辐射信号与激励信号一阶导数的互相关函数，分母是二者的自相关函数之积的平方根，分子除以分母后取最大值就可以得到信号的波形保真系数：

$$F = \max_{\tau} \frac{\left| \int_{-\infty}^{+\infty} f_1(t) f_2(t+\tau) \mathrm{d}t \right|}{\sqrt{\int_{-\infty}^{+\infty} f_1^2(t) \mathrm{d}t \int_{-\infty}^{+\infty} f_2^2(t) \mathrm{d}t}} \tag{5-38}$$

式中，$f_1(t)$ 表示馈入信号的一阶导数，这里进行求导的原因是根据电磁辐射理论，天线辐射的场强与天线上电流的一阶导数成正比。$f_2(t)$ 表示天线所辐射的信号，F 的范围为 0～1，值越大表示天线的波形保真性能越好，一般大于 0.9 即可以认为天线具有良好的波形保真性能。

5.3 设计实例

5.3.1 微带窄带天线

图 5-21 给出了微带缝隙耦合天线基本辐射元的具体结构图和尺寸，其中图 5-21（a）中的左半部分是主视图，右半部分是侧视图。我们用 slot, patch, ground, sub.1, sub.2, substrate, feeding line

分别标识中间共用地板层上的缝隙、顶层辐射贴片、中间共用地板层、分布在地板两侧的介质层和最低层微带馈电线。图 5-21（b）则标出了各个关键尺寸。

在设计基本辐射元时，主要考虑基本辐射元设计材料的选取、馈电方式的确定及基本辐射元各个组成部分关键尺寸的选取。

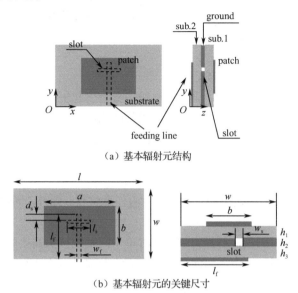

（a）基本辐射元结构

（b）基本辐射元的关键尺寸

图 5-21　微带缝隙耦合天线基本辐射元的具体结构图和尺寸

1. 材料的选取

设计工作在毫米波段的微带缝隙耦合天线的第一个步骤是微带介质基板的选取。选取微带介质基板主要包括选取材料和确定材料的几何厚度。介质基板材料不同则其相对介电常数、介质正切损耗等参量不同。对于普通微带介质基板，其损耗主要包括介质损耗、导体损耗、辐射损耗和表面波损耗。

介质损耗主要由基片材料的相对介电常数、介质正切损耗等决定，表达式为

$$\alpha_{d} = 27.3 \frac{\varepsilon_{r}}{\varepsilon_{e}} \frac{\varepsilon_{e}-1}{\varepsilon_{r}-1} \frac{\tan \delta}{\lambda_{m}} \tag{5-39}$$

式中，λ_{m} 是介质波导波长，ε_{r} 为介质的相对介电常数，ε_{e} 为介质的等效相对介电常数。

导体损耗主要由导体表面电阻决定，表达式为

$$\alpha_{c} = 8.686 \frac{R_{s}}{w Z_{c}} \tag{5-40}$$

式中，$R_{s} = \sqrt{\dfrac{\pi f \mu_{0}}{\sigma_{c}}}$，$\mu_{0}$ 为磁导率，σ_{c} 为电导率，Z_{c} 是微带特性阻抗。除了上述两类损耗，工作在毫米波段的微带介质基板还应考虑辐射损耗和表面波损耗。

辐射损耗取决于频率和基片的厚度，在 30～40GHz 范围内，每单位波长的微带辐射损耗在 0.1～0.2dB。微带馈电线与辐射面异面，可减少馈电线对方向图的影响。

表面波损耗产生于不同介质的交界面上，对于高相对介电常数和厚基片来说，其表面波损耗是不可忽略的。而对薄基板来说，通常情况下可以忽略其表面波损耗。

综合考虑上述情况，我们选取罗杰斯 RT5880 作为微带介质基板材料，其相电介电常数为 2.2，基板厚度为 0.254mm，覆铜层厚度为 0.008mm，介质正切损耗为 0.0009。较小的 RT5880 相对介

电常数可以减少介质损耗及表面波损耗；小相对介电常数还可以减少谐振腔中存储的电磁能量，从而降低 Q 值；此外，相比于厚基板会激励起更多的表面波，RT5880 薄基板在保证天线低剖面的同时，降低了表面波损耗。

2．馈电方式的确定

微带天线有多种馈电方法，下面罗列了较为常见的馈电方式及其优缺点，通过对比分析，可以确定基本辐射元最终的馈电方式。

1）微带共面侧馈

优点：光刻或腐蚀方便，制作简单。

缺点：微带馈电线与辐射片共面，微带馈电线本身会引起辐射，从而干扰天线的辐射，降低天线的效率，影响甚至改变方向图的形状。若选用共面侧馈，则应该要求微带馈电线尽量减少对天线辐射性能的影响，如微带馈电线的宽度尽可能窄。这就要求微带天线的特性阻抗高，或基片厚度小、相对介电常数大。

2）同轴背馈

优点：馈电位置灵活，为匹配需要可选择贴片内任意位置。此外，同轴电缆置于接地板一侧，减少了对天线辐射的影响。

缺点：制作麻烦、不易加工、不易集成。同时单个同轴线接头需要联合功率分配网络等才能实现对阵列天线各单元的同时馈电，因此会使阵列天线的馈电网络变复杂。

3）电磁耦合馈电

优点：微带馈电线与辐射片异面，避免了微带馈电线对辐射片的辐射干扰。此外，多层耦合馈电能提高天线的方向性，增加辐射增益。同时多层电磁耦合馈电能降低天线的 Q 值，增大天线的带宽。

缺点：成本贵，加工较为麻烦。

综合考虑上述情况，在方向图可重构单元的设计中将选取电磁耦合馈电的方式。

3．关键尺寸的选取

微带缝隙耦合天线基本辐射元的各个关键尺寸如图 5-21（b）所示。下面分类统计基本辐射元，它包含 2 个介质层、1 个共用地板层、1 个馈电层和 1 个辐射贴片层。介质层的高度 $h_1=h_3=0.254$mm。两介质层中间是共用地板层，其高度为 0.008mm。共用地板层上腐蚀有一个宽度为 w_s 和长度为 l_s 的缝隙。辐射贴片的宽度为 a，长度为 b。特性阻抗为 50Ω，宽度和长度分别为 w_f 和 l_f 的微带馈电线位于基本辐射元的最底层。

第一，辐射贴片的尺寸取决于基本辐射元的工作频率，整个辐射贴片的尺寸可以通过传输线方程进行求解。由于基本辐射元的工作频率为 35GHz，因此根据工作频率和材料的等效相对介电常数可以确定出贴片的宽度和长度分别为 $a=4.74$mm 和 $b=2.38$mm。第二，共用地板层上耦合缝隙的宽度和长度决定了耦合能量的强弱，通常当缝隙的长宽比选取为 10∶1 时能得到较强的耦合强度，此处选取 $w_s=0.2$mm 和 $l_s=2$mm。第三，微带馈电线的特性阻抗决定了微带馈电线的宽度 w_f，微带馈电线的放置位置则决定了耦合的能量，通常情况下，为了得到最大耦合能量，微带馈电线通常放置在耦合缝隙的中央，这是因为微带馈电线相对耦合缝隙中央的偏差会导致耦合能量在耦合缝隙两边不对等，从而影响天线的辐射效率。第四，微带馈电线过耦合缝隙的长度则影响了天线的匹配情况，实际实验环节中，往往可以通过调节微带馈电线过缝隙长度 d_s 来调节天线的匹配情况。

表 5-1 详细地给出了各个关键部分的具体加工尺寸。

表 5-1 基本辐射元各个关键部分的具体加工尺寸

微带介质基板尺寸	$l = 20.74$mm	$w = 8.38$mm	$h_2 = 0.036$mm
	$h_1 = h_3 = 0.254$mm		
辐射贴片尺寸	$a = 4.74$mm	$b = 2.38$mm	
耦合缝隙尺寸	$l_s = 2$mm	$w_s = 0.2$mm	
微带馈电线尺寸	$l_f = 5.78$mm	$w_f = 0.754$mm	$d_s = 0.6$mm

4. 设计结果

微带缝隙耦合天线基本辐射元的仿真设计工作是在商用 CST（Computer Simulation Technology）软件中进行的。图 5-22 给出了基本辐射元在 CST 软件中的三维立体模型；图 5-23 给出了微带馈电线过耦合缝隙长度 d_s 的变化对天线端口匹配的影响。依据仿真优化结果，按照表 5-1 中的各个具体加工尺寸，加工并测试了基本辐射元的部分特性。图 5-24 给出了基本辐射元天线端口的反射系数测试结果；图 5-25 给出了基本辐射元 E 面和 H 面的方向图；图 5-26 则给出了基本辐射元在 CST 软件中的三维方向图。

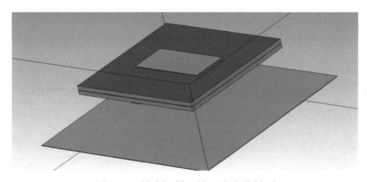

图 5-22 基本辐射元的三维立体模型

图 5-23 中横坐标代表频率,纵坐标是天线端口的反射系数。图形中不同的 d_s 值表示微带馈电线过耦合缝隙的不同长度。从图 5-23 可以看出，微带馈电线过耦合缝隙的长度直接影响到天线的匹配情况。同时，该长度可以作为实验调节自由度。在测试环节，如果测试频率发生了漂移，可以通过细微调整该长度来校正加工误差。

从图 5-24 中可以看出，基本辐射元在 35GHz 处的反射系数远小于-10dB，基本辐射元能够很好地谐振并工作在 35GHz 频率处。图 5-25 是基本辐射元在极坐标下的方向图，其径向表示了增益的强弱。此外，

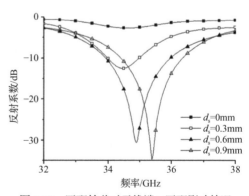

图 5-23 匹配枝节对天线端口匹配影响情况

图 5-25 包含了基本辐射元的增益、E 面和 H 面方向图的 3dB 扫描波束宽度。从图 5-25 中可以看出基本辐射元在 E 面的 3dB 扫描波束宽度达到了 55°，而在 H 面的 3dB 扫描波束宽度则接近 65°，基本辐射元的增益则高达 10dBi。这个增益是远高于同口径的普通微带贴片天线的，归其原因主要有两点：第一，基本辐射元的背面借鉴背腔技术添加了金属反射板，该金属反射板在理论上对增益有 3dBi 的贡献；第二，耦合馈电的多层结构提高了基本辐射元的定向性，从而提高了增益。图 5-26 的三维方向图能够更加直观地观察基本辐射元的辐射情况。

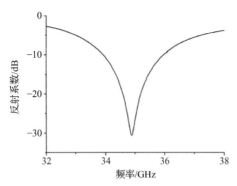

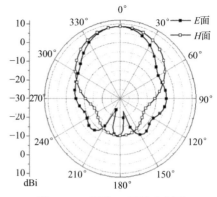

图 5-24　基本辐射元天线端口的反射系数测试结果　　图 5-25　E 面和 H 面的方向图

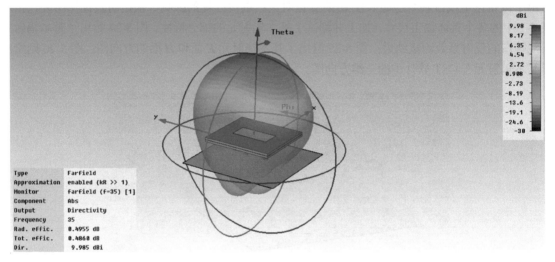

图 5-26　三维方向图

5.3.2　宽带喇叭天线

宽带喇叭天线结构如图 5-27 所示。图 5-28 为宽带喇叭天线的 S 参数仿真结果，可知宽带喇叭天线在 3.37～9.87GHz 频率范围内工作，工作相对带宽为 98%。

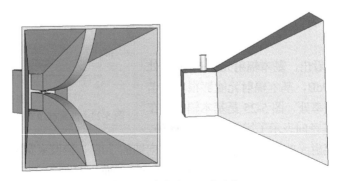

图 5-27　宽带喇叭天线结构

图 5-29 为宽带喇叭天线分别在 4GHz、6GHz、9GHz 及 10GHz 处的仿真结果图。

图 5-30～图 5-33 为宽带喇叭天线分别在 4GHz、6GHz、9GHz 及 10GHz 处的电场仿真结果图。

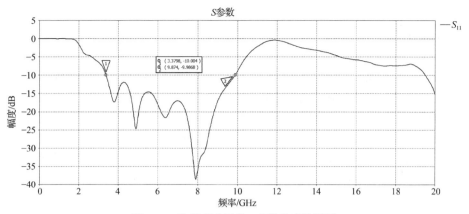

图 5-28　宽带喇叭天线 S 参数仿真结果图

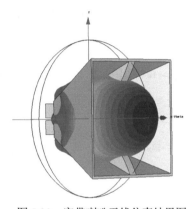

图 5-29　宽带喇叭天线仿真结果图

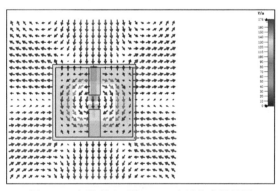

图 5-30　宽带喇叭天线 4GHz 电场仿真结果图

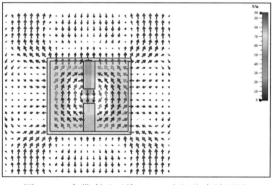

图 5-31　宽带喇叭天线 6GHz 电场仿真结果图

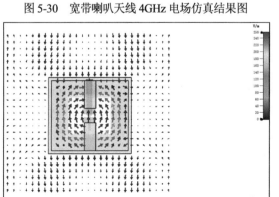

图 5-32　宽带喇叭天线 9GHz 电场仿真结果图

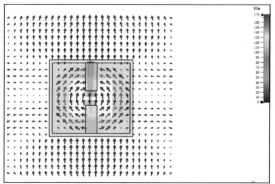

图 5-33　宽带喇叭天线 10GHz 电场仿真结果图

5.3.3　阵列天线

本小节介绍一款 S 频段双极化宽角扫描相控阵天线。图 5-34 给出所设计的双极化天线结构示意图。天线主要由两个部分组成，天线的第一部分是天线馈电网络部分，仍旧采用基于基片集成腔技术的馈电网络，将微带馈电线嵌入基片集成腔内，并且使两条微带馈电线的尾端相互正交，引入两个分离且相互垂直的 H 形开槽，H 形开槽与其相对应的微带馈电线的尾端相互垂直，有利于提升端口间的隔离度。此时微带馈电线分别激励蚀刻在基片集成腔上部地板上的两个相互垂直的 H 形开槽，由于具备足够的端口隔离度，由两个端口馈入的信号互不干扰，有效地抑制了异极化干扰。第二部分包含顶层的 4 个梯形贴片、金属空腔、两个水平的矩形微带贴片及在梯形贴片和金属空腔之间添加的若干密集分布的金属化通孔。此时天线整体可以等效为四周和底部均封闭而顶部开放的半开放金属腔体结构，不仅实现了单元半功率扫描波束宽度拓展，且抑制了阵列中单元间的互耦效应。

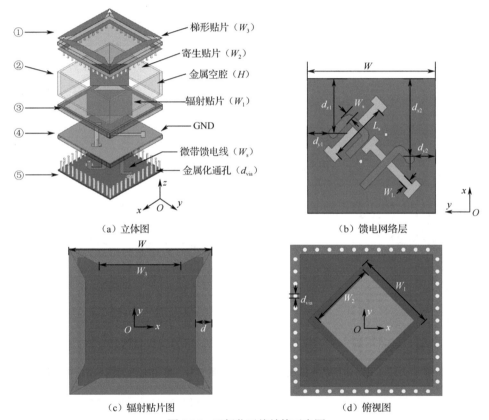

（a）立体图　（b）馈电网络层

（c）辐射贴片图　（d）俯视图

图 5-34　双极化天线结构示意图

表 5-2 给出了天线的相关参数，所设计的双极化天线的单元尺寸为 35mm×35mm×20mm（$0.4\lambda_0 \times 0.4\lambda_0 \times 0.23\lambda_0$），并且天线的 VSWR<2，工作频带为 3.3～3.7GHz，相对工作带宽为 12%。

通过 CST 软件的仿真优化，得到图 5-35 所示的天线单元中辐射贴片表面和寄生贴片表面的电流分布示意图，可以判断此时天线的极化方向为±45°极化，图 5-36 给出了地板 H 形开槽层上的电场分布示意图，可以发现两个 H 形开槽的场分布方向保持相互垂直，说明此时两个异极化端口的隔离度很好，天线的端口隔离度始终保持大于 35dB。

表 5-2　天线的相关参数

参　　数	数值/mm	参　　数	数值/mm
W	35	H	12
W_1	21.3	D	4
W_2	18.2	W_3	16
W_L	2.6	H_1	2
W_s	1.25	H_2	3
d_{x1}	3.3	H_3	0.5
d_{x2}	3.3	H_4	2
d_{y1}	10.4	d_{via}	0.5
d_{y2}	24.6	L_s	14.2

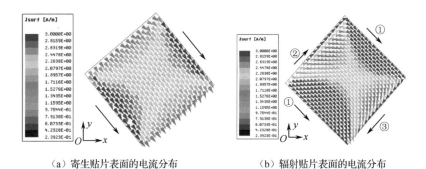

（a）寄生贴片表面的电流分布　　　　（b）辐射贴片表面的电流分布

图 5-35　表面电流分布示意图

图 5-37 给出了天线单元 S 参数仿真和测试结果对比图，双极化天线 VSWR<2 的工作频带为 3.3～3.7GHz，并且在工作频带内天线的端口隔离度也始终保持大于 35dB，S 频段的双极化天线都有明显提升。并且可以看出加工后的 S 频段样机实际测试结果与 CST 软件仿真结果基本吻合，存在的微小误差是由测试环境不理想及加工存在一定误差造成的。

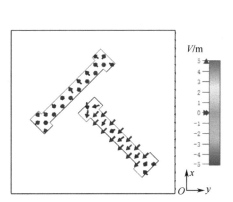

图 5-36　H 形开槽层上的电场分布示意图

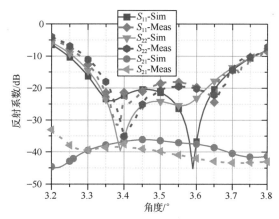

图 5-37　S 参数仿真和测试结果对比图

将上述天线单元组成 8×8 阵列，阵列示意图如图 5-38 所示，组阵方向为 x 和 y 方向，单元排列间距为 $0.4\lambda_0$。将加工天线单元与阵列放置在天线暗室中测试，天线测试环境图如图 5-39 所示，测试中运用移相器和微波功分器对阵列进行馈电。

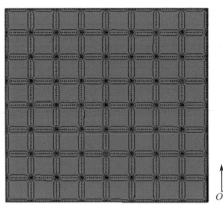

图 5-38 8×8 阵列示意图

图 5-39 天线测试环境图

图 5-40 给出了 8×8 阵列在不同频率时方向图的仿真结果。阵列天线在扫描至±65°的过程中，天线的增益平坦度在-3dB 以内，并且扫描过程中天线具有低旁瓣电平特性（天线的端口隔离度始终保持大于-10dB）。但当天线扫描至±75°范围时，增益的衰落明显变快，这可能是激励起表面波模式及阵列单元间的耦合效应加剧导致的。

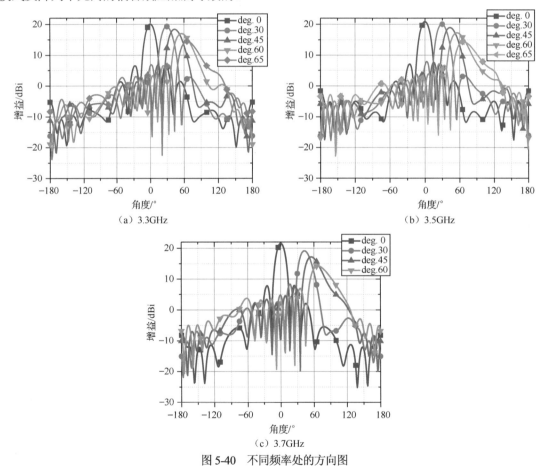

图 5-40 不同频率处的方向图

5.3.4　时域天线

5.3.4.1　蝶形天线的设计与仿真

蝶形天线的外形如图 5-41 所示，由于蝶形天线的结构具有渐变性和自补性，其带宽可以相当大，因此其在时域电磁脉冲辐射方面有着广泛的应用，是一种常用的时域天线。天线的正面由覆盖在高频介质基板上的两块三角形金属贴片组成，背面无金属层，信号从两个三角形相对的顶点馈入。

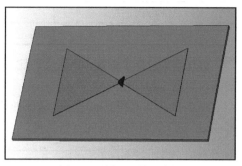

图 5-41　蝶形天线示意图

蝶形天线的结构参数如图 5-42 所示，主要包括馈电端宽度 W_B、馈电间隙 G_B、天线臂长 L_B 和扇形张角 θ_B。仿真时可参考的设计准则如下。

（1）天线臂长 L_B 与天线的工作频率相关，增大臂长，工作频率向低频移动；减小臂长，工作频率向高频移动，天线的低频截止频率约为

$$f_c = \frac{C_0}{4L_B\sqrt{\varepsilon_r}} \tag{5-41}$$

式中，C_0 为真空中的光速，L_B 为天线单边臂长，ε_r 为微带介质基板的相对介电常数。

（2）天线带宽、增益与微带介质基板的厚度 H、相对介电常数相关，如果要展宽带宽或者提高增益，可以减小介质厚度，降低微带介质基板的相对介电常数。

（3）天线的输入阻抗与扇形张角相关，表达式为

$$Z_{in} = \eta_0\sqrt{\frac{2}{\varepsilon_r+1}}\frac{K(k)}{K'(k)} \tag{5-42}$$

式中，$K(k)$ 和 $K'(k)$ 为椭圆积分函数，参数 k 的取值为

$$k = \tan^2\left(\frac{\pi-\theta_B}{4}\right) \tag{5-43}$$

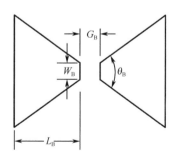
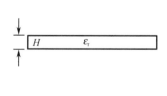

图 5-42　蝶形天线的结构参数

仿真过程中，蝶形天线各个结构参数的尺寸参照表 5-3。

表 5-3　蝶形天线结构参数的尺寸

参　数	数　值	单　位
W_B	2	mm
G_B	2	mm

参　　数	数　　值	单　　位
L_B	60	mm
θ_B	60	°
H	3	mm
ε_r	2.2	—

仿真结果包括 S 参数，电压驻波比，输入阻抗（包括实部和虚部），不同频率的三维、二维方向图，如图 5-43～图 5-52 所示。

图 5-43 为仿真得到的电压驻波比曲线，频率范围为 1～6GHz，可以看到曲线在很宽的频段内都在 2.2 以下，具有优秀的宽带特性。

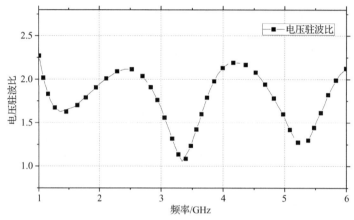

图 5-43　电压驻波比仿真结果

图 5-44 为仿真得到的 S 参数的幅度特性曲线，表示反射信号与入射信号的幅度之比，频率范围为 1～6GHz，y 轴单位为 dB，用对数坐标表示。

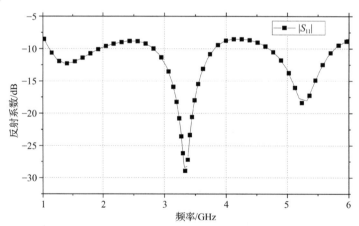

图 5-44　S 参数的幅度特性曲线

图 5-45 为仿真得到的 S 参数的相位特性曲线，表示反射信号与入射信号相比相位的变化，频率范围为 1～6GHz，y 轴单位为°。从图中可以看出，相位的变化平缓，线性度较好，这为蝶形天线较好地辐射时域脉冲信号提供了条件。

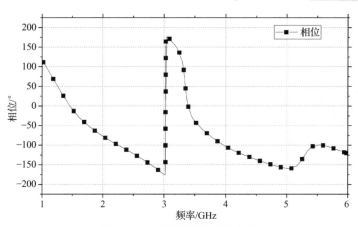

图 5-45　*S* 参数的相位特性曲线

图 5-46、图 5-47 为仿真得到的输入阻抗的实部和虚部。输入阻抗的实部在 100～330Ω 范围内波动，中心值在 200Ω 附近，当信号源阻抗为 150～200Ω 时，天线能够获得良好的阻抗匹配。输入阻抗的虚部在-50Ω 附近，与偶极子天线输入阻抗的虚部近似。

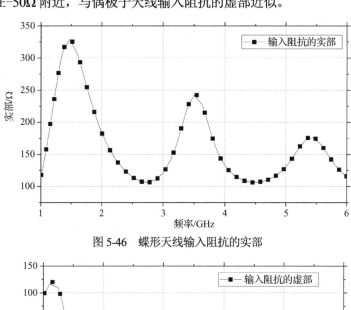

图 5-46　蝶形天线输入阻抗的实部

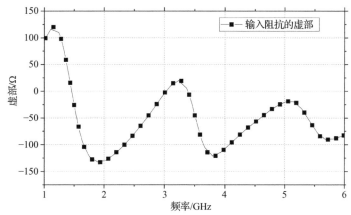

图 5-47　蝶形天线输入阻抗的虚部

天线的方向图分别通过三维球坐标和二维极坐标的形式给出，极坐标方向图实际上是三维方向图在 *E* 面和 *H* 面两个正交平面上的二维投影。图 5-48 为天线的三维方向图。

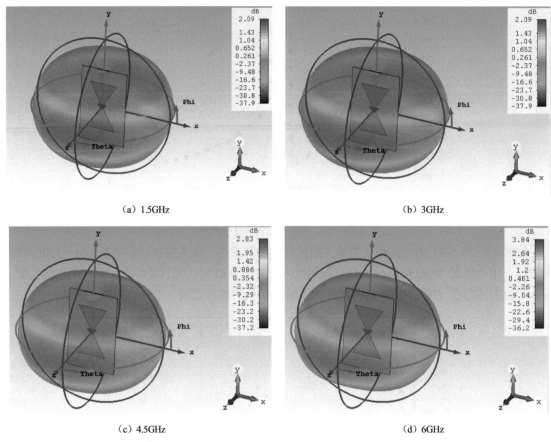

(a) 1.5GHz

(b) 3GHz

(c) 4.5GHz

(d) 6GHz

图 5-48　天线的三维方向图

图 5-49～图 5-52 给出的是与三维方向图在各个频率相对应的 E 面和 H 面的极坐标方向图，观察后发现，蝶形天线的方向图与偶极子天线的方向图类似，基本上都是 E 面为 8 字形辐射，H 面为近似全向辐射。区别在于偶极子天线的 H 面更接近理想的圆形，全向性更好，而蝶形天线为椭圆形。这是因为蝶形天线在 y 轴方向上并不是旋转对称的，在 x 轴方向是渐变结构，因此 x 轴方向上辐射更强，增益更高，并且这一现象随着频率的升高有越来越明显的趋势。

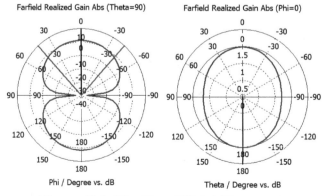

图 5-49　蝶形天线 E 面、H 面的方向图（1.5GHz）

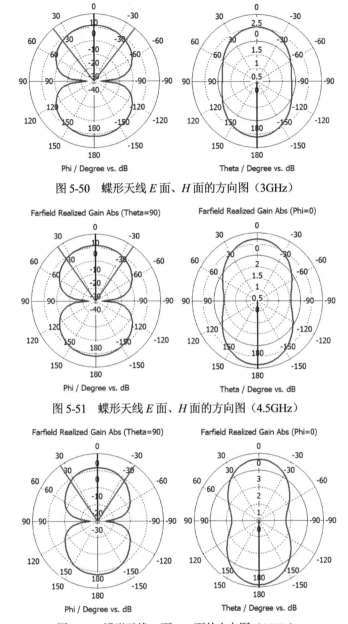

图 5-50　蝶形天线 E 面、H 面的方向图（3GHz）

图 5-51　蝶形天线 E 面、H 面的方向图（4.5GHz）

图 5-52　蝶形天线 E 面、H 面的方向图（6GHz）

除了 S 参数、电压驻波比、增益、方向图等技术指标，时域天线与频域天线最大的不同点在于时域天线更关心天线在给定馈电信号时的辐射波形。为了研究蝶形天线的脉冲辐射特性，仿真时在天线周围布置时域电场探针，以检测不同方向上天线辐射信号的辐射波形，如图 5-53 所示。

三个时域电场探针放置在天线的 x、y、z 轴上，距离天线中心 1m。馈入天线的信号和三个时域电场探针接收信号的波形在图 5-54 中给出。

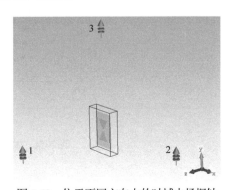

图 5-53　位于不同方向上的时域电场探针

图 5-54（a）为天线的输入信号波形，是一个半峰值脉冲宽度为 130ps 左右的高斯脉冲。图 5-54（b）为 1 号时域电场探针接收信号的波形，图 5-54（c）为 2 号时域电场探针接收信号的波形，图 5-54（d）为 3 号时域电场探针接收信号的波形。3 号时域电场探针由于位于天线辐射零点上，因此幅度极小。图 5-54（b）和图 5-54（c）幅度、波形近似，均为类一阶高斯脉冲，但波形并不理想，拖尾、振铃现象非常明显。

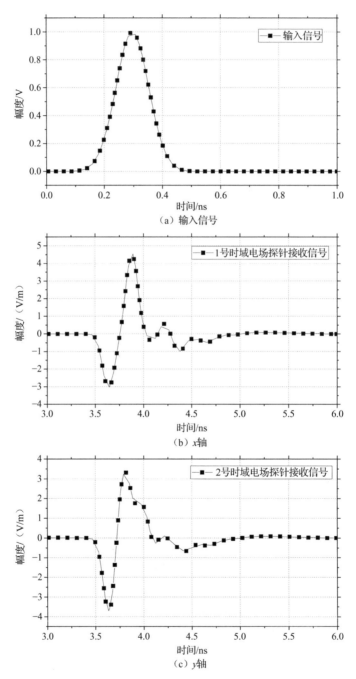

（a）输入信号

（b）x 轴

（c）y 轴

图 5-54　输入信号及 x、y、z 轴上的辐射波形

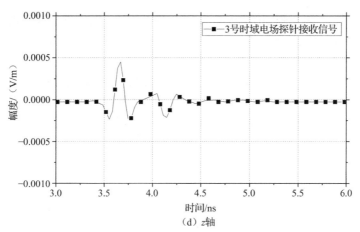

（d）z 轴

图 5-54　输入信号及 x、y、z 轴上的辐射波形（续）

图 5-54 中的辐射波形与良好的时域天线辐射波形还有较大差距，蝶形天线虽然具有成为时域天线的潜力，但没有经过仔细优化的蝶形天线波形保真性能并不好，为了克服天线在辐射信号中的拖尾、振铃等现象，通常使用电阻加载的方法减小电流在天线终端的反射。

电阻加载分为分布式加载和集总加载两种，分布式加载为在天线表面涂敷上一层电阻率均匀变化的有耗介质，使电流在沿天线传输的过程中逐渐消耗；集总加载为在天线不同位置处安装分立电阻，用以消耗电流，电阻值的计算公式为

$$R(\rho/s) = R_{\frac{1}{2}}\left(\frac{\rho/s}{1-\rho/s}\right), \quad 0 \leqslant \rho/s \leqslant 1 \tag{5-44}$$

式中，ρ 为加载电阻位置与天线馈电点的距离，s 为加载电阻位置与天线终端的距离，$R(1/2)$ 为天线终端与馈电点中间点处的电阻值，确定 $R_{\frac{1}{2}}$ 之后，即可利用式（5-44）计算出天线不同位置处的电阻值。

由于篇幅关系，电阻加载蝶形天线的设计与仿真在此不再详细描述，留作课后设计作业。

5.3.4.2　Vivaldi 天线设计

图 5-55 所示的是一种典型的 Vivaldi 天线结构，其主要由两部分组成，第一部分是微带-槽线转换巴伦，第二部分是由渐变槽线构成的辐射器。这两部分的设计分别决定了天线的阻抗和辐射性能。下面的设计过程将主要围绕这两个部分进行。

1. 超宽带微带-槽线转换巴伦

微带是在微带介质基板的一面覆盖金属地板，另一面刻蚀电路形状的平面传输线，具有体积小、质量小、成本低、便于大规模生产、易于和无源/有源元器件集成等优点，广泛应用在微波毫米波混合集成电路中。Vivaldi 天线的辐射部分是由渐变槽线构成的，槽线从结构上属于平衡传输线，而微带属于不平衡传输线，所以需要平衡-不平衡转换器（Balanced to Unbalanced Transformer），即巴伦在二者之间实现过渡。另外，微带的特性阻抗较低，一般在十几欧姆到 100Ω 之间，槽线则属于高阻传输线，特性阻抗通常在 100Ω 以上，因此巴伦也需要起到阻抗匹配的作用。

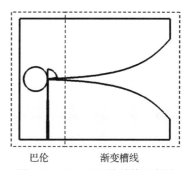

巴伦　　　渐变槽线

图 5-55　Vivaldi 天线结构示意图

一种常见的微带–槽线转换巴伦结构如图 5-56（a）所示。背面的槽线与正面的微带正交，微带与槽线相交后延伸四分之一导波波长，终端开路，槽线与微带相交后延伸四分之一槽线导波波长，终端短路。由于微带与槽线的传播模式不同，因此其同一频率的导波波长也有一定差异，设计时需要注意。图 5-56（b）所示的是其对应的等效电路。X_{0s} 表示短路槽线引入的电感分量，C_{0c} 表示开路微带终端引入的电容分量。Z_{0s} 和 Z_{0m} 分别表示槽线和微带的特性阻抗。θ_s 和 θ_m 分别表示槽线和微带相交后延伸的电长度。变比为 n 的变压器表示微带与槽线之间的电磁耦合强度。

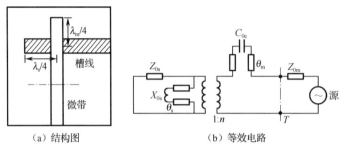

（a）结构图　　　　　　　（b）等效电路

图 5-56　微带–槽线转换巴伦

经过简化，图 5-56（b）所示的等效电路可以重画为图 5-57（a）所示的形式。jX_s、jX_m 和 n 的计算公式如式（5-45）～式（5-48）所示。

$$jX_s = Z_{0s} \frac{jX_{0s} + jZ_{0s}\tan\theta_s}{Z_{0s} - X_{0s}\tan\theta_s} \tag{5-45}$$

$$jX_m = Z_{0m} \frac{1/j\omega C_{0c} + jZ_{0m}\tan\theta_m}{Z_{0m} + \tan\theta_s/\omega C_{0c}} \tag{5-46}$$

$$Z_{0s} = n^2 Z_{0m} \tag{5-47}$$

$$\begin{cases} n = \cos\left(2\pi\frac{H}{\lambda_0}u\right) - \cot(q_0)\sin\left(2\pi\frac{H}{\lambda_0}u\right) \\ q_0 = 2\pi\frac{H}{\lambda_0}u + \arctan\left(\frac{u}{v}\right) \\ u = \sqrt{\varepsilon_r - \left(\frac{\lambda_0}{\lambda_s}\right)^2} \\ v = \sqrt{\left(\frac{\lambda_0}{\lambda_s}\right)^2 - 1} \end{cases} \tag{5-48}$$

式（5-48）中，H 表示微带介质基板的厚度，ε_r 表示微带介质基板的相对介电常数，λ_0 表示中心频率对应的自由空间波长，λ_s 表示中心频率对应的槽线导波波长。

经过转换，从微带输入端看进去的等效电路如图 5-57（a）所示，图中 R、X 和 VSWR 的计算公式分别为

$$R = n^2 \frac{Z_{0s}X_s^2}{Z_{0s}^2 + X_s^2} \tag{5-49}$$

$$X = n^2 \frac{Z_{0s}^2 X_s}{Z_{0s}^2 + X_s^2} \tag{5-50}$$

$$\text{VSWR} = \frac{R - Z_{0m} + j(X_m + X)}{R + Z_{0m} + j(X_m + X)} \tag{5-51}$$

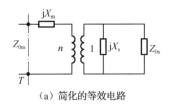
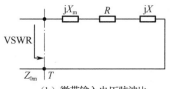

（a）简化的等效电路　　　　　（b）微带输入电压驻波比

图 5-57　简化的等效电路及输入电压驻波比

由于传统的微带-槽线转换巴伦中包含与波长相关的部分，因此其本质上属于窄带元器件。Schuppert 曾经在扩展其带宽方面进行过专门的讨论。根据他的研究结果，通过控制微带和槽线间的互耦，使得两者引入的感抗和容抗相互抵消，可以有效地扩展带宽。他提出了一种四分之一波长半径的扇形微带谐振腔和圆形槽线谐振腔结构，得到了带宽为 1～16GHz 的超宽带微带-槽线转换巴伦，如图 5-58 所示。

设计带宽为 0.5～3.9GHz 的超宽带 Vivaldi 天线，首先需要设计满足此要求的微带-槽线转换巴伦，其对应的中心频率为 2.2GHz。在这里选用厚度为 1.5mm，相对介电常数为 2.65 的聚四氟乙烯

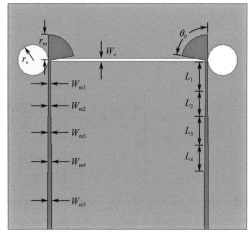

图 5-58　扇形微带谐振腔

介质基板。槽线缝隙宽度与天线的辐射性能有关，这里暂时取 0.5mm，其导波波长 λ_s 和特性阻抗 Z_{0s} 可以根据下式进行计算。

当 $0.02 \leqslant W_s/H \leqslant 0.2$ 时，

$$\lambda_s/\lambda_0 = 0.923 - 0.448 \log \varepsilon_r + 0.2 W_s/H - (0.29 W_s/H + 0.047) \log(H/\lambda_0 \times 10^2)$$

$$
\begin{aligned}
Z_{0s} =\ & 72.62 - 35.19 \log \varepsilon_r + 50 \frac{(W_s/H - 0.02)(W_s/H - 0.1)}{W_s/H} + \\
& \log(W_s/H \times 10^2)[44.28 - 19.58 \log \varepsilon_r] - \\
& [0.32 \log \varepsilon_r - 0.11 + W_s/H(1.07 \log \varepsilon_r + 1.44)] \cdot \\
& (11.4 - 6.07 \log \varepsilon_r - H/\lambda_0 \times 10^2)^2
\end{aligned}
\tag{5-52}
$$

当 $0.2 < W_s/H \leqslant 1$ 时，

$$\lambda_s/\lambda_0 = 0.987 - 0.483 \log \varepsilon_r + W_s/H(0.111 - 0.0022\varepsilon_r) - (0.121 + 0.094 W_s/H - 0.0032\varepsilon_r) \log(H/\lambda_0 \times 10^2)$$

$$
\begin{aligned}
Z_{0s} =\ & 113.19 - 53.55 \log \varepsilon_r + 1.25 W_s/H(114.59 - 51.88 \log \varepsilon_r) + \\
& 20(W_s/H - 0.2)(1 - W_s/H) - \\
& [0.15 + 0.23 \log \varepsilon_r + W_s/H(2.07 \log \varepsilon_r - 0.79)] \cdot \\
& [10.25 - 5 \log \varepsilon_r + W_s/H(2.1 - 1.42 \log \varepsilon_r) - H/\lambda_0 \times 10^2]^2
\end{aligned}
\tag{5-53}
$$

式中，W_s 表示槽线缝隙宽度。代入参数后计算得到中心频率为 2.2GHz 时的槽线导波波长 λ_s 为 114mm，特性阻抗 Z_{0s} 为 95Ω。由式（5-48）得到 $n=1.1$，需要转换的微带特性阻抗 $Z_{0m}=78.5\Omega$。由微带的特性阻抗和介质基板的参数计算微带尺寸和对应的微带导波波长，公式如下：

$$\frac{W_m}{H} = \begin{cases} \dfrac{8e^A}{e^{2A}-2}, & \dfrac{W_m}{H} \leqslant 2 \\ \dfrac{2}{\pi}\left\{ B-1-\ln(2B-1)+\dfrac{\varepsilon_r+1}{2\varepsilon_r}\left[\ln(B-1)+0.39-\dfrac{0.61}{\varepsilon_r}\right]\right\}, & \dfrac{W_m}{H} > 2 \end{cases} \quad (5\text{-}54)$$

$$A-\frac{Z_{0m}}{60}\sqrt{\frac{\varepsilon_r+1}{2}}+\frac{\varepsilon_r-1}{\varepsilon_r+1}\left(0.23+\frac{0.11}{\varepsilon_r}\right) \quad (5\text{-}55)$$

$$B=\frac{377\pi}{2Z_{0m}\sqrt{\varepsilon_r}} \quad (5\text{-}56)$$

$$\lambda_m=\frac{\lambda_0}{\sqrt{\varepsilon_e}} \quad (5\text{-}57)$$

$$\varepsilon_e = \begin{cases} \dfrac{\varepsilon_r+1}{2}+\dfrac{\varepsilon_r-1}{2}\left[\left(2+\dfrac{12H}{W_m}\right)^{-1/2}+0.041\left(1-\dfrac{W_m}{H}\right)^2\right], & W_m/H \leqslant 1 \\ \dfrac{\varepsilon_r+1}{2}+\dfrac{\varepsilon_r-1}{2}\left(1+\dfrac{12H}{W_m}\right)^{-1/2}, & W_m/H > 1 \end{cases} \quad (5\text{-}58)$$

式中，W_m 为微带宽度；Z_{0m} 为微带特性阻扰；λ_m 为微带导波波长；ε_e 表示等效相对介电常数。计算可得微带宽度为 1.9mm，中心频率对应的微带导波波长为 94mm。由于槽线特性阻抗较高，因此经过巴伦转换后的微带特性阻抗也较高，为了与电路中特性阻抗为 50Ω 的微带匹配，需要增加一段阻抗变换电路，这里使用了一个 5 阶 Chebyshev 宽带阻抗变换器，由于设计方法成熟，因此直接给出计算结果。

综合上面的计算结果，除微带终端张角 θ_0 外，最终得到微带-槽线转换巴伦的尺寸参数为 W_s=0.5mm，r_m=24mm，r_s=14mm，W_{m1}=1.9mm，W_{m2}=2.3mm，W_{m3}=2.8mm，W_{m4}=3.4mm，W_{m5}=4.1mm，L_1=23.5mm，L_2=23.4mm，L_3=23.2mm，L_4=23mm。

对于 θ_0，主要采用全波仿真的方法对其进行研究。图 5-59 所示的是使用 CST 软件仿真得到的当 θ_0 分别取 60°、80°、100° 和 120° 时的 $|S_{11}|$ 和 $|S_{21}|$ 参数。

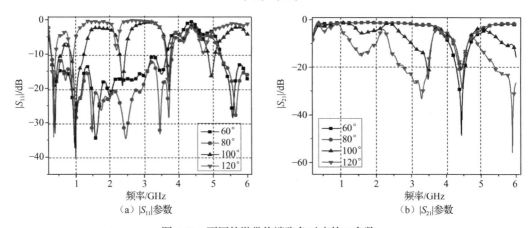

（a）$|S_{11}|$参数 　　　　　　　（b）$|S_{21}|$参数

图 5-59　不同的微带终端张角对应的 S 参数

从图 5-59 中可以看出，当 θ_0 取值过大，如 100° 和 120° 时，由于微带与背面的槽线相交，性能恶化明显，当取值过小，如 60° 时，性能也会受到一定影响，所以最终 θ_0 取折中值 80°。

2．指数渐变槽线辐射器

完成微带-槽线转换巴伦的设计后，下一步需要进行渐变槽线的设计。由于天线的有效辐射区在渐变槽线内，因此这一部分设计的成功与否将直接影响天线的辐射性能。

如图 5-60 所示，Vivaldi 天线的辐射部分是由一个宽度按指数函数逐渐展开的槽线构成的。槽线张开的最大宽度为 W_{L}，最小宽度为 W_{H}，过渡长度为 L。指数渐变线的函数表达式为

$$y = A \times \mathrm{e}^{Bx} + C \tag{5-59}$$

其中，

$$A = W_{\mathrm{L}} \frac{1}{D \times \mathrm{e}^2} \tag{5-60a}$$

$$B = \ln\left[\frac{D \times \mathrm{e}^2}{W_{\mathrm{L}}} \times \left(\frac{W_{\mathrm{L}}}{2} + \frac{W_{\mathrm{L}}}{3 \times \mathrm{e}^2 - W_{\mathrm{H}}/2}\right)\right] \times \frac{1}{L} \tag{5-60b}$$

$$C = \frac{W_{\mathrm{H}}}{2} - \frac{W_{\mathrm{L}}}{D \times \mathrm{e}^2} \tag{5-60c}$$

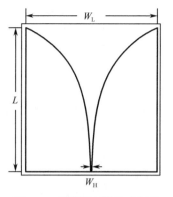

图 5-60　指数渐变槽线示意图

可以看到，天线的指数渐变曲线由 D、W_{H}、W_{L} 和 L 确定。D 为一个与曲线变化速度相关的常数，取值越小，指数渐变曲线变化的速度越快，更接近一条直线；取值越大，曲线变化的速度越缓慢。按照工程经验，W_{L} 的取值一般为天线低频截止频率波长的 1/2，W_{H} 的取值为天线高频截止频率波长的 1/50，L 的取值为天线中心频率波长的 2～3 倍。

设计的天线带宽为 0.5～4GHz，低频截止频率波长为 600mm，高频截止频率波长为 75mm，中心频率波长为 150mm。按照上面提到的设计准则，取 W_{L}=300mm，W_{H}=1.5mm，L=300mm。D 的取值关系到曲线的变化率，也是影响天线辐射性能的重要参数之一。但是对其进行解析计算比较困难，因此使用数值仿真的方法进行研究。

仿真时微带介质基板的厚度为 1.5mm，相对介电常数为 2.65。图 5-61 是当 W_{L}、W_{H} 和 L 取前面规定的值，D 分别取 5、15 和 30 时天线 S 参数和增益的变化情况。

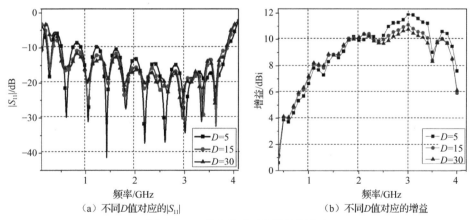

（a）不同 D 值对应的 $|S_{11}|$ 　　　　　　（b）不同 D 值对应的增益

图 5-61　D 的取值对天线性能的影响

从图 5-61 中可以看到，D 取值为 5 时低频的 S 参数较差，大于-10dB；D 取值为 15 和 30 时，S 参数效果较好，所以首先排除了 D=5 这种情况。对于增益，随着 D 取值的增大，低频增益变大，高频增益变小。将 D=15 和 D=30 两种情况进行对比，D 取 15 时的低频增益与 D 取 30 时的低频增益相比略有变小，但变化不大，小于 0.2dBi；而 D 取 15 时的高频增益明显比 D 取 30 时的高频增益大，平均大 0.5dBi。综合 S 参数和增益，最终取 D=15。

3. 天线的加工与测试

完成指数渐变曲线的设计后，将其与前面设计的微带-槽线转换巴伦组合并进行一些微调，就完成了整个天线的设计。最终的天线实物如图 5-62 所示。天线尺寸为 385mm×300mm，微带介质基板的厚度为 1.5mm，材料为聚四氟乙烯，相对介电常数为 2.65。

完成天线的加工后，对其进行测试，图 5-63 为 S 参数的仿真和测试结果对比图。从图中可以看出，二者吻合得很好，−10dB 带宽为 0.48～3.9GHz，约 3 个倍频程。

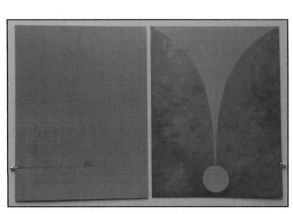

图 5-62　Vivaldi 天线实物照片

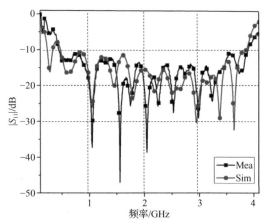

图 5-63　天线 S 参数的仿真与测试结果对比图

图 5-64 是几个典型频率处天线 E 面和 H 面方向图的仿真与测试结果对比，几个典型频率分别为 0.8GHz、1.5GHz、2.5GHz 和 3.5GHz，仿真与测试结果吻合得很好。

图 5-65 给出的是天线仿真与测试的增益对比。在 2.8GHz 以下二者吻合得很好，在 2.9～3.4GHz 有一些误差，测试增益最多比仿真值低 1dBi。测试结果在 1.5GHz 以上增益都大于 9dBi。

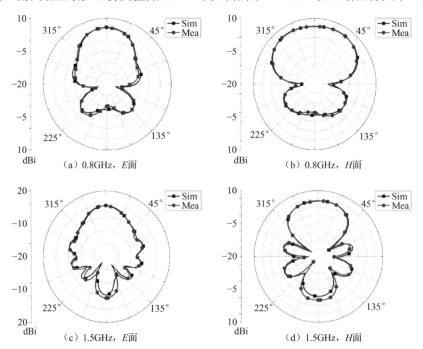

（a）0.8GHz，E面　　（b）0.8GHz，H面

（c）1.5GHz，E面　　（d）1.5GHz，H面

图 5-64　不同频点处 E 面和 H 面方向图的仿真与测试结果

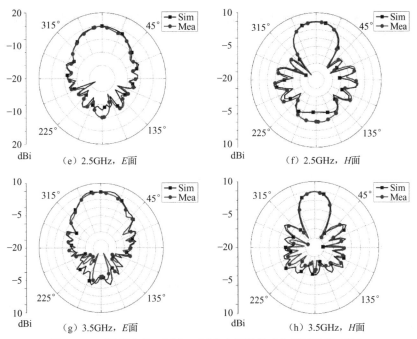

（e）2.5GHz，*E*面

（f）2.5GHz，*H*面

（g）3.5GHz，*E*面

（h）3.5GHz，*H*面

图 5-64 不同频点处 *E* 面和 *H* 面方向图的仿真与测试结果（续）

4. 天线时域特性研究

虽然从上面的频域结果看，天线性能满足预期的要求，但对于辐射冲激信号的时域天线来说，频域结果并不能直观地评估天线的性能。由于冲激信号具有非常宽的频谱，而天线的阻抗、时域方向图等在宽频带内会有明显变化，因此在某一特定的脉冲信号激励下，天线的时域特性是其各个频率处的阻抗和辐射特性与激励信号频谱加权平均的结果。因此天线的时域特性是由天线和脉冲源共同决定的，即使相同的天线，在不同的脉冲源激励下也可能表现出截然不同的特性，这是时域天线与频域天线的一个显著区别。

为了研究天线的时域特性，在仿真时做了如下设置。如图 5-66 所示，在天线的 *E* 面和 *H* 面，距离天线 3m 的地方放置一圈时域电场探针，每两个时域电场探针之间角度相差 5°，时域电场探针方向与天线的电场极化方向相同。设置天线的激励信号为脉冲源产生的实际信号波形。仿真结束后记录各个时域电场探针接收到的波形，并代入式（5-35）～式（5-38），计算天线的时域方向图及波形保真系数等技术指标。

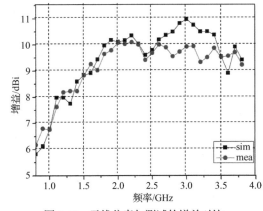

图 5-65 天线仿真与测试的增益对比

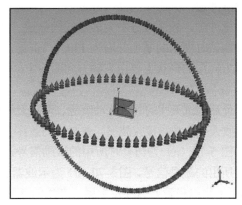

图 5-66 天线时域特性的仿真设置

图 5-67 是利用图 5-66 设置各个方向上的时域电场探针仿真数据，并由式（5-38）计算得到的天线 E 面和 H 面的波形保真系数。

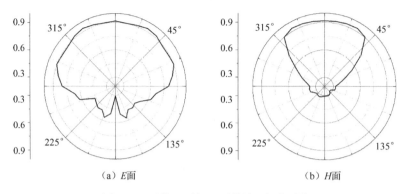

(a) E 面　　　　　　　　　　(b) H 面

图 5-67　天线 E 面与 H 面的波形保真系数

从图 5-67 可以看出，天线的保真性能很好，E 面的波形保真系数在±70°之内都大于 0.9，H 面稍差，但是也可以保证在±50°之内大于 0.9，在很大的范围内都能够保证优良的时域波形保真性能。

图 5-68 是利用时域电场探针仿真数据由式（5-35）计算得到的 E 面和 H 面的时域方向图。

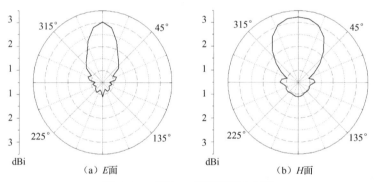

(a) E 面　　　　　　　　　　(b) H 面

图 5-68　E 面与 H 面的时域方向图

从图 5-68 可以看到，时域方向图和任何一个频率的方向图都不完全相同，而是激励信号的频谱与天线各个频率的方向图加权平均的结果。天线高频增益较高，低频增益较低，如果使用脉宽窄的脉冲源，频谱中的高频分量多，时域方向图的形状会更接近高频时的方向图。如果使用脉宽大的脉冲源，频谱成分中大多是低频分量，则时域方向图的形状更接近低频时的方向图。由于仿真和测试时使用的是上升沿为 130ps，带宽为 2.7GHz 的脉冲信号，频谱中含有大量的高频成分，时域方向图的形状主要由高频方向图决定。E 面 3dB 扫描波束宽度为 50°，H 面 3dB 扫描波束宽度为 66°。

最后测试天线的时域脉冲响应。两只天线相距 3m 并正对放置，一只作为发射天线，另一只作为接收天线，观测接收波形，并与相同条件下的仿真结果进行对比，测试现场如图 5-69 所示。

图 5-70（a）为仿真时所用的激励信号，图 5-70（b）为仿真的接收波形，图 5-70（c）为测试时所用的激励信号，图 5-70（d）为示波器的接收波形。测试使用的信号源是实验室自制的 SRD（阶跃恢复二极管）脉冲发生器，产生的脉冲上升沿约 130ps，幅度为 12V，带宽为 2.7GHz。接收信号使用 Agilent 公司生产的宽带高速实时示波器 Infinium 54855A 观测，示波器的模拟带宽为 6GHz，实时采样率为 20GBit/s。

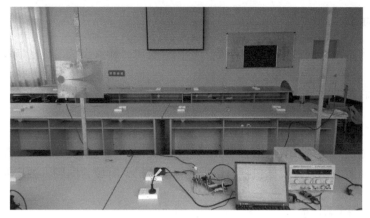

图 5-69　天线接收波形测试现场

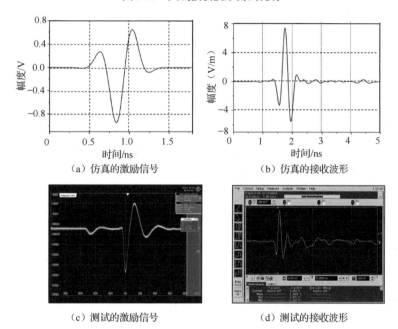

（a）仿真的激励信号　　　　　　（b）仿真的接收波形

（c）测试的激励信号　　　　　　（d）测试的接收波形

图 5-70　仿真与测试的激励信号和接收波形对比

从图 5-70 所示的结果可以看出，测试结果与仿真波形吻合得很好，拖尾和振铃信号较小，天线具有优良的波形保真性能。

5.4　实验内容及步骤

5.4.1　实验内容

5.4.1.1　微带窄带天线

微带窄带天线的测试，测试参数包括 S 参数、电压驻波比、输入阻抗及史密斯圆图。

5.4.1.2　微带宽带天线

微波宽带天线的测试，测试参数包括 S 参数、电压驻波比、输入阻抗及史密斯圆图。

微波宽带天线方向图的测试，具体包括主瓣方向测试、第一副瓣电平测试、第一辐射零点测试。

5.4.1.3　阵列天线

阵列天线的测试，测试参数包括 S 参数、电压驻波比、输入阻抗、史密斯圆图及单元间的耦合系数。

阵列天线方向图的测试，测试参数包括有源单元方向图、合成方向图等。

5.4.1.4　时域天线

时域天线的测试，测试参数包括 S 参数、电压驻波比、输入阻抗及史密斯圆图。

时域天线方向图的测试，具体包括时域天线辐射波形、时域方向图、波形保真系数。

5.4.2　实验测试系统

5.4.2.1　微带窄带天线

（1）选用图 5-71 所示的矢量网络分析仪，设置矢量网络分析仪的带宽，对仪器进行校准；

（2）按照图 5-71 的连接方式进行连接；

（3）对微带窄带天线进行 S 参数、电压驻波比、输入阻抗及史密斯圆图的测试。

5.4.2.2　微带宽带天线

（1）选用图 5-71 所示的矢量网络分析仪，设置矢量网络分析仪的带宽，对仪器进行校准；

（2）按照图 5-71 的连接方式进行连接；

（3）对微带宽带天线进行测试，测试参数包括 S 参数、电压驻波比、输入阻抗及史密斯圆图；

（4）按照图 5-72 的连接方式对微波宽带天线的方向图进行测试，具体包括主瓣方向测试、第一副瓣电平测试、第一辐射零点测试。

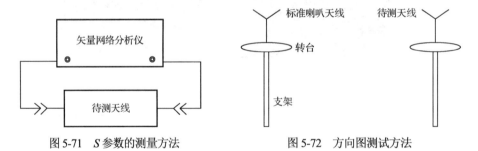

图 5-71　S 参数的测量方法　　　　图 5-72　方向图测试方法

5.4.2.3　阵列天线

（1）选用图 5-71 所示的矢量网络分析仪，设置矢量网络分析仪的带宽，对仪器进行校准；

（2）按照图 5-71 的连接方式进行连接；

（3）对阵列天线进行测试，测试参数包括 S 参数、电压驻波比、输入阻抗、史密斯圆图及单元间的耦合系数；

（4）按照图 5-72 的连接方式对阵列天线方向图进行测试，具体包括有源单元方向图、合成方向图等。

5.4.2.4　时域天线

（1）选用图 5-71 所示的矢量网络分析仪，设置矢量网络分析仪的带宽，对仪器进行校准；

（2）按照图 5-71 的连接方式进行连接；

（3）对时域天线进行测试，测试参数包括 S 参数、电压驻波比、输入阻抗及史密斯圆图；

（4）按照图 5-73 的连接方式对时域天线方向图进行测试，具体包括时域天线辐射波形、时域方向图、波形保真系数。

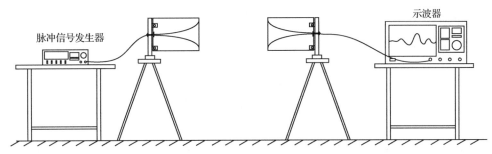

图 5-73　时域方向图及波形保真系数测量

5.4.3　实验步骤

5.4.3.1　微带窄带天线

（1）开启矢量网络分析仪，预热 10～20 分钟；

（2）设置矢量网络分析仪的参数，包括测试频率、测试点数等；

（3）对矢量网络分析仪进行校准；

（4）选择合适的电缆和微波转接头，按照图 5-71 连接测试系统，测试微带窄带天线的 S 参数、电压驻波比、输入阻抗及史密斯圆图；

（5）记录测试数据；

（6）观察 S 参数与史密斯圆图的关系，观察输入阻抗的实/虚部。

5.4.3.2　微带宽带天线

1．测试一

用矢量网络分析仪测试微带天线的 S 参数、电压驻波比、输入阻抗及史密斯圆图。

（1）开启矢量网络分析仪，预热 10～20 分钟；

（2）设置矢量网络分析仪的参数，包括测试频率、测试点数等；

（3）对矢量网络分析仪进行校准；

（4）选择合适的电缆和微波转接头，按照图 5-71 连接测试系统，测试微带宽带天线的 S 参数、电压驻波比、输入阻抗及史密斯圆图；

（5）记录测试数据；

（6）观察 S 参数与史密斯圆图的关系，观察输入阻抗的实/虚部。

2．测试二

测试天线的方向图参数。

（1）开启矢量网络分析仪，预热 10～20 分钟；

（2）设置矢量网络分析仪的参数，包括测试频率、测试点数等；

（3）对矢量网络分析仪进行校准；

（4）将标准喇叭天线连接矢量网络分析仪的端口 1，待测天线连接矢量网络分析仪的端口 2。

并将它们对准；

（5）测试开始，待测天线的转台开始转动，从矢量网络分析仪上读取数据，并记录数据；

（6）整理数据，描绘待测天线的方向图。

5.4.3.3 阵列天线

1．测试一

用矢量网络分析仪测试阵列天线的 S 参数、电压驻波比、输入阻抗、史密斯圆图和单元间的耦合系数。

（1）开启矢量网络分析仪，预热 10～20 分钟；

（2）设置矢量网络分析仪的参数，包括测试频率、测试点数等；

（3）对矢量网络分析仪进行校准；

（4）选择合适的电缆和微波转接头，按照图 5-71 连接测试系统，测试阵列天线的 S 参数、电压驻波比、输入阻抗及史密斯圆图；

（5）记录测试数据；

（6）观察 S 参数与史密斯圆图的关系，观察输入阻抗的实/虚部。

2．测试二

测试阵列天线不同单元的有源方向图。

（1）开启矢量网络分析仪，预热 10～20 分钟；

（2）设置矢量网络分析仪的参数，包括测试频率、测试点数等；

（3）对矢量网络分析仪进行校准；

（4）将标准喇叭天线连接矢量网络分析仪的端口 1，待测阵列天线的不同单元分别连接矢量网络分析仪的端口 2，并将它们对准；

（5）测试开始，待测天线的转台开始转动，从矢量网络分析仪上读取数据，并记录数据；

（6）整理数据，描绘待测天线的有源方向图。

3．测试三

测试阵列天线的方向图。

（1）开启矢量网络分析仪，预热 10～20 分钟；

（2）设置矢量网络分析仪的参数，包括测试频率、测试点数等；

（3）对矢量网络分析仪进行校准；

（4）将标准喇叭连接矢量网络分析仪的端口 1，待测阵列天线端接微波功分器后，连接到矢量网络分析仪的端口 2，并将它们对准；

（5）测试开始，待测阵列天线的转台开始转动，从矢量网络分析仪上读取数据，并记录数据；

（6）整理数据，描绘待测天线的方向图。

4．测试四

电波传播测试。

（1）将标准喇叭天线进行馈电，对准待测天线；

（2）将待测天线进行馈电，对准标准喇叭天线；

（3）测试开始后，待测天线的转台开始转动；

（4）记录数据。

5.4.3.4　时域天线

1. 测试一

用矢量网络分析仪测试时域天线的 S 参数、电压驻波比、输入阻抗、史密斯圆图。

（1）开启矢量网络分析仪，预热 10～20 分钟；

（2）设置矢量网络分析仪的参数，包括测试频率、测试点数等；

（3）对矢量网络分析仪进行校准；

（4）选择合适的电缆和微波转接头，按照图 5-71 连接测试系统，测试时域天线的 S 参数、电压驻波比、输入阻抗及史密斯圆图；

（5）记录测试数据；

（6）观察 S 参数与史密斯圆图的关系，观察输入阻抗的实/虚部。

2. 测试二

测试时域天线的频域方向图。

（1）将标准喇叭天线进行馈电，对准待测天线；

（2）将待测天线进行馈电，对准标准喇叭天线；

（3）测试开始后，待测天线的转台开始转动；

（4）记录数据。

3. 测试三

测试时域天线的时域方向图、波形保真系数。

（1）开启信号发生器和示波器，预热 10～20 分钟；

（2）设置信号发生器和示波器的参数；

（3）按照图 5-73 连接设备；

（4）启动信号发生器，使用示波器观测接收信号的波形；

（5）记录波形数据；

（6）转动转台，记录不同角度下接收天线的信号；

（7）旋转一周后，根据测试结果计算并画出天线的时域方向图和波形保真系数。

5.4.4　注意事项

（1）为确保测试准确，应在仪器开机后预热 10～20 分钟再进行测试；

（2）开启仪器时，检查仪器仪表接地是否良好，测试过程中应佩戴接地手环；

（3）完成仪器校准后，应保持校准时所用的连接电缆和接头不变更；

（4）测试过程中应始终保持电缆和转接连接器的各个接头拧紧，严禁对电缆进行弯折。

5.5　总结与思考

5.5.1　总结

（1）写明学号、姓名、班级及实验名称；

（2）结合微带天线的基本原理，写出微带天线的设计步骤；

（3）对有设计的题目简略写出在 CST 软件优化仿真的步骤及运行结果，并附图；

（4）写出实验的心得体会；

（5）提交实验报告。

5.5.2　思考

5.5.2.1　微带窄带天线

（1）使用 CST 软件，设计一款中心频率在 2.45GHz 的微带贴片天线，要求工作在 TM_{10} 谐振模式。

（2）使用 CST 软件，设计一款中心频率在 2.45GHz 的微带贴片天线，要求工作在 TM_{20} 谐振模式。

（3）使用 CST 软件，设计一款中心频率在 2.45GHz 的微带贴片天线，要求工作在 TM_{11} 谐振模式。

5.5.2.2　微带宽带天线

（1）使用 CST 软件，设计一款中心频率在 2～4GHz 的微带背馈宽带天线。

（2）使用 CST 软件，设计一款中心频率在 2～8GHz 的单极子宽带天线。

（3）使用 CST 软件，设计一款中心频率在 2～8GHz 的矩形喇叭天线。

5.5.2.3　阵列天线

使用 CST 软件，设计一款中心频率在 3GHz 的，主模为 TM_{10} 的 1×4 微带贴片天线线阵。

5.5.2.4　时域天线

（1）设计一款集总电阻加载的蝶形天线，工作频带为 300～800MHz，馈电脉冲为半峰值脉宽 1ns 的高斯脉冲，要求主辐射方向的信号拖尾及振铃幅度小于主脉冲信号幅度的 1/10，持续时间小于主脉冲信号持续时间的 1.5 倍。

（2）设计一款集总电阻加载的平面偶极子天线，工作频带为 100～500MHz，馈电脉冲为半峰值脉宽 5ns 的高斯脉冲，要求主辐射方向的信号拖尾及振铃幅度小于主脉冲信号幅度的 1/10，持续时间小于主脉冲信号持续时间的 2 倍。

（3）设计一款 Vivaldi 天线，工作频带为 0.5～3GHz，馈电脉冲为半峰值脉宽 500ps 的高斯脉冲，要求主辐射方向的信号拖尾及振铃幅度小于主脉冲信号幅度的 1/10，持续时间小于主脉冲信号持续时间的 1 倍。

第**6**章

微波放大器的设计及测试

6.1 实验目的

（1）了解微波小信号放大器与微波功率放大器的主要技术指标，熟悉微波放大器的基本工作原理；

（2）了解用 ADS 软件设计微波小信号放大器和微波功率放大器的方法；

（3）掌握并测试微波小信号放大器的工作频带、增益、增益平坦度、回波损耗、输出 1dB 压缩点功率、三阶互调失真比等主要技术指标，微波功率放大器的工作频带、小信号增益、增益、小信号增益平坦度、功率增益平坦度、回波损耗、输出 1dB 压缩点功率、三阶互调截止点、饱和输出功率、功率附加效率等主要技术指标，与仿真结果比较，分析实际制作中哪些因素会影响设计技术指标。

6.2 微波放大器概述

微波放大器是微波系统最基本的组成部分之一，微波放大器按照用途可分为微波小信号放大器和微波功率放大器，其中微波小信号放大器又可分为低噪声放大器、增益放大器、驱动放大器等多种类型。虽然真空电子管仍被广泛地应用于高功率微波放大电路中，但是在多数射频和微波放大器的设计中，通常采用的是微波晶体管，如场效应晶体管（FET）、金属半导体场效应晶体管（MESFET）、高电子迁移率晶体管（HEMT）、双极性晶体管（BJT）和异质结双极性晶体管（HBT）等。本章重点介绍了微波小信号放大器及微波功率放大器的设计及测试。

微波晶体管放大器设计的任务主要是在一定频率范围内，选定适当的直流偏置电路，设计输入匹配网络、输出匹配网络，使其满足一定的增益、噪声系数、输出功率、输入（出）电压驻波比等要求。如图 6-1 所示，微波晶体管放大器由 4 部分组成：二端口有源电路、输入匹配网络、

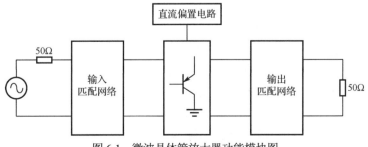

图 6-1 微波晶体管放大器功能模块图

输出匹配网络及直流偏置电路。一般而言，二端口有源电路一般采用双极性晶体管或场效应晶体管，而输入匹配网络、输出匹配网络大多采用无源电路，即利用电容、电感或传输线来设计电路。

在微波晶体管放大器的设计中，常始于指标要求和微波晶体管的选择，设计内容包含直流偏置电路、电路的稳定性、增益、输出功率、工作频带、噪声系数等技术指标。

6.2.1　微波放大器的主要技术指标

在设计微波放大器电路之前需要确定微波放大器的技术指标，这些技术指标取决于系统的需求、元器件本身特性、微波放大器工作环境及工艺条件等因素。对微波小信号放大器，其主要技术指标包括工作频带、增益、增益平坦度、输入（出）电压驻波比、噪声系数与噪声温度等；而对于微波功率放大器，除上述技术指标外，设计者往往还需要关心输出功率、效率、谐波失真、互调失真等要求。

1. 工作频带

工作频带指微波放大器满足各项技术指标的工作频率范围。微波放大器实际的工作频带可能会大于定义的工作频带。

2. 增益

增益指微波放大器输出功率和输入功率的比值，单位常用"dB"表示。

$$G = 10\log\frac{P_{\text{out}}}{P_{\text{in}}} \tag{6-1}$$

式中，G 为微波放大器的增益；P_{in} 和 P_{out} 分别是微波放大器的输入功率和输出功率。

3. 增益平坦度

如图 6-2 所示，增益平坦度是指工作频带内功率增益的起伏，通常用最高增益 G_{max} 与最低增益 G_{min} 之差，即 ΔG 来表示。

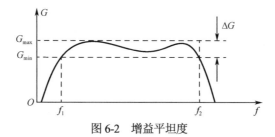

图 6-2　增益平坦度

4. 噪声系数与噪声温度

噪声系数的定义为输入信噪比与输出信噪比之间的比值，表示为

$$F = \frac{S_{\text{in}}/N_{\text{in}}}{S_{\text{out}}/N_{\text{out}}} = \frac{S_{\text{in}}/N_{\text{in}}}{S_{\text{in}}G/N_{\text{out}}} = \frac{N_{\text{out}}}{N_{\text{in}}G} \tag{6-2}$$

式中，F 表示微波放大器的噪声系数；S_{in} 和 N_{in} 分别是微波放大器输入端口的信号功率和噪声功率；S_{out} 和 N_{out} 分别是微波放大器输出端口的信号功率和噪声功率。

从式（6-2）可以看出，信号通过微波放大器之后，微波放大器产生的内部噪声使信噪比变差，信噪比下降的倍数就是噪声系数。通常噪声系数用分贝数表示为

$$N_F = 10\lg F \tag{6-3}$$

当微波放大器和源特性阻抗匹配时微波放大器输入端口的噪声功率 N_{in} 可表示为

$$N_{\text{in}} = kT_0\Delta f \tag{6-4}$$

式中，k 为玻尔兹曼常数；T_0 为绝对温度，通常取 293K ；Δf 为带宽。将此式代入式（6-2）得

$$F = \frac{N_{\text{out}}}{kT_0\Delta f G} \tag{6-5}$$

其中，微波放大器输入源特性阻抗在 T_0 时产生的热噪声功率为 $kT_0\Delta f$。微波放大器自身产生的噪声也可看作信号源内阻在温度 T_e 时的热噪声功率 $kT_e\Delta f$，这里可以把 T_e 理解为微波放大器的等效噪声温度。输出端口的噪声功率 N_{out} 可表示为

$$N_{\text{out}} = k(T_e + T_0)\Delta f G \tag{6-6}$$

将式（6-6）代入式（6-5），得

$$F = \frac{T_e + T_0}{T_0} = 1 + \frac{T_e}{T_0} \tag{6-7}$$

移项即可得到微波放大器噪声温度 T_e 和噪声系数 F 的关系为

$$T_e = T_0(F - 1) \tag{6-8}$$

5. 1dB 压缩点功率

微波放大器有一个线性动态范围，在这个范围内，微波放大器的输出功率随输入功率线性增大，微波放大器工作在线性放大区。如图 6-3 所示，随着输入功率的继续增大，微波放大器进入非线性区，其输出功率不再随输入功率的增大而线性增大，也就是说，其输出功率低于小信号增益所预计的值。通常把增益下降到比线性增益低 1dB 时对应的输出功率值定义为输出 1dB 压缩点功率，用 $P_{\text{out-1dB}}$ 表示，此时对应的输入功率为输入 1dB 压缩点功率，用 $P_{\text{in-1dB}}$ 表示。

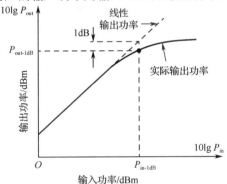

图 6-3　微波放大器的输出 1dB 压缩点功率

6. 饱和输出功率

当微波功率放大器的输入功率加大到某一值后，再加大输入功率并不会改变输出功率的大小，该输出功率称为微波功率放大器的饱和输出功率。

7. 三阶互调失真比和三阶互调截止点

当两个频率十分接近的信号输入到微波放大器时，由于元器件的非线性产生众多的频率分量 $m\omega_1 \pm n\omega_2$（$m, n = 1, 2, 3\cdots$），其中，$2\omega_1 - \omega_2$ 和 $2\omega_2 - \omega_1$ 两个频率分量最接近主频率 ω_1 和 ω_2，这两个频率分量称为三阶互调分量，如图 6-4 所示。

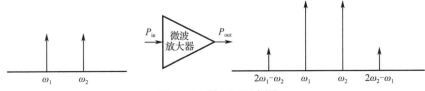

图 6-4　三阶互调示意图

设三阶互调分量的功率为 P_3，信号 ω_1 或 ω_2 的功率为 P_1，则三阶互调失真比定义为

$$P_{\text{IMR}} = 10\lg \frac{P_3}{P_1} \qquad (\text{dBc}) \tag{6-9}$$

常用三阶互调截止点 IP3（Third-order Intercept Point）来说明三阶互调失真的程度。如图 6-5 所示，$10\lg G_{\text{P1}}$ 为基波分量的输出功率，$10\lg G_{\text{P3}}$ 为三阶互调分量的输出功率。三阶互调截止点 IP3 定义为三阶互调功率达到和基波功率相等的点，此点对应的输入功率表示为输入三阶互调截止点 IIP3，此点对应的输出功率表示为输出三阶互调截止点 OIP3。一般而言，微波放大器中常以 OIP3 为参考，微波混频器中常以 IIP3 为参考。

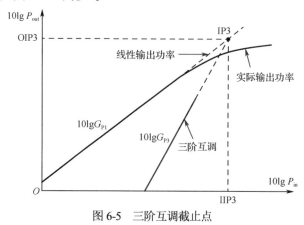

图 6-5　三阶互调截止点

8．功率效率和功率附加效率

微波功率放大器的功率效率 η_{p} 是微波功率放大器的射频输出功率 P_{out} 与供给晶体管的直流功率 P_{dc} 之比。它表示微波功率放大器把直流功率转换成射频功率的能力，定义为

$$\eta_{\text{p}} = \frac{P_{\text{out}}}{P_{\text{dc}}} \tag{6-10}$$

这种定义没有考虑微波功率放大器的功率增益。

功率附加效率 η_{PAE} 是输出功率 P_{out} 与输入功率 P_{in} 的差与电源输入功率 P_{dc} 之比，定义为

$$\eta_{\text{PAE}} = \frac{P_{\text{out}} - P_{\text{in}}}{P_{\text{dc}}} \tag{6-11}$$

功率附加效率 η_{PAE} 的定义中包含了功率增益的因素，当有比较大的功率增益时，$P_{\text{out}} \gg P_{\text{in}}$，此时 $\eta_{\text{p}} = \eta_{\text{PAE}}$。很明显，功率附加效率同样反映了直流功率转换成射频功率的能力。

9．输入（出）电压驻波比

微波放大器通常用于 50Ω 特性阻抗的微波系统中，输入（出）电压驻波比表示微波放大器输入端口特性阻抗和输出端口特性阻抗与系统要求特性阻抗（50Ω）的匹配程度，用下式表示：

$$\text{VSWR} = \frac{1 + \Gamma}{1 - \Gamma} \tag{6-12}$$

式中，Γ 为反射系数。

10．寄生杂波

寄生杂波是系统中不需要的那些信号，是微波放大器在放大过程中引起的一种信号失真，它与输入信号不是谐波关系。

11．工作电压/电流

工作电压/电流指微波放大器工作时需要供给的直流电源电压和微波放大器工作时要求供给

的直流电流。

6.2.2　微波放大器的基本工作原理

微波放大器从使用角度可分为微波低噪声放大器、微波增益放大器及微波功率放大器等多种类型，每一种类型的微波放大器都有各自的设计要求，但是也有共同的问题，例如，增益、反射系数、电路的稳定性等。图 6-6 给出了用场效应晶体管 S 参数表征的单级微波放大器示意图。

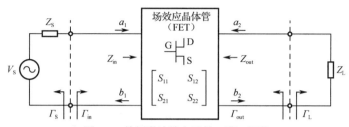

图 6-6　单级微波放大器的二端口网络

6.2.2.1　微波放大器的增益

根据微波网络理论，可以得知图 6-6 中的输入反射系数 Γ_{in} 和输出反射系数 Γ_{out} 分别表示为

$$\Gamma_{in} = S_{11} + \frac{S_{21}S_{12}\Gamma_L}{1 - S_{22}\Gamma_L} \tag{6-13}$$

$$\Gamma_{out} = S_{22} + \frac{S_{12}S_{21}\Gamma_S}{1 - S_{11}\Gamma_S} \tag{6-14}$$

式中，S_{11}、S_{12}、S_{21}、S_{22} 为微波晶体管的 S 参数。从式（6-13）和式（6-14）可以看出，Γ_{in} 是微波晶体管 S 参数和 Γ_L 的函数，Γ_{out} 是微波晶体管 S 参数和 Γ_S 的函数。微波放大器的增益有多种类型，如转换功率增益、资用功率增益、工作功率增益等。

1. 转换功率增益

转换功率增益 G_T 的定义为传递到负载的功率与信号源的资用功率之比。由转换功率增益的定义可以看出，转换功率增益定量地描述了插入在信号源与负载之间的微波放大器增益，其表达式为

$$G_T = \frac{负载吸收的功率}{信号源的资用功率} \tag{6-15}$$

根据图 6-6 可以推导出转换功率增益 G_T 为

$$G_T = \frac{(1-|\Gamma_L|^2)|S_{21}|^2(1-|\Gamma_S|^2)}{|(1-S_{11}\Gamma_S)(1-S_{22}\Gamma_L) - S_{21}S_{12}\Gamma_S\Gamma_L|^2} \tag{6-16}$$

可见转换功率增益 G_T 与微波晶体管的 S 参数和负载及信号源匹配状况（即 Γ_S 和 Γ_L）都有关系。当设计好输入匹配网络和输出匹配网络之后，使微波晶体管的输入端口和输出端口都处于共轭匹配，即当 $\Gamma_S = \Gamma_{in}^*$，$\Gamma_L = \Gamma_{out}^*$ 时，负载得到最大传输功率，此时 G_T 最大，达到双向共轭匹配。此时的功率增益为 $G_{T\,max}$，在微波电路设计软件中常用 MAG（Maximum Available Gain）表示。

根据式（6-13）、式（6-14）及式（6-16），我们可以导出两个转换功率增益的表达式。首先，将式（6-13）代入式（6-16），可得

$$G_T = \frac{(1-|\Gamma_L|^2)|S_{21}|^2(1-|\Gamma_S|^2)}{|1-\Gamma_S\Gamma_{in}|^2|1-S_{22}\Gamma_L|^2} \tag{6-17}$$

然后，将式（6-14）代入式（6-16），则有

$$G_T = \frac{(1-|\Gamma_L|^2)|S_{21}|^2(1-|\Gamma_S|^2)}{|1-\Gamma_L\Gamma_{out}|^2|1-S_{11}\Gamma_S|^2} \tag{6-18}$$

我们常用到的转换功率增益的近似表达式是所谓的单向转换功率增益 G_{TU}，单向转换功率增益忽略了微波放大器反馈效应的影响（$S_{12}=0$）。引入单向转换功率增益的概念后，式（6-18）可以简化为

$$G_{TU} = \frac{(1-|\Gamma_L|^2)|S_{21}|^2(1-|\Gamma_S|^2)}{|1-\Gamma_L S_{22}|^2|1-S_{11}\Gamma_S|^2} \tag{6-19}$$

2. 资用功率增益

转换功率增益的表达式是我们导出其他重要功率关系的基础。负载端口匹配条件下资用功率增益的定义是

$$G_A = G_T\big|_{\Gamma_L = \Gamma_{out}^*} = \frac{\text{微波放大器的资用功率}}{\text{信号源的资用功率}} \tag{6-20}$$

利用式（6-18），可推导出资用功率增益为

$$G_A = \frac{|S_{21}|^2(1-|\Gamma_S|^2)}{(1-|\Gamma_{out}^2|)|1-S_{11}\Gamma_S|^2} \tag{6-21}$$

3. 工作功率增益

工作功率增益的定义是负载吸收的功率与微波放大器输入功率的比值，表达式为

$$G = G_T\big|_{\Gamma_S = \Gamma_{in}^*} = \frac{\text{负载吸收的功率}}{\text{微波放大器的输入功率}} \tag{6-22}$$

由式（6-18）可得

$$G = \frac{|S_{21}|^2(1-|\Gamma_L|^2)}{(1-|\Gamma_{in}|^2)|1-S_{22}\Gamma_L|^2} \tag{6-23}$$

6.2.2.2 稳定性判别

微波放大器电路必须满足的首要条件之一是其在工作频段内保持稳定性。稳定性可利用两端口 S 参数来检验，取决于信号源和负载特性阻抗的情况，参数 S_{12} 和 S_{21} 可能会形成维持振荡的反馈环路。在一个理想放大器中，S_{12} 为零，微波放大器会无条件稳定。假如电路是无条件稳定的，则任意的信号源或负载可以接到电路的输入端口或输出端口而不会出现振荡。

如图 6-6 所示，我们将微波放大器视为一个二端口网络，该网络由微波晶体管的 S 参数及外部终端条件 Γ_S 和 Γ_L 决定。为保证无条件稳定，需同时满足下述不等式：

$$|S_{11}| < 1 \qquad |S_{22}| < 1 \tag{6-24}$$

$$|\Gamma_{in}| = \left| S_{11} + \frac{S_{21}S_{12}\Gamma_L}{1-S_{22}\Gamma_L} \right| < 1 \tag{6-25a}$$

$$|\Gamma_{out}| = \left| S_{22} + \frac{S_{12}S_{21}\Gamma_S}{1-S_{11}\Gamma_S} \right| < 1 \tag{6-25b}$$

利用 $\Delta = S_{11}S_{22} - S_{12}S_{21}$，式（6-25a）和式（6-25b）又可改写为

$$|\Gamma_{in}| = \left| \frac{S_{11} - \Gamma_L\Delta}{1-S_{22}\Gamma_L} \right| < 1 \tag{6-26a}$$

$$|\Gamma_{\text{out}}| = \left|\frac{S_{22} - \Gamma_{\text{S}}\varDelta}{1 - S_{11}\Gamma_{\text{S}}}\right| < 1 \tag{6-26b}$$

由于微波晶体管的 S 参数在特定的频率及静态工作点是固定值，因此影响电路稳定性的参量只有 Γ_{S} 和 Γ_{L}。

为考察微波放大器的输入端口、输出端口，我们将 S_{11}、S_{22}、$\varDelta$ 和 Γ_{L} 写成复数形式：

$$S_{11} = S_{11}^{\text{R}} + jS_{11}^{\text{I}}, \quad S_{22} = S_{22}^{\text{R}} + jS_{22}^{\text{I}}, \quad \varDelta = \varDelta^{\text{R}} + j\varDelta^{\text{I}}, \quad \Gamma_{\text{L}} = \Gamma_{\text{L}}^{\text{R}} + j\Gamma_{\text{L}}^{\text{I}} \tag{6-27}$$

将式（6-27）代入式（6-26a），整理之后得到输出稳定性判别圆方程为

$$(\Gamma_{\text{L}}^{\text{R}} - C_{\text{out}}^{\text{R}})^2 + (\Gamma_{\text{L}}^{\text{I}} - C_{\text{out}}^{\text{I}}) = r_{\text{out}}^2 \tag{6-28}$$

其中，圆的半径为

$$r_{\text{out}} = \frac{|S_{12}S_{21}|}{\left||S_{22}|^2 - |\varDelta|^2\right|} \tag{6-29}$$

圆心坐标为

$$C_{\text{out}} = C_{\text{out}}^{\text{R}} + jC_{\text{out}}^{\text{I}} = \frac{(S_{22} - S_{11}^*\varDelta)^*}{|S_{22}|^2 - |\varDelta|^2} \tag{6-30}$$

图 6-7（a）为输出稳定性判别圆的示意图。考察微波放大器的输入端口，将式（6-27）代入式（6-26b），整理之后得到输入稳定性判别圆方程为

$$(\Gamma_{\text{S}}^{\text{R}} - C_{\text{in}}^{\text{R}})^2 + (\Gamma_{\text{S}}^{\text{I}} - C_{\text{in}}^{\text{I}}) = r_{\text{in}}^2 \tag{6-31}$$

其中，圆的半径为

$$r_{\text{in}} = \frac{|S_{12}S_{21}|}{\left||S_{11}|^2 - |\varDelta|^2\right|} \tag{6-32}$$

圆心坐标为

$$C_{\text{in}} = C_{\text{in}}^{\text{R}} + jC_{\text{in}}^{\text{I}} = \frac{(S_{11} - S_{22}^*\varDelta)^*}{|S_{11}|^2 - |\varDelta|^2} \tag{6-33}$$

若在 Γ_{S} 平面画出该圆，则可以得到图 6-7（b）所示的结果。

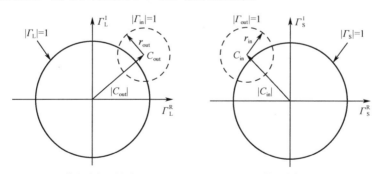

（a）输出稳定性判别圆　　　　（b）输入稳定性判别圆
图 6-7　复平面 Γ_{L} 上的稳定性判别圆及复平面 Γ_{S} 上的稳定性判别圆

如图 6-8 所示，若 $\Gamma_{\text{L}} = 0$，则 $|\Gamma_{\text{in}}| = |S_{11}|$，对于 $|S_{11}| < 1$ 或 $|S_{11}| > 1$，则必然存在两种不同的情况。若 $|S_{11}| < 1$，原点（$\Gamma_{\text{L}} = 0$ 点）是稳定区的一部分，如图 6-8（a）所示。然而，若 $|S_{11}| > 1$，匹配条件 $\Gamma_{\text{L}} = 0$ 会导致 $|\Gamma_{\text{in}}| = |S_{11}| > 1$，则原点成为非稳定区的一部分。在这种情况下，稳定区是图 6-8（b）中输出稳定性判别圆 $|\Gamma_{\text{in}}| = 1$ 和 $|\Gamma_{\text{L}}| = 1$ 圆重叠的阴影区域。

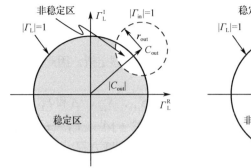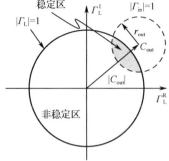

（a）阴影部分为稳定区，$|S_{11}|<1$　　（b）阴影部分为稳定区，$\Gamma_L=0$，$|S_{11}|>1$

图 6-8　输出稳定性判别圆划分出平面上的稳定区与非稳定区

图 6-9 标出了输入稳定性判别圆的两个稳定区。显然若 $|S_{22}|<1$ 成立，则中心点（$\Gamma_S=0$ 点）必然稳定；否则，若 $|S_{22}|>1$，则中心点是非稳定区。

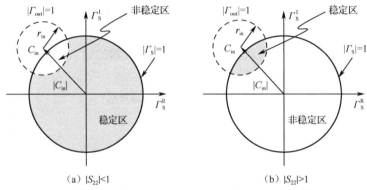

（a）$|S_{22}|<1$　　　　　　　　　（b）$|S_{22}|>1$

图 6-9　输入稳定性判别圆划分出平面上的稳定区与非稳定区

若稳定性判别圆半径大于 $|C_{in}|$ 或者 $|C_{out}|$，则必须正确地认识稳定性判别圆。图 6-10 画出了 $|S_{22}|<1$ 的情况下的输入稳定性判别圆及 $r_{in}<|C_{in}|$ 或 $r_{in}>|C_{in}|$ 情况下可能存在的两个稳定区。

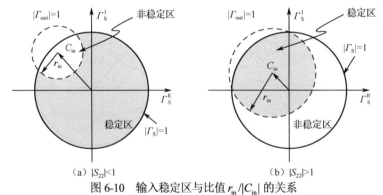

（a）$|S_{22}|<1$　　　　　　　　　（b）$|S_{22}|>1$

图 6-10　输入稳定区与比值 $r_{in}/|C_{in}|$ 的关系

6.2.2.3　绝对稳定

绝对稳定是指在选定的工作频率和偏置条件下，微波放大器在整个史密斯圆图内始终处于稳定状态。这个概念对输入端口、输出端口都适用。若 $|S_{11}|<1$ 和 $|S_{22}|<1$，则绝对稳定条件为

$$||C_{in}|-r_{in}|>1 \tag{6-34}$$

$$||C_{out}|-r_{out}|>1 \tag{6-35}$$

换句话说，即稳定性判别圆必须落在单位圆$|\Gamma_S|=1$和$|\Gamma_L|=1$之外，如图 6-11（a）所示。绝对稳定条件可以用稳定因子 K 来描述：

$$K = \frac{1-|S_{11}|^2-|S_{22}|^2+|\Delta|^2}{2|S_{12}||S_{21}|} > 1 \tag{6-36}$$

另外，绝对稳定条件也可以通过在复平面Γ_S（$\Gamma_{out} = \Gamma_{out}^R + j\Gamma_{out}^I$）上讨论（这里$|\Gamma_S|<1$）引出。此时要求$|\Gamma_S|=1$的区域必须全部落在$|\Gamma_{out}|=1$的圆内，如图 6-11（b）所示。在$\Gamma_{out}$平面上画出$|\Gamma_S|=1$的轨迹可得到一个圆，其圆心坐标为

$$C_S = S_{22} + \frac{S_{12}S_{21}S_{11}^*}{1-|S_{11}|^2} \tag{6-37}$$

半径为

$$r_S = S_{22} + \frac{|S_{12}S_{21}|}{1-|S_{11}|^2} \tag{6-38}$$

另外，还必须符合$|C_S|+|r_S|<1$的条件。式（6-37）也可以改写为

$$C_S = S_{11} - \Delta S_{11}^*/1-|S_{11}|^2 \tag{6-39}$$

考虑到$|C_S|+|r_S|<1$及式（6-38）可得

$$|S_{22} - \Delta S_{11}^*|+|S_{12}S_{21}| < 1-|S_{11}|^2 \tag{6-40}$$

由于$|S_{12}S_{21}| < |S_{22} - \Delta S_{11}^*|+|S_{12}S_{21}|$，则可得

$$|S_{12}S_{21}| < 1-|S_{11}|^2 \tag{6-41}$$

我们也可以用类似的方法讨论Γ_{in}复平面上的Γ_L。在相应的圆心坐标C_L和半径r_L表达式中，令$|C_S|=0$和$r_S<1$，则

$$|S_{12}S_{21}| < 1-|S_{22}|^2 \tag{6-42}$$

无论如何，只要$|\Delta|<1$，式（6-36）就是绝对稳定的充分条件。

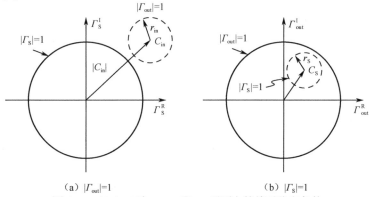

（a）$|\Gamma_{out}|=1$　　　　　　　　（b）$|\Gamma_S|=1$

图 6-11　$|S_{22}|<1$时，Γ_{out} 和 Γ_S平面上的绝对稳定条件

6.2.2.4　微波增益放大器设计步骤

微波放大器设计的任务主要是在一定的中心频率及频带内设计输入匹配网络、输出匹配网络，使微波放大器满足一定的增益、噪声系数要求，此外，还需满足输入（出）电压驻波比的要求。

对微波增益放大器而言，一般采用共轭匹配设计法进行滤波器的设计。微波增益放大器的输入端口反射系数、输出端口反射系数分别为

$$\Gamma_S = \Gamma_{in}^* = \left(S_{11} + \frac{S_{12}S_{21}\Gamma_L}{1-S_{22}\Gamma_L}\right)^* \tag{6-43}$$

$$\Gamma_{\text{L}} = \Gamma_{\text{out}}^* = \left(S_{22} + \frac{S_{12}S_{21}\Gamma_{\text{S}}}{1 - S_{11}\Gamma_{\text{S}}} \right)^* \tag{6-44}$$

在绝对稳定的前提下，最佳匹配条件可以表示为

$$\Gamma_{\text{MS}}^* = S_{11} + \frac{S_{12}S_{21}\Gamma_{\text{ML}}}{1 - S_{22}\Gamma_{\text{ML}}} \tag{6-45}$$

$$\Gamma_{\text{ML}}^* = S_{22} + \frac{S_{12}S_{21}\Gamma_{\text{MS}}}{1 - S_{11}\Gamma_{\text{MS}}} \tag{6-46}$$

将 Γ_{MS} 和 Γ_{ML} 代入转换功率增益 G_{T} 的表达式可得

$$
\begin{aligned}
G_{\text{Tmax}} &= \frac{|S_{21}|^2(1-|\Gamma_{\text{MS}}|^2)(1-|\Gamma_{\text{ML}}|^2)}{|(1-S_{11}\Gamma_{\text{MS}})(1-S_{22}\Gamma_{\text{ML}}) - S_{12}S_{21}\Gamma_{\text{MS}}\Gamma_{\text{ML}}|^2} \\
&= \left| \frac{S_{21}}{S_{12}} \right| (K \pm \sqrt{K^2 - 1})
\end{aligned}
\tag{6-47}
$$

下面给出微波增益放大器的一般设计步骤。

第一步：选择适当的微波晶体管，要求微波晶体管的截止频率大于 3 倍微波放大器的工作频率；

第二步：计算在要求偏压下的 G_{Tmax}，使其略大于微波放大器增益设计要求；

第三步：完成微波放大器偏置电路的设计；

第四步：通过负反馈或有耗电路，在全频段内（微波放大器工作频带内和工作频带外）将稳定系数 K 提升至大于 1。

第五步：对双共轭匹配而言，先求出 Γ_{MS} 和 Γ_{ML}，直接进行前后级共轭匹配，再次验证稳定性、增益及回波损耗等要求。

第六步：完成版图设计。

6.2.2.5 微波功率放大器设计步骤

微波功率放大器除满足一定的增益、输入（出）电压驻波比外，突出的要求是提高输出功率、效率及减小失真。下面，给出微波功率放大器的一般设计步骤。

第一步：选择适当的微波晶体管，要求微波晶体管的截止频率大于 3 倍微波放大器的工作频率。

第二步：计算在要求偏压下的 G_{Tmax}，使其略大于微波放大器增益设计要求。

第三步：通过负反馈或有耗电路，在全频段内（微波功率放大器工作频带内和工作频带外）将稳定系数 K 提升至大于 1。

第四步：先得到微波晶体管 Γ_{L} 平面的等功率圆，权衡微波放大器的增益和输出功率并确定 Γ_{L} 的值。

第五步：将 Γ_{L} 代入公式求出 Γ_{S}，验证 Γ_{S} 是否满足输入稳定。

第六步：将 Γ_{S} 代入公式求出 Γ_{out}，计算出的输出电压驻波比是否满足要求？若未满足要求，则再回到第四步重新计算。

第七步：按照最优的 Γ_{in} 和 Γ_{out} 进行前后级匹配。

第八步：再次验证稳定性、输出功率、增益及回波损耗等技术指标要求。

第九步：完成版图设计。

6.3　设计实例

6.3.1　微波小信号放大器设计

本实验将设计一款微波小信号放大器，设计技术指标要求如下。

工作频率范围：2.3GHz～2.5GHz；

增益：>15dB；

噪声系数：<1.5dB；

输出 1dB 压缩点功率：>3dBm。

1. 静态工作点仿真

根据设计技术指标要求，选择 Infineon 公司的低噪声晶体管 BFP720。根据元器件手册（见图 6-12），BFP720 集电极电流 I_c=10mA 时，2.4GHz 处的噪声系数约为 0.75dB，最大增益为 25dB，满足技术指标要求。

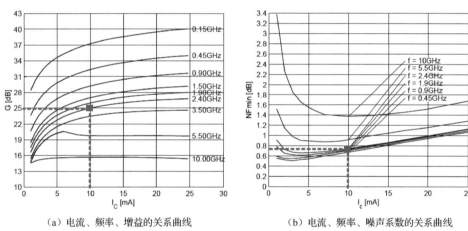

（a）电流、频率、增益的关系曲线　　　　　（b）电流、频率、噪声系数的关系曲线

图 6-12　V_{CE}=3V 时，BFP720 的相关技术指标

注：图 6-12 为元器件手册中的原图。

从 Infineon 公司网站下载晶体管 BFP720 的 ADS 模型。然后进入 ADS 软件主界面，将 BFP720 导入库文件中。

新建一个原理图，命名为"DC Curve"，选择"Insert"→"Template.."菜单命令，在新弹出的页面中，选择三极管直流仿真模板"ads_templates：BJT_curve_tracer"，单击"OK"按钮，将三极管直流参数仿真模板放入原理图中。在原理图中打开"Infineon RF Components"元器件库，然后分别单击"Infineon"模型卡图标按钮 和"BFP720"三极管图标按钮，在原理图中加入对应元器件，按照图 6-13 进行连接。

在原理图中，双击"PARAMETER SWEEP"图标按钮，在新弹出的页面中，设置扫描变量为"IBB"，设置起始电流"Start=0uA"，终止电流"Stop=150μA"，步进"Step=10uA"；在原理图中，双击"DC"图标按钮，在新弹出的页面中，设置扫描变量为"VCE"，设置起始电压"Start=0"，终止电压"Stop=5"，步进"Step=0.1"。在原理图上方，单击"Simulate"图标按钮进行仿真。仿真完成后，自动弹出图 6-14 所示的直流特性曲线。

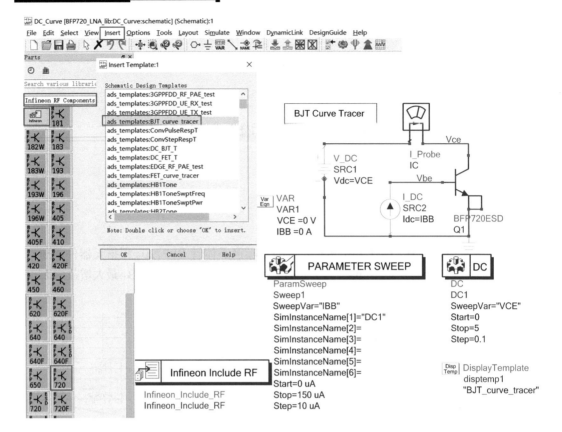

图 6-13　BFP720 直流特性仿真原理图

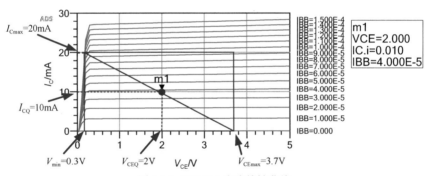

图 6-14　BFP720 直流特性曲线

根据元器件手册，三极管 BFP720 的集电极最大电流为 30mA，V_{CE} 的绝对最大值为 4.2V。为保证元器件使用的安全及噪声系数的要求，我们取 $V_{CEQ}=2\mathrm{V}$，$I_{Cmax}=20\mathrm{mA}$，$V_{min}=0.3\mathrm{V}$，此时集电极静态工作电流为

$$I_{CQ}=0.5\times I_{Cmax}=10\mathrm{mA}$$

V_{CEmax} 为

$$V_{CEmax}=2\times V_{CEQ}-V_{min}=3.7\mathrm{V}$$

若采用最佳负载匹配，则输出功率约为

$$P_{out}=0.5\times I_{CQ}\times(V_{CEmax}-V_{CEQ})=0.0085\mathrm{W}\approx9.3\mathrm{dBm}$$

2．直流偏置设计

创建一个新的原理图，命名为"BFP720 Bias"。在原理图中放入"Infineon"模型卡和"BFP720"

三极管。选择"Lumped-Components"元器件库，分别单击"DC_Feed"图标按钮和电阻"R"图标按钮，在原理图中加入对应元器件。选择"Sources-Freq Domain"元器件库，单击"V_DC"图标按钮，在原理图中加入对应元器件。在原理图中，双击直流电源"V_DC"图标按钮，在新弹出的页面中，设置"Vdc=2.5V"。选择"Probe Components"元器件库，单击电流表"I Probe"图标按钮，在原理图中加入对应元器件；选择"Simulation-DC"元器件库，在原理图中加入直流仿真器"DC"，按照图 6-15 进行连接。

在原理图窗口上方，单击"Tune"图标按钮，选择调试"R1""R2""R3"的阻值，经过调整，直至"Vce"电压约为 2V，"IC1"电流约为 10mA，如表 6-1 所示。这里需要注意的是，电阻值是离散的，调节完成后，需将电阻值改为就近的标称电阻值（见图 6-15）。

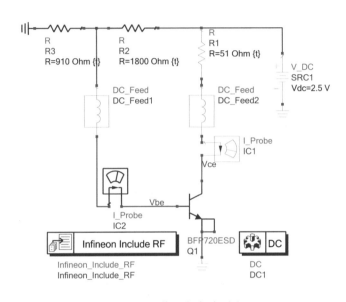

图 6-15　偏置电路原理图

表 6-1　偏置电路各节点的电压和电流

freq	Vbe	Vce	IC1
0Hz	815.7mV	1.976V	10.27mA

3. 稳定性分析

创建一个新的原理图，命名为"BFP720 Stab Fact"。在原理图中放入模型卡"Infineon"和三极管"BFP720"、端口"Term"、稳定系数仿真器"StabFact"、最大增益仿真器"MaxGain"（注意不是实际增益，实际增益是 S_{21}）和 S 参数仿真器"S-PARAMETERS"。微波小信号放大器选用理想电感"DC_Feed"进行馈电；射频输入端口、射频输出端口选用理想电容"DC_Block"进行隔直，未加稳定措施的仿真电路如图 6-16 所示。

在原理图上方，单击"Simulate"图标按钮进行仿真。仿真完成后，选择显示"MaxGain1"和"Stabfact1"的曲线，如图 6-17 所示。从图 6-17 可以看出，在 2.4GHz 时，最大增益为 24.291dB，稳定系数 $K = 0.554$。由微波放大器理论可知，$K < 1$，表示微波放大器不稳定。

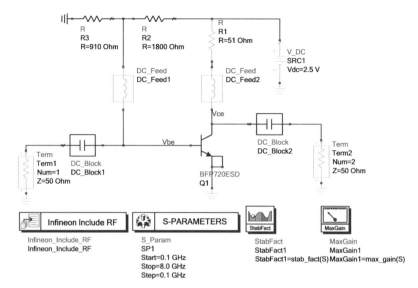

图 6-16　未加稳定措施的仿真电路

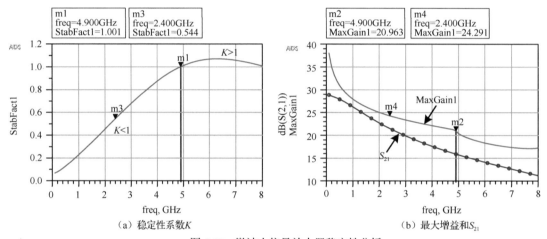

（a）稳定性系数 K　　　　　　　　　　　（b）最大增益和 S_{21}

图 6-17　微波小信号放大器稳定性分析

由于输入端口、输出端口的隔直电容 "DC_Block" 具有理想的高通特性，而馈电电感 "DC_Feed" 具有理想的低通特性，我们可以用实际的电容、电感替代 "DC_Block" 和 "DC_Feed"，以改善频率低端的稳定性。

在原理图中，用村田电容 "GRM18" 替换隔直电容 "DC_Block"；用村田电感 "LQW15AN" 替换基极馈电电感 "DC_Feed"；同时，为增大微波小信号放大器的稳定性，集电极到输出端口串联一个 2Ω 的稳定电阻，仿真电路如图 6-18 所示。

在原理图中，设置电感量为 1～6nH，步进为 1nH，单击 "Simulate" 图标按钮进行仿真，仿真结果如图 6-19 所示。从图 6-19（a）可以看出，当电感量为 3～6nH 时，不能在全频段内满足稳定性系数 $K>1$。当电感量为 1nH 和 2nH 时，全频段内稳定性系数 $K>1$，电路稳定。从图中还可以看出，电感量为 1nH 时的稳定性系数大于电感量为 2nH 时的稳定性系数。在满足稳定的条件下，由式（6-47）可知，K 值越大，微波小信号放大器增益越小，综合考虑稳定性和增益之间的关系，确定集电极馈电电感 "L2" 的初值为 2nH。

在原理图中，将集电极馈电电感 "L2" 在 2nH 附近挑选实际的电感值进行仿真。图 6-20 给出了电感量为 2.7nH 的集电极馈电电感 LQW18AN2N7B00 的仿真结果。从图 6-20 可以看出，在全频段内，微波小信号放大器稳定性系数大于 1。在 2.4GHz 处最大增益为 22.56dB。

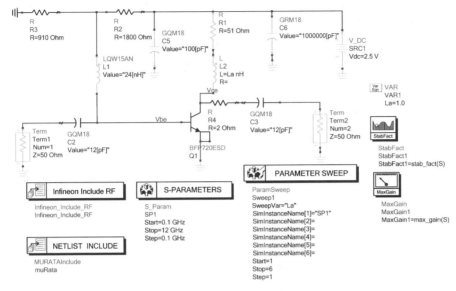

图 6-18 替换后的仿真电路

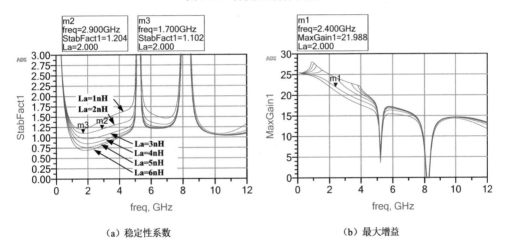

（a）稳定性系数 （b）最大增益

图 6-19 隔直电容和馈电电感仿真结果

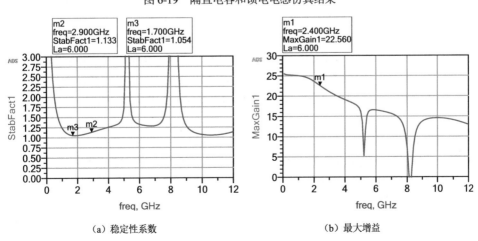

（a）稳定性系数 （b）最大增益

图 6-20 电感量为 2.7nII 的集电极馈电电感的仿真结果

4. 输入端口噪声匹配

创建一个新的原理图，命名为"BFP720 LNA1"，将"BFP720 Stab Fact"中的原理图及控件复制到"BFP720 LNA1"中。选择"Simulation-S_Param"元器件库，单击"Options"图标按钮，在原理图中加入对应元器件。在原理图中，双击"OPTIONS"图标按钮，在新弹出的页面中，根据软件默认，设置计算温度为 16.85℃，模型温度为 25℃，如图 6-21 所示。

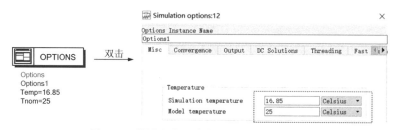

图 6-21 微波小信号放大器仿真温度的设置

在原理图中，双击"S-PARAMETERS"图标按钮，在新弹出的页面中，勾选"Calculate noise"复选框（打开噪声计算功能），如图 6-22 所示。

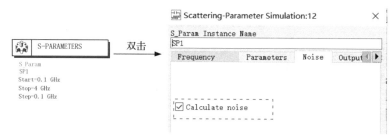

图 6-22 在"S-PARAMETERS"控件中勾选"Calculate noise"复选框

单击"Simulate"图标按钮进行仿真。仿真结束后，在显示窗口单击"Rectangular Plot"图标按钮，拉入空白处，在弹出的窗口中选择"NFmin"参数，如图 6-23 所示。插入 Marker1（即图 6-23 中 m1，在 2.4GHz 处选择 m1），在结果显示窗口左边的图标中，单击"Eqn"图标按钮，将"Eqn"放入显示窗口空白处，分别输入以下三个表达式：

indx=find_index(SP.freq,indep(m1))

NFcircleData=ns_circle(NFmin[indx]+{0,0.08,0.2,0.4,0.6},NFmin[indx],Sopt[indx],Rn[indx]/50,51)

GaCircle=ga_circle(S[indx],MaxGain1[indx]−{0,0.5,1,1.5,2,2.5,3},51)

其中，第一个表达式为 m1 对应的频点（本例为 2.4GHz）；第二个方程为 m1 对应频点的等噪声圆（本例为 NFmin、NFmin+0.08dB、NFmin+0.2dB、NFmin+0.4dB、NFmin+0.6dB 5 个等噪声圆）；第三个为 m1 对应频点的等增益圆（本例为 Maxgain、Maxgain−0.5dB、Maxgain−1dB、Maxgain−1.5dB、Maxgain−2dB、Maxgain−2.5dB、Maxgain−3dB 7 个等增益圆），仿真结果 6-23 所示。

图 6-23 中，m1 对应的频点为 2.4GHz；m2 是最低噪声系数对应的输入特性阻抗，在此输入特性阻抗下，可获得最小噪声系数为 0.992dB；m4 是微波小信号放大器具有最大增益时的输入特性阻抗，在此输入阻抗下，微波小信号放大器的增益约为 23.845dB；但是这两点并不重合，设计时必须在增益和噪声系数之间做出综合考虑。

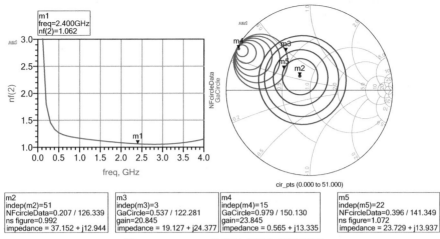

m2	m3	m4	m5
indep(m2)=51	indep(m3)=3	indep(m4)=15	indep(m5)=22
NFcircleData=0.207 / 126.339	GaCircle=0.537 / 122.281	GaCircle=0.979 / 150.130	NFcircleData=0.396 / 141.349
ns figure=0.992	gain=20.845	gain=23.845	ns figure=1.072
impedance = 37.152 + j12.944	impedance = 19.127 + j24.377	impedance = 0.565 + j13.335	impedance = 23.729 + j13.937

图 6-23　BFP720 的等噪声圆和等增益圆

对于微波小信号放大器，一般优先考虑噪声系数，其次考虑增益要求，本例中选择点 m5。点 m5 对应的输入特性阻抗为 23.729+j13.937，噪声系数为 1.072dB。另外，点 m5 在点 m3 对应的等增益圆以内，所以点 m5 对应的增益大于 20.845dB。

接下来进行输入端口的噪声匹配，即将点 m5 特性阻抗的共轭 23.729–j13.937Ω 变换到输入特性阻抗 50Ω。ADS 软件自带的匹配工具有很多，本设计利用 ADS 软件自带的 Smith Chart 工具，通过微带将需要的特性阻抗变化到 R=50Ω。

将"DA_SmithChartMatch1"元器件添加到原理图中，并按照图 6-24 进行连接。

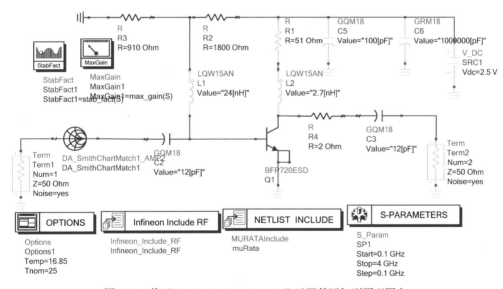

图 6-24　将"DA_Smith ChartMatch1"元器件添加到原理图中

选择"DesignGuide"→"Amplifier"菜单命令，在新弹出的页面中，选择"Tool"下拉列表中的史密斯圆图"Smith Chart Utility"选项，单击"OK"按钮。在新弹出的页面中，设置仿真频率为 2.4GHz，"P1"端口特性阻抗为 50Ω，"P2"端口特性阻抗为 23.729–j13.937Ω。将微带"Line Length"和开路支节"Open Stub"按照图 6-25 所示的方法进行匹配。完成匹配后，单击页面左下角的"Build ADS Circuit"按钮，即可生成相应的匹配电路。

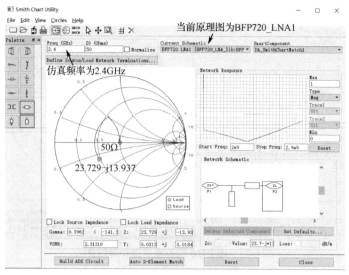

图6-25 输入端口匹配设计

在原理图中，单击"DA_SmithChartMatch1"图标按钮，在原理图上端，单击"Push Into Hierarchy"图标按钮，弹出图6-26所示的输入匹配电路的理想模型。

图6-26 输入匹配电路的理想模型

在原理图中，用图6-26所示的匹配电路替代图6-24中的"DA_SmithChartMatch1"元器件，此时的原理图如图6-27所示，单击"Simulate"图标按钮进行仿真。

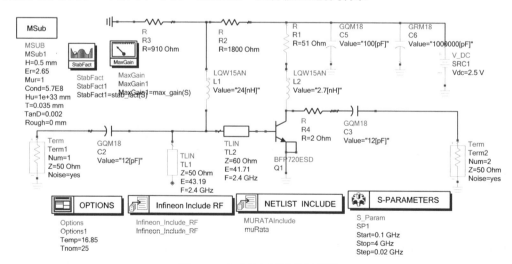

图6-27 完成输入匹配的原理图

仿真结果如图6-28所示，从图6-28（a）可以看出，在2.4GHz处，噪声系数为1.197dB，而NFmin为1.042dB，电路的噪声系数和最优解差0.155dB。造成这种差异的原因是选用的电感和电容不是理想元器件，这必然导致额外的插入损耗，从而造成了噪声系数的恶化。另外，从图6-28

（b）中可以看出，在 2.4GHz 处，S_{11} 较差，仅为-8.39dB，这是因为输入端口匹配主要考虑噪声匹配而非增益匹配。

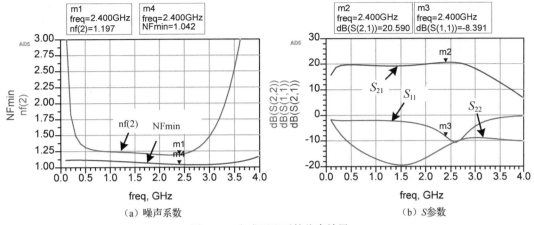

（a）噪声系数　　　　　　　　　　（b）S 参数

图 6-28　完成匹配后的仿真结果

5．输出端口增益匹配

对于微波小信号放大器而言，输入匹配电路对噪声系数的影响较大，而输出匹配电路对噪声系数的影响相对较小，因此，输出端口采用共轭匹配。

在原理图中，插入输入特性阻抗仿真器"Zin"，设置"Zin1=zin（S22，PortZ2）"，如图 6-29所示。单击"Simulate"图标按钮进行仿真，得到"Zin1"的实部和虚部，如图 6-30 所示。

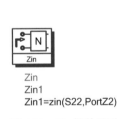

Zin
Zin1
Zin1=zin(S22,PortZ2)

图 6-29　Zin 控件设置

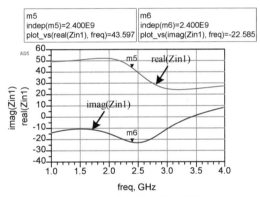

图 6-30　输出特性阻抗的曲线

从图 6-30 可以看出，在 2.4GHz 处，输出特性阻抗为 43.597-j22.585Ω。为了达到最大增益，输出匹配电路需要把 50Ω 匹配到"Zin1"的共轭，即 43.597+j22.585Ω。

输出匹配和输入匹配类似，使用 Smith Chart 工具来做输出端口匹配电路。在原理图中，将"DA_SmithChartMatch"元器件插入到输出端口和电路之间，如图 6-31 所示。

选择"DesignGuide"→"Amplifier"菜单命令，在新弹出的页面中，选择"Tool"下拉列表中的"Smith Chart Utility"选项，单击"OK"按钮。在新弹出的页面中，设置仿真频率为 2.4GHz，"P1"端口特性阻抗为 50Ω，"P2"端口特性阻抗为 43.597+j22.585Ω。选择微带"Line Length"和开路支节"Open Stub"，按照图 6-32 所示的方法进行匹配。完成匹配后，单击页面左下角的"Build ADS Circuit"按钮，即可生成相应输出匹配电路的理想模型（见图 6-33）。

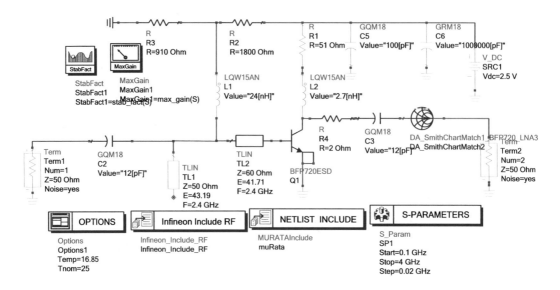

图 6-31 将 "DA_SmithChartMatch" 元器件插入到输出端口和电路之间

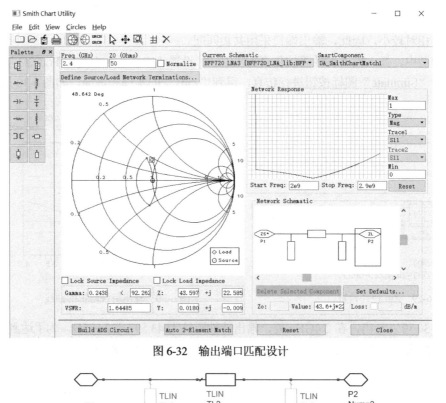

图 6-32 输出端口匹配设计

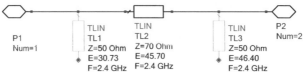

图 6-33 输出匹配电路的理想模型

在原理图中,用图 6-33 所示的匹配电路替代图 6-31 中的 "DA_SmithChartMatch" 元器件,得到的电路如图 6-34 所示。

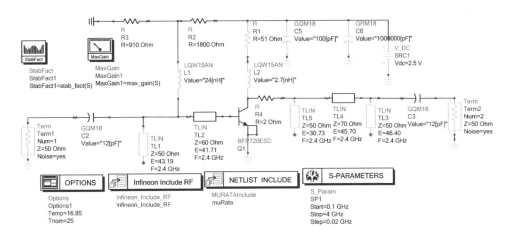

图 6-34 完成输入匹配、输出匹配的原理图

6. 匹配网络的实现

到目前为止，匹配电路用的都是理想传输线，其参数只有特性阻抗、电长度和频率，下面需要把它转换成实际的微带。本例中，选用 F4B 微带介质基板，利用传输线计算工具 ADS LineCalc，分别计算出 5 段匹配微带的物理宽度和物理长度等（见表 6-2）。

表 6-2 微带的物理尺寸

项　　目	特征阻抗/Ω	电长度/°	物理宽度/mm	物理长度/mm
TL1	50	43.19	1.32	10.18
TL2	60	41.71	0.98	9.94
TL3	50	46.40	1.32	10.93
TL4	70	45.70	0.74	11.17
TL5	50	30.73	1.32	7.24
板材参数	板材：F4B；相对介电常数：2.65；介质基板厚度：0.5mm；介质正切损耗：0.002，覆铜层厚度：0.035mm			

返回原理图，把所有的理想微带换为表 6-2 中的实际物理长度的微带，如图 6-35 所示。

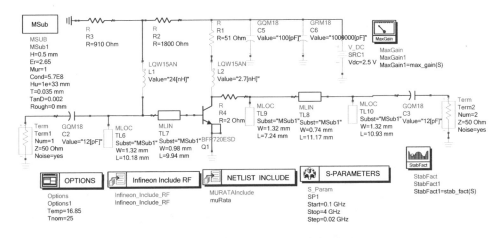

图 6-35 把理想微带换为实际物理长度的微带

微带换成实际物理长度后，单击"Simulate"图标按钮进行仿真，其结果如图 6-36 所示，从仿真结果可以看出，在 2.4GHz 处，微波小信号放大器的增益为 20.685dB，噪声系数为 1.232dB，$S_{22} < -20\text{dB}$。

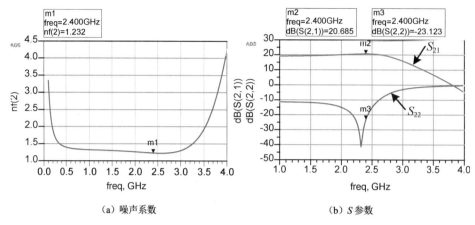

（a）噪声系数　　　　　　　（b）S 参数

图 6-36　微波小信号放大器的仿真结果

7. 输出 1dB 压缩点功率仿真

新建一个原理图，命名为"BFP720 P1dB"，将图 6-35 所示的原理图复制到新的原理图中。在原理图中用频域功率源"P_1Tone"替换微波小信号放大器输入端口"Term"。在原理图中，双击"P_1Tone"图标按钮，在新弹出的页面中，按照图 6-37 设置频域功率源的频率、阻抗、功率等值。在原理图中，分别插入谐波平衡仿真器"HARMONIC BALANCE"、增益压缩仿真器"GAIN COMPRESSION"和参数扫描控制器"SWEEP PLAN"，输出 1dB 压缩点功率仿真原理图如图 6-37 所示。

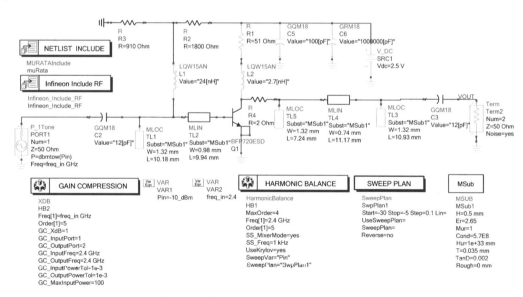

图 6-37　输出 1dB 压缩点功率仿真原理图

在原理图中，双击增益压缩仿真器"GAIN COMPRESSION"图标按钮，在新弹出的页面中，设置增益压缩量"GC_XdB=1"，输入端口"GC_InputPort=1"，输出端口"GC_OutputPort=2"，输入端口频率"GC_InputFreq=2.4GHz"，输出端口频率"GC_OutputFreq=2.4GHz"，最大输入功率

"GC_MaxInputPower=100"。

双击谐波平衡仿真器 "HARMONIC BALANCE" 图标按钮，在新弹出的页面中，设置基波频率 "Freq[1] =2.4GHz"，扫描的参数 "SweepVar="Pin""；勾选 "Use Sweep Plan" 复选框，选择 "SwpPlan1" 选项，即从 "SWEEP PLAN" 中设置扫描参数。

双击参数扫描控制器 "SWEEP PLAN" 图标按钮，在新弹出的页面中，选择 "Start/Stop" 选项，设置 "Start=-30""Stop=-5"，扫描步长 "Step=0.1"，如图 6-37 所示。

单击 "Simulate" 图标按钮进行仿真。仿真结束后，在弹出的数据显示窗口中，单击 "Equ" 图标按钮，输入工作在线性状态下微波小信号放大器输出功率的计算公式：Eqn Poutideal= HB.Pin+20.6，公式中，20.6 是以 dB 为单位的小信号增益，它是根据图 6-36（b）中的曲线得到的。

在数据显示窗口中，单击 "Rectangular Plot" 图标按钮，选择显示理想微波小信号放大器的输入输出功率关系曲线和实际微波小信号放大器的输入输出功率关系曲线，如图 6-38 所示。

添加 "Marker1"（图 6-38 所示的 m1）到理想微波小信号放大器的输入输出功率关系曲线上，添加 "Marker2"（图 6-38 所示的 m2）到实际微波小信号放大器的输入输出功率关系曲线上。双击 "Marker1" 图标按钮，在弹出的对话框中，设置 "Marker Mode" 为 "Delta" 模式，可以看到 m1 参数里出现 "dep Delta" 项，移动 m1、m2，令其横坐标相等且 "dep Delta" 约为 1，即实际输出功率与理想输出功率相差 1dB。从图 6-38 可以看出，微波小信号放大器工作在 2.4GHz 时，其输出 1dB 压缩点功率为 3.526dBm，输入 1dB 压缩点功率为-16dBm。

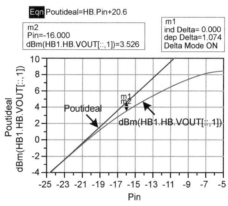

图 6-38　输出 1dB 压缩点功率仿真结果

6.3.2　微波功率放大器设计

本实验将设计一款微波功率放大器，设计技术指标要求如下。

工作频率范围：0.95～1.05GHz；

增益：>15dB；

饱和输出功率：>40dBm；

功率附加效率：>40%。

1. 静态工作点仿真

根据设计要求，本设计选择了 NXP 公司的 N 沟道增强型 MOSFET 功率管 MW6S010N。根据元器件手册（见图 6-39），MW6S010N 在 28V 直流供电、125mA 静态电流、945MHz 时，输出 1dB 压缩点功率为 42.23dBm，饱和输出功率为 43.14dBm；当输出功率为 40dBm 时，漏级效率为 40%，常温增益为 18dB，满足设计技术指标要求。

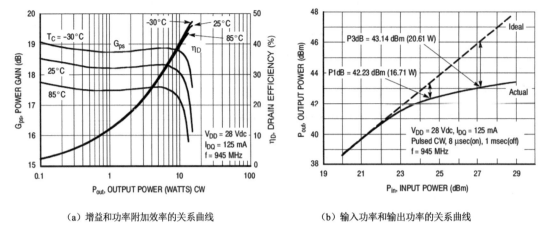

（a）增益和功率附加效率的关系曲线　　　　　（b）输入功率和输出功率的关系曲线

图 6-39　MW6S010N 特性曲线

和微波小信号放大器直流仿真类似，从 NXP 公司网站下载微波晶体管 MW6S010N 的 ADS 模型。然后进入 ADS 软件主界面，选择"Designkits"→"Unzip Design kits…"菜单命令，将 MW6S010N 导入 ADS 库文件中。

新建一个原理图，命名为"DC Curve"。选择"Insert"→"Template.."→"ads_templates：FET_curve_tracer"菜单命令，将 FET 场效应管直流参数仿真模板放入原理图中。将"FSL_MW6S010N_TECH_INCLUDE"模型卡和"FSL_MW6S010N_Level2_Rev2_MODEL"场效应管放入原理图中，按照图 6-40 进行连接。

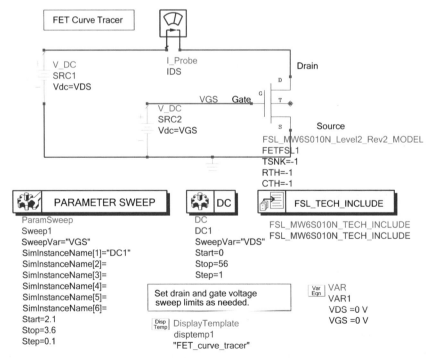

图 6-40　直流特性分析电路图

在原理图中，双击参数扫描控制器"PARAMETER SWEEP"图标按钮，在新弹出的页面中，设置扫描变量"SweepVar="VGS""，设置仿真开始电压"Start=2.1"，终止电压"Stop=3.6"，步进

"Step=0.1"；双击直流仿真控制器"DC"图标按钮，在新弹出的页面中，设置扫描变量"SweepVar="VDS""，仿真开始电压"Start=0"，终止电压"Stop=56"，步进"Step=1"，单击"Simulate"图标按钮进行仿真。

　　仿真得到的直流特性曲线如图 6-41 所示，从图 6-41（b）可以看出，当栅极偏压为 2.7V 时，微波功率放大器处于 AB 类工作状态。根据图 6-39 及图 6-41(a)，我们选择栅极偏压 VGS 为 2.7V，漏源电压 VDS 为 28V，将它们作为静态工作点，此时的静态工作电流为 131mA，接近元器件手册推荐的静态工作点。

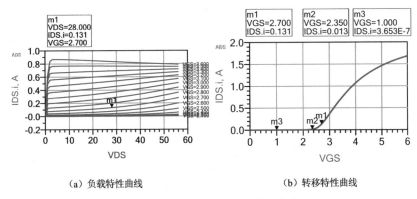

（a）负载特性曲线　　　　　　　　（b）转移特性曲线

图 6-41　MW6S010N 直流特性曲线

2. 稳定性分析

　　保持稳定性是微波放大器，特别是微波功率放大器设计的前提，本例通过 K-B 法则来判断微波放大器的稳定性，当稳定因子 $K>1$ 且 $B>1$ 时，微波放大器绝对稳定。

　　创建一个新的原理图，命名为"MW6S010N_Stab"。在原理图中放入"FSL_MW6S010N_TECH_INCLUDE"模型卡和"FSL_MW6S010N_Level2_Rev2_MODEL"场效应管，添加端口"Term"、稳定系数仿真器"StabFact"、最大增益仿真器"MaxGain"和 S 参数仿真器"S-PARAMETERS"，加入两个直流电源"V_DC"，设置栅极电压为 2.7V，漏级电压为 28V。加入理想电感"DC_Feed"和理想电容"DC_Block"，按照图 6-42 进行连接。

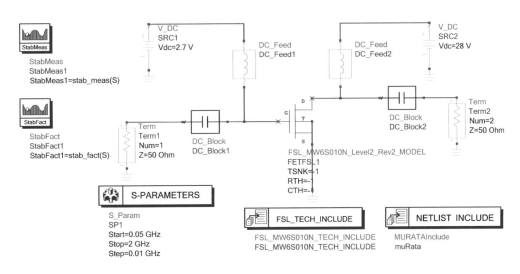

图 6-42　稳定性分析电路图

仿真结果如图 6-43 所示，由图 6-43 中的仿真结果可知，在 DC～2GHz 范围内，$K>1$，$B>1$，说明在未加任何稳定性措施的情况下，微波功率放大器在工作频带内具有良好的稳定性。

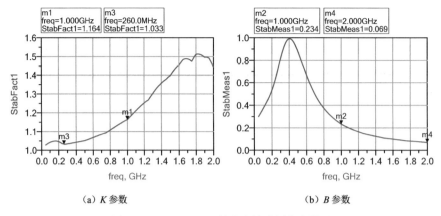

（a）K 参数　　　　　　　　　　　　　（b）B 参数

图 6-43　MW6S010N 的稳定性分析仿真结果

3. 功放管的最佳负载特性阻抗和源特性阻抗求解

微波功率放大器工作时，随着输入信号功率的增大，S 参数也会随之改变，因此，转换功率增益会变小，输出功率与输入功率不再呈线性关系。换句话说，原本在小信号时，输出、输入的共轭匹配逐渐失配，使得功率元器件的输出功率无法达到最大。所以，特性阻抗匹配是设计微波功率放大器的关键，可利用负载牵引（Load-Pull）得到微波功率放大器达到最大输出功率时的最佳外部负载特性阻抗 Z_L。

在原理图中，选择"Design Guide"→"Amplifier"菜单命令，在新弹出的页面中，添加负载牵引仿真模板"Load-Pull-PAE，Output Power Contours"。将"Load-Pull-PAE，Output Power Contours"仿真模板自带的场效应管模型删除，放入"FSL_MW6S010N_Level2_Rev2_MODEL"场效应管和"FSL_MW6S010N_TECH_INCLUDE"模型卡。从图 6-39 可以看出，MW6S010N 的增益约为 18dB，输出功率为 40dBm，为了达到微波放大器的最大输出功率，选择 26dBm 作为输入功率。设置仿真频率为 1GHz，栅极偏压为 2.7V，漏极偏压为 28V，电路图如图 6-44 所示。

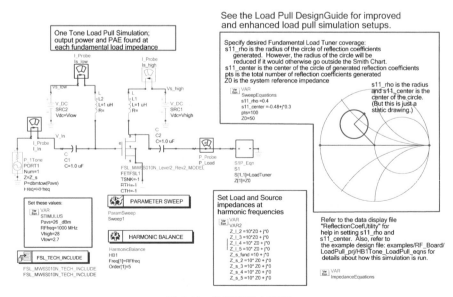

图 6-44　负载牵引电路图

单击"Simulate"图标按钮进行仿真，得到的负载牵引仿真结果如图 6-45 所示。从图 6-45 可以看出，在最大效率为 64.6% 时，输出特性阻抗为 3.242+j6.718Ω；在最大输出功率为 42.09dBm 时，输出特性阻抗为 4.998+j6.312Ω，可以看出这两个值很相近。综合考虑效率和功率，选择 4.957+j6.395Ω 作为 MW6S010N 在 1GHz 的输出特性阻抗，可得到输出功率为 42.09dBm，效率为 60.76%。

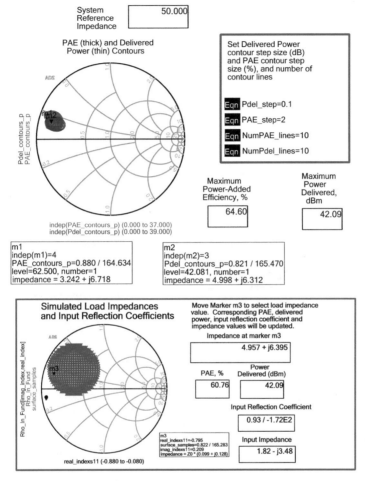

图 6-45　微波功率放大器的负载牵引仿真结果

源牵引和负载牵引类似，源牵引电路图如图 6-46 所示，牵引结果如图 6-47 所示，从图 6-47 可知，在最大输出功率为 43.21dBm 时，效率为 64.29%，输入特性阻抗为 1.983+j2.321Ω。

由于微波功率放大器需要兼具最大输出功率（Pdel）和较高的功率附加效率（PAE），采用 ADS 软件原有的源牵引和负载牵引模板不能充分发掘出微波功率放大器的最大牵引，因此可利用迭代牵引方法，使微波功率放大器获得更大的输出功率和功率附加效率。

迭代牵引方法的思路如图 6-48 所示，首先对负载特性阻抗 Z_L 进行扫描，在保证最大输出功率的情况下得到最佳的负载特性阻抗 Z_{L1}，再将 Z_{L1} 设置为固定值，对源特性阻抗 Z_S 进行扫描，得到最佳源特性阻抗 Z_{S1}。再将 Z_{S1} 设置为固定值，重新对负载特性阻抗进行扫描，得到新的 Z_{L2}。再将 Z_{L2} 设置为固定值，重新对源特性阻抗进行扫描，得到新的最佳源特性阻抗 Z_{S2}，如此迭代，直到最后输出功率和功率附加效率不再变化，得到最佳负载特性阻抗 Z_{Load} 和最佳源特性阻抗 Z_{Source}。

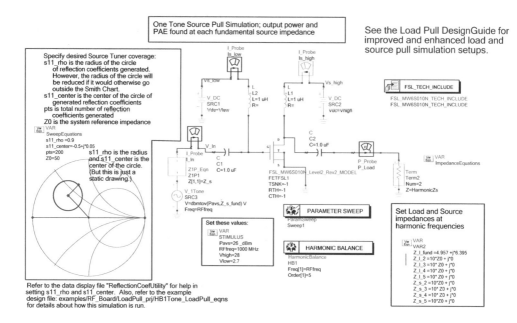

图 6-46　微波功率放大器的源牵引电路图

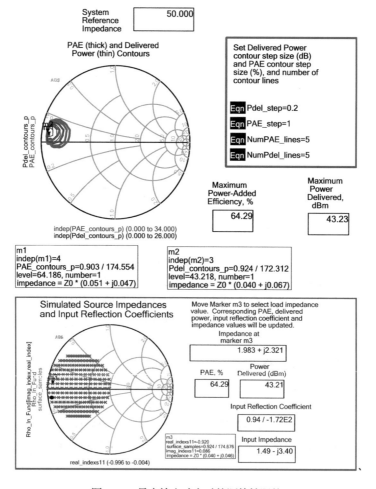

图 6-47　最大输出功率时的源特性阻抗

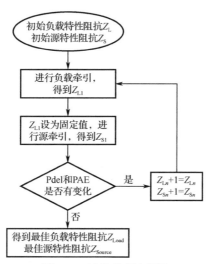

图 6-48　迭代牵引流程图

本例中，对源特性阻抗和负载特性阻抗迭代 3 次之后，对应的输出功率（Pdel）和功率附加效率（PAE）不再变化，所得到的源特性阻抗、负载特性阻抗如表 6-3 所示。

表 6-3　迭代牵引结果

项　目	Z_L/Ω	Pdel/dBm	PAE/%	Z_S/Ω	Pdel/dBm	PAE/%
1	4.957+j6.395	42.72	63.06	1.983+j2.321	43.21	64.29
2	3.872+j6.142	43.22	66.21	1.983+j2.321	43.22	66.21
3	3.872+j6.142	43.22	66.21	1.983+j2.321	43.22	66.21

由表 6-3 可知，迭代牵引方法比直接使用 ADS 软件负载牵引模板所得的最终结果要好，获得的最佳负载特性阻抗和最佳源特性阻抗为

$$Z_{\text{Load}} = 3.872 + j6.142\Omega$$
$$Z_{\text{Source}} = 1.983 + j2.321\Omega$$

4．偏置电路的设计

对栅极与漏极偏置电路而言，有参与微波功率放大器匹配和不参与匹配两种设计方法。本例中，偏置电路的加入不影响原匹配网络的性能，因此要求偏置电路对于射频信号来说相当于开路。

新建一个原理图，命名为"DC_Bias"，选择"TLines-Microstrip"元器件库，单击微带介质基板"MSUB"图标按钮、微带"MLIN"图标按钮和微带倒角"Bend"图标按钮，在原理图中加入对应元器件，按照图 6-49 设置微波板材参数。在原理图中加入理想电容"DC_Block"、S 参数仿真器"S-PARAMETERS"、端口"Term"和输入特性阻抗仿真器"Zin"。按照图 6-49 设置好 S 参数仿真器"S-PARAMETERS"和输入特性阻抗仿真器"Zin"的仿真参数。

从图 6-49 可以看出，偏置电路中采用四分之一波长传输线与旁路电容相结合的形式，构成射频去耦网络，避免射频信号和输出信号的各次谐波对偏置产生影响。为了减少电路面积，馈电网络采用了弯折的方式。

设置馈电网络线宽度为 1mm，设置好微带长度，将"TL2"和"TL4"的长度设置成变量"l1"，单击"Tune"按钮，调节"l1"的长度，得到偏置电路的输入特性阻抗，如表 6-4 所示，可知在以 1GHz 为中心频率，100MHz 带宽内，偏置电路输入特性阻抗远大于 50Ω，因此偏置电路的加入对原匹配电路的影响很小。

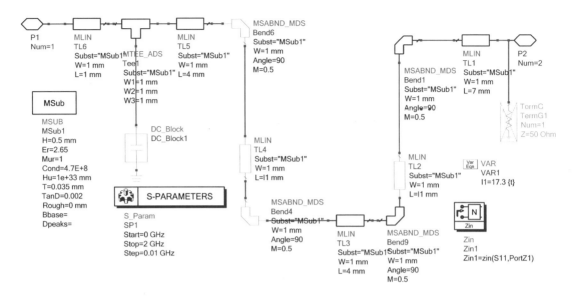

图 6-49　偏置电路

表 6-4　偏置电路的输入特性阻抗

freq/MHz	Zin 1
950	765.940/88.260
960	961.663/87.801
970	1.291E3/87.028
980	1.959E3/85.454
990	4.042E3/80.516
1000	2.175E4/−26.636
1010	3.469E3/−81.733
1020	1.813E3/−85.652
1300	1.225E3/−87.035
1040	924.774/−87.740
1050	742.290/−88.168

5. 输出匹配电路

新建一个原理图，命名为"Output Matching"，选择"Smith Chart Matching"元器件库，将"DA_SmithChartMatch"元器件放入原理图中。在原理图中加入 S 参数仿真器"S-PARAMETERS"和端口"Term"，按照图 6-50 进行连接。设置端口"Term1"的特性阻抗为 50Ω，端口"Term2"的特性阻抗为输出特性阻抗的共轭，即 3.872−j6142Ω。设置 S 参数仿真器"S-PARAMETERS"的起始频率、终止频率及步进。

选择"DesignGuide"→"Amplifier"菜单命令，在弹出的对话框中选择 "Smith Chart Utility"选项，单击"OK"按钮，弹出图 6-51 所示"Smith Chart Utility"对话框。

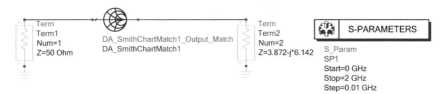

图 6-50　输出匹配电路

在"Smith Chart Utility"对话框中，勾选"Normalize"复选框，在"Current Schematic"栏选择"Output Match"选项；设置仿真频率为1GHz，"P1"端口特性阻抗为50Ω，"P2"端口特性阻抗为3.872-j6142Ω。

输出特性阻抗匹配过程如图 6-51 所示，匹配采用传输线和电容进行。匹配完成后，单击"Build ADS Circuit"按钮生成电路图。输出匹配的理想模型如图 6-52 所示。

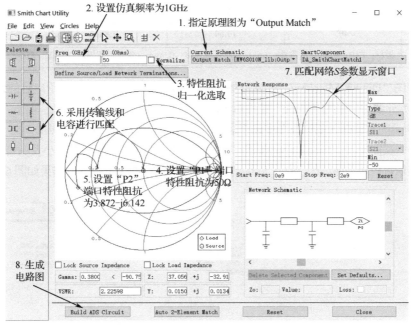

图 6-51　输出特性阻抗匹配过程

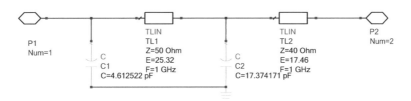

图 6-52　输出匹配的理想模型

在原理图中，单击"Simulate"图标按钮进行仿真，仿真结果如图 6-53 所示。

由于图 6-52 是用理想传输线进行匹配的，其参数只有特性阻抗、电长度和频率。下面我们用传输线计算工具 ADS LineCalc 计算出"TL1"和"TL2"的物理宽度和物理长度，如表 6-5 所示。

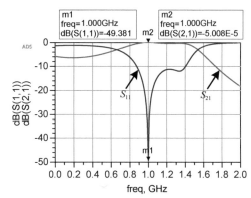

图 6-53　输出匹配为理想元器件的仿真结果

表 6-5　传输线物理尺寸计算

项　　目	特征阻抗/Ω	电长度/°	物理宽度/mm	物理长度/mm
TL1	50	25.32	1.32	14.33
TL2	40	17.64	1.85	9.86
板材参数	板材：F4B；相对介电常数：2.65；介质基板厚度：0.5mm；介质正切损耗：0.002；覆铜层厚度：0.035mm			

新建原理图"Output Matching2"，建立图 6-54 所示的原理图，为了便于电容的装配，加入了"MTEE_ADS"元器件。采用"Tune"控件对电路结构尺寸和电容值进行微调。单击"Tune"按钮，弹出图 6-55 所示的对话框。在原理图中选中需要调节的电容及结构尺寸。按照图 6-55 所示的方式进行设置，双击调试控制器"Tune"图标按钮，在新弹出的页面中，调节电容大小及微带长度，可以同时观察数据显示窗口相关曲线的变化，以达到理想效果，最终的 S 参数仿真结果如图 6-56 所示。

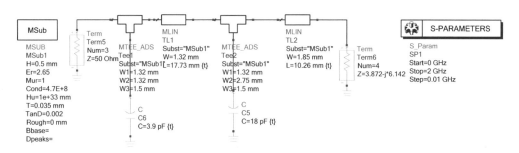

图 6-54　输出匹配电路的微带模型

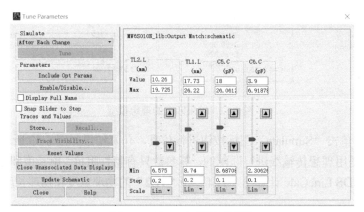

图 6-55　"Tune"调节对话框

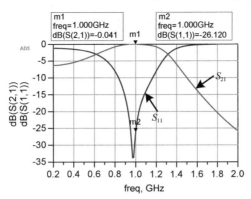

图 6-56 输出匹配网络调谐后的结果

6. 输入匹配设计

输入匹配与输出匹配类似，新建一个原理图，命名为"Input Matching"，在原理图中加入 S 参数仿真器"S-PARAMETERS"和端口"Term"，按照图 6-57 进行连接。设置端口"Term1"的特性阻抗为 50Ω，端口"Term2"的特性阻抗为输入特性阻抗的共轭，即 1.983–j2.321Ω。设置 S 参数仿真器"S-PARAMETERS"的起始频率、终止频率和步进。

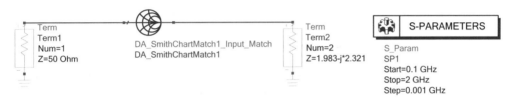

图 6-57 输入匹配网络

输入特性阻抗匹配过程如图 6-58 所示，匹配采用传输线和电容进行，匹配完成后，单击"Build ADS Circuit"按钮生成电路图。

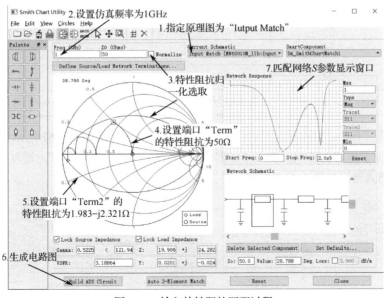

图 6-58 输入特性阻抗匹配过程

在原理图中加入"DA_SmithChartMatch1"元器件，在菜单栏中单击"push into hierarchy"图

标按钮，得到输入匹配电路的理想模型，如图 6-59 所示。

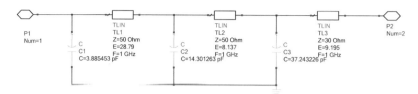

图 6-59　输入匹配电路的理想模型

在原理图中，单击"Simulate"图标按钮进行仿真，仿真结果如图 6-60 所示。

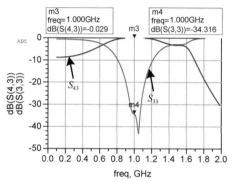

图 6-60　输入匹配为理想元器件的仿真结果

由于图 6-59 是用理想传输线进行匹配的，其参数只有特性阻抗、电长度和频率。下面我们用传输线计算工具 ADS LineCalc 计算出"TL1""TL2""TL3"的物理宽度和长度，计算结果如表 6-6 所示。

表 6-6　传输线物理尺寸计算

项　　目	特征阻抗/Ω	电长度/°	物理宽度/mm	物理长度/mm
TL1	50	28.79	1.32	16.28
TL2	50	8.137	1.32	4.61
TL3	30	9.195	1.32	5.06
板材参数	板材：F4B；参数相对介电常数：2.65；介质基板厚度：0.5mm；介质正切损耗：0.002，覆铜层厚度：0.035mm			

新建原理图"Iutput Matching2"，按照表 6-6 的结构参数建立图 6-61 所示的原理图，在图 6-61 中，为了便于电容的装配，加入了元器件"MTEE_ADS"和"TL4"。通过"Tune"控件微调后的 S 参数仿真结果如图 6-62 所示。

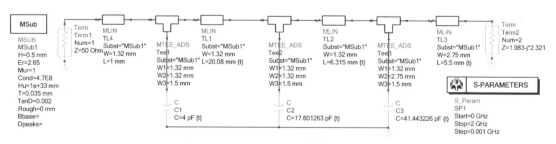

图 6-61　输入匹配电路微带模型

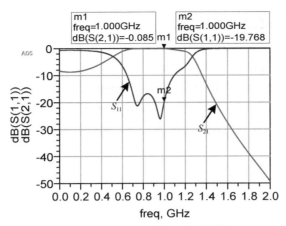

图 6-62　输入匹配网络调谐后的结果

7. 微波功率放大器的原理模型

新建原理图"AMP_design1",放入"FSL_MW6S010N_TECH_INCLUDE"模型卡和"FSL_MW6S010N_Level2_Rev2_MODEL"场效应管。将输入匹配网络、输出匹配网络和馈电网络复制到原理图中,在原理图里面添加端口"P1""P2""P3"和"P4",分别设置为射频输入端口、射频输出端口、栅极馈电端口和漏级馈电端口,并按照图 6-63 进行连接。

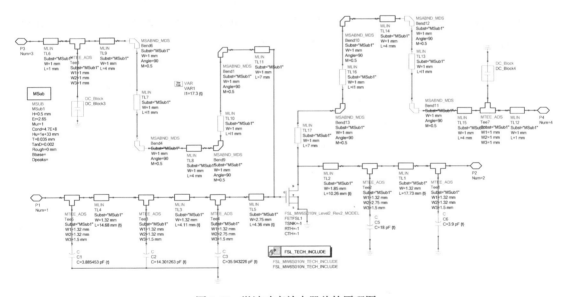

图 6-63　微波功率放大器总的原理图

返回 ADS 工程目录,右击"AMP_design1"图标按钮,选择"New Symbol"选项,按照默认选项,单击"OK"按钮,生成模型,如图 6-64 所示,保存文件。

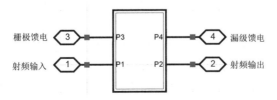

图 6-64　ADS 软件生成的微波功率放大器模型

8. 微波功率放大器的 S 参数仿真

新建原理图"AMP_S_Par",在原理图中加入"FSL_MW6S010N_TECH_INCLUDE"模型卡、S 参数仿真器"S-PARAMETERS"、端口"Term"和理想电容"DC_Block"。打开 ADS 软件库,单击"Open the Library Browser"图标按钮,弹出"Component Library"对话框,选择"Workspace Libraries"选项,将微波功率放大器原理模型"AMP_design1"拖入原理图中;在原理图中,加入两个直流电源"V_DC",分别设置栅极电压为 2.7V,漏极电压为 28V,按照图 6-65 进行连接。

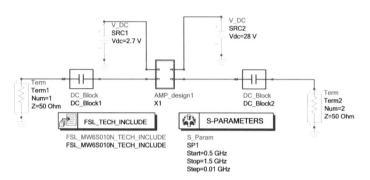

图 6-65　微波功率放大器的 S 参数仿真模型

单击"Simulate"图标按钮进行仿真,仿真结果如图 6-66 所示。从图 6-66(a)可以看出,在 1GHz 处,输入回波损耗约为-17.2dB,输出回波损耗约为-17.7dB,微波功率放大器增益约为 19.6dB。从图 6-66(b)可以看出,微波功率放大器在 0.95～1.05GHz 范围内,增益波动为 0.483dB。

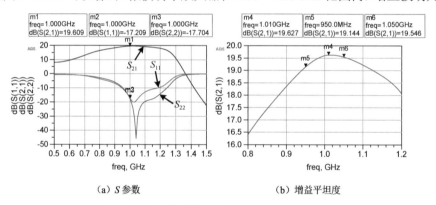

(a) S 参数　　　　　　　　　　　　　　(b) 增益平坦度

图 6-66　微波功率放大器 S 参数的仿真结果

9. 微波功率放大器的谐波平衡（HB）仿真

选择"DesignGuide"→"Amplifier"菜单命令,在弹出的"Amplifier"对话框中,选择谐波平衡仿真模板"Spectrum, Gain, Harmonic Distortion vs. Power(w/PAE)"。ADS 软件自动新建谐波平衡仿真原理图"HB1TonePAE_Pswp"。

删除仿真原理图自带的元器件模型,将"AMP_design1"模型加入原理图中,加入"FSL_MW6S010N_TECH_INCLUDE"模型卡和理想电容"DC_Block",按照图 6-67 进行连接。

在"VAR1"中,设置仿真频率为 1000MHz,漏极电压为 28V,栅极电压为 2.7V;双击谐波平衡仿真器"HARMONIC BALANCE"图标按钮,设置谐波次数为 3;双击参数扫描控制器"SWEEP PLAN"图标按钮,设置输入功率范围。仿真原理图及参数设置如图 6-67 所示。

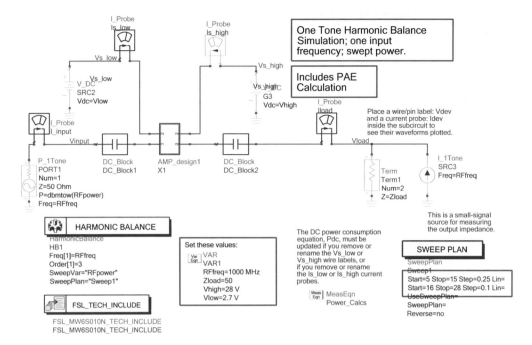

图 6-67　微波功率放大器的谐波平衡仿真原理图

单击"Simulate"图标按钮进行仿真，仿真结果如图 6-68 所示。在图 6-68 中，通过更改"Desired_Pout_dBm"（输出功率的大小），可以看到不同输出功率条件下谐波的变化。

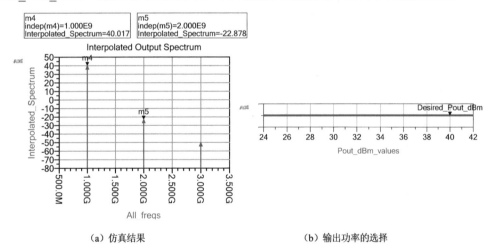

（a）仿真结果　　　　　　　　　　　　（b）输出功率的选择

图 6-68　谐波平衡仿真结果

微波功率放大器的输出功率、增益及增益压缩之间的关系曲线如图 6-69 所示，在这个曲线中，由 m3 可以找出微波功率放大器输出功率为 40dBm 时，增益为 19.304dB；由 m6 的位置可以找出输出 1dB 压缩点功率为 40.905dBm；由 m7 的位置可以找出输出 1dB 压缩点功率时，微波功率放大器的增益为 18.365dB。

微波功率放大器输出功率和功率附加效率之间的关系曲线如图 6-70 所示，m1 给出当输出功率为 40dBm（10W）时，微波功率放大器的功率附加效率为 50.973%；m2 为微波功率放大器的最大功率附加效率点，当微波功率放大器输出功率为 40.905dBm 时，微波功率放大器的最大功率附加效率为 54.37%。

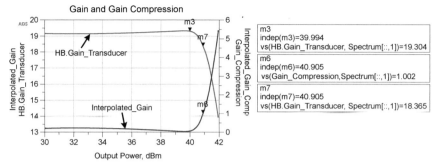

图 6-69　微波功率放大器输出功率、增益及增益压缩之间的关系曲线

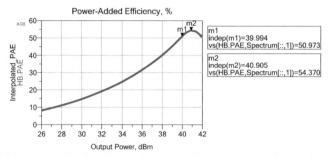

图 6-70　微波功率放大器输出功率和功率附加效率之间的关系曲线

6.4　实验内容及步骤

6.4.1　实验内容

（1）微波小信号放大器的测试，测试参数包括工作频带、增益、增益平坦度、回波损耗、输出 1dB 压缩点功率、三阶互调失真比。

（2）微波功率放大器的测试，测试参数包括工作频带、小信号增益、功率增益、小信号增益平坦度、功率增益平坦度、回波损耗、输出 1dB 压缩点功率、三阶互调截止点、饱和输出功率，测试后计算功率附加效率。

6.4.2　实验测试系统

6.4.2.1　测试方法一

（1）选用图 6-71 所示的矢量网络分析仪，设置矢量网络分析仪的带宽，对仪器进行校准；

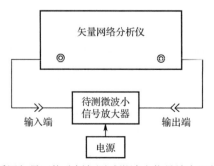

图 6-71　采用矢量网络分析仪测试微波小信号放大器的技术指标

（2）按照图 6-71 的连接方式进行连接；

（3）采用这种方法可直接测试微波小信号放大器的工作频带、增益、增益平坦度、回波损耗等技术指标。

6.4.2.2　测试方法二

（1）选用图 6-72 所示的仪器，按照图 6-72 的连接方式进行连接；

（2）先将射频输入端口的功率设置为-30dBm，频率范围为微波小信号放大器需要测试的频率范围；

（3）设置频谱分析仪的中心频率为射频输入信号的中心频率；

（4）观察微波小信号放大器在不同输入频率和功率下输出功率的大小。采用这种方法可检测微波小信号放大器的增益、增益平坦度、输出 1dB 压缩点功率等技术指标。

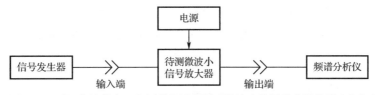

图 6-72　采用信号发生器和频谱分析仪测试微波小信号放大器的技术指标

6.4.2.3　测试方法三

（1）选用图 6-73 所示的矢量网络分析仪，设置矢量网络分析仪的带宽，对仪器进行校准；

（2）按照图 6-73 的连接方式进行连接；

（3）采用这种方法可直接测试微波功率放大器的工作频带、小信号增益、小信号增益平坦度、输入回波损耗、输出 1dB 压缩点功率等技术指标。

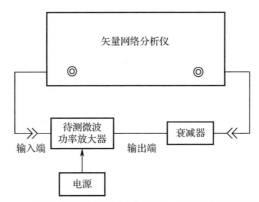

图 6-73　采用矢量网络分析仪测试微波功率放大器的技术指标

6.4.2.4　测试方法四

（1）选用图 6-74 所示的仪器，按照图 6-74 的连接方式进行连接；

（2）先将射频输入端口的功率设置为-30dBm，频率范围为微波功率放大器需要测试的频率范围；

（3）设置频谱分析仪的中心频率为射频输入信号的中心频率；

（4）观察微波功率放大器在不同输入频率和功率下输出功率大小。采用这种方法可检测微波功率放大器的小信号增益、小信号增益平坦度、功率增益、功率增益平坦度、输出 1dB 压缩点功率、功率附加效率等技术指标。

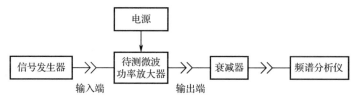

图 6-74　采用信号发生器和频谱分析仪测试微波功率放大器的技术指标

6.4.2.5　测试方法五

（1）选用图 6-75 所示的仪器，按照图 6-75 的连接方式进行连接；

（2）先将射频输入端口的功率设置为-30dBm，频率范围为微波功率放大器需要测试的频率范围；

（3）设置频谱分析仪的中心频率为射频输入信号的中心频率；

（4）观察微波功率放大器在不同输入频率和功率下输出功率和互调信号的大小。采用这种方法可检测微波功率放大器的三阶互调截止点、三阶互调失真比等技术指标。

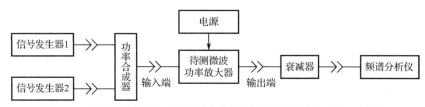

图 6-75　采用信号发生器和频谱分析仪测试微波功率放大器的技术指标

6.4.3　实验步骤

6.4.3.1　测试方法一实验步骤

（1）开启矢量网络分析仪，预热 10～20 分钟。

（2）设置矢量网络分析仪的频率范围、步进、功率，按照第 1 章的校准方法对矢量网络分析仪进行校准。

（3）打开直流稳压电源开关，设置电源电压，设置电源限流，将电源接入待测微波小信号放大器，确保微波小信号放大器的静态电流工作正常，关闭电源输出开关。

（4）保持测试电缆不变，按图 6-71 接入待测微波小信号放大器，打开直流稳压电源开关。

（5）在显示窗口中选择 S_{11}、S_{21} 和 S_{22}，通过移动频标，可以看到 S_{11}、S_{21} 和 S_{22} 在不同频点的读数。

（6）记录测试数据，根据 6.2.1 节的定义，测试出微波小信号放大器的增益、增益平坦度、回波损耗等技术指标。

（7）测试完成后，先关闭矢量网络分析仪的输出，再关闭直流稳压电源开关，并将电缆、待测件、仪器仪表放回原来的位置。

6.4.3.2　测试方法二实验步骤

（1）开启信号发生器、频谱分析仪和矢量网络分析仪，预热 10～20 分钟。

（2）采用矢量网络分析仪对接入图 6-72 中两根电缆的插入损耗进行校准。

（3）设置信号发生器和频谱分析仪的测试频率、功率（在微波小信号放大器和频谱分析仪的正常工作范围内）。

（4）打开直流稳压电源开关，设置电源电压，设置电源限流，将电源接入待测微波小信号放大器，确保微波小信号放大器静态电流工作正常，关闭电源输出开关。

（5）保持测试电缆不变，按图 6-72 接入待测微波小信号放大器，打开电源输出开关，打开信号发生器的输出开关。

（6）在频谱分析仪上，通过频标，读出并记录微波小信号放大器的输出功率值。

（7）设置信号发生器的功率按 1dB 增加，在频谱分析仪上，通过频标，读出并记录微波小信号放大器的输出功率值，直至微波小信号放大器输出功率增加不明显为止；更换频点，重复上述测试过程。

（8）记录测试数据，根据 6.2.1 节的定义，计算出微波小信号放大器的输入 1dB 压缩点功率。

（9）测试完成后，先关闭信号发生器的输出开关，再关闭直流稳压电源开关，并将电缆、待测件、仪器仪表放回原来的位置。

6.4.3.3　测试方法三实验步骤

（1）保持矢量网络分析仪器接地良好，打开电源，预热 10～20 分钟。

（2）设置矢量网络分析仪的频率范围、步进、功率，按照第 1 章的校准方法对矢量网络分析仪进行校准。

（3）测试衰减器及未校准的转接头的衰减量。

（4）打开直流稳压电源开关，设置电源电压，设置电源限流。将衰减器接入微波功率放大器的输出端口（注意衰减器的方向），衰减器的输出端口再接入 50Ω 负载。将电源接入待测微波功率放大器，确保微波功率放大器静态电流工作正常，关闭电源输出开关。

（5）将微波功率放大器接入系统前，为保证仪器使用安全，首先确保微波功率放大器的饱和输出功率减去衰减器的衰减量小于 20dBm。保持测试电缆不变，按图 6-73 接入待测微波功率放大器，打开直流稳压电源开关。

（6）在显示窗口中选择 S_{11} 和 S_{21}，通过移动频标，可以看到 S_{11} 和 S_{21} 在不同频点的读数。

（7）记录测试数据，根据 6.2.1 节的定义，计算出微波功率放大器的小信号增益、增益平坦度、输入回波损耗等技术指标。

（8）测试完成后，先关闭信号发生器的输出开关，再关闭直流稳压电源开关，并将电缆、待测件、仪器仪表放回原来的位置。

6.4.3.4　测试方法四实验步骤

（1）开启信号发生器、频谱分析仪和矢量网络分析仪，预热 10～20 分钟。

（2）按照第 1 章的校准方法对矢量网络分析仪进行校准，测试接入图 6-74 中三根电缆及衰减器的插入损耗。

（3）将微波功率放大器接入系统前，首先确保微波功率放大器的饱和输出功率减去衰减器的衰减量小于 20dBm。

（4）打开直流稳压电源开关，设置电源电压，设置电源限流；将衰减器接入微波功率放大器的输出端口，衰减器的输出端口再接入 50Ω 负载；将电源接入待测微波功率放大器，确保微波功率放大器静态电流工作正常，关闭电源输出开关。

（5）设置信号发生器和频谱分析仪的测试频率、功率（在微波功率放大器和频谱分析仪的正常工作范围内）。

（6）保持测试电缆不变，按图 6-74 接入信号发生器、待测微波功率放大器及衰减器，打开电源输出开关，打开信号发生器的输出开关。

（7）在频谱分析仪上，通过频标，读出并记录微波功率放大器的输出功率值，设置信号发生器的输出功率按照 1dB 步进增大。在频谱分析仪上，通过频标，读出并记录微波功率放大器的输出功率值，直至输出功率增大不明显为止，在记录功率值的同时，记录直流稳压电源的电流、电压读数。更换频点，重复上述测试过程。

（8）记录测试数据，根据 6.2.1 节的定义，计算出微波功率放大器的输出 1dB 压缩点功率、饱和输出功率、增益平坦度、功率附加效率等技术指标。

（9）测试完成后，先关闭信号发生器的输出开关，再关闭开直流稳压电源开关，并将电缆、待测件、仪器仪表放回原来的位置。

6.4.3.5　测试方法五实验步骤

（1）开启信号发生器、频谱分析仪，预热 10～20 分钟。

（2）将微波功率放大器接入系统前，首先确保微波功率放大器的饱和输出功率减去衰减器的衰减量小于 20dBm。

（3）将信号发生器 1 和信号发生器 2 的输出信号通过功率合成器进行合成，将合成信号直接输出至频谱分析仪。

（4）在微波功率放大器的输出频段范围内，设置信号发生器 1 和信号发生器 2 的频率相差 10MHz，设置信号发生器 1 和信号发生器 2 的输出功率均为-7dBm。

（5）分别打开信号发生器 1 和信号发生器 2 的输出开关，通过微调信号发生器的输出功率，确保两个信号在频谱分析仪上的读数都为-10dBm。

（6）先关闭信号发生器的输出开关，再关闭直流稳压电源，保持测试电缆不变，按图 6-75 接入微波功率放大器，打开电源输出开关，打开信号发生器的输出开关。

（7）在频谱分析仪上，通过频标，读出并记录信号发生器 1 和信号发生器 2 的对应频率及三阶互调分量的功率值。

（8）设置两台信号发生器的输出功率按照 1dB 步进增加。在频谱分析仪上，通过频标，读出并记录信号分量和三阶互调分量的功率值，直至信号分量与三阶互调分量相差 10dB，更换频点，重复上述测试过程。

（9）记录测试数据，根据 6.2.1 节的定义，计算出微波功率放大器的输出三阶互调截止点。

（10）测试完成后，先关闭信号发生器的输出开关，再关闭直流稳压电源开关，并将电缆、待测件、仪器仪表放回原来的位置。

6.5　注意事项

（1）为确保测试准确，应在仪器开机后预热 10～20 分钟再进行测试。

（2）开启仪器时，一定要检查仪器仪表接地是否良好，测试过程中应佩戴接地手环。

（3）完成仪器校准后，应保持校准时所用的连接电缆和接头不变更。

（4）待测件、校准件、电缆和各转接连接器的连接最好使用力矩扳手。

（5）测试过程中应始终保持电缆和转接连接器的各个接头拧紧。

6.6　总结与思考

6.6.1　总结

实验总结以学生撰写实验报告的方式体现，实验报告要求如下。

（1）写明学号、姓名、班级及实验名称；

（2）简要说明微波小信号放大器和微波功率放大器的工作原理；

（3）简述使用 ADS 软件对微波小信号放大器、微波功率放大器的设计步骤，进行建模、优化仿真，写出仿真步骤及运行结果，并附图；

（4）比较 ADS 软件仿真得出的结果和实际制作的微波功率放大器技术指标测量结果，分析造成这种差异的原因；

（5）分析微波小信号放大器和微波功率放大器设计技术指标要求的异同，通过测试，对微波小信号放大器和微波功率放大器的技术指标进行分析对比；

（6）写出实验的心得体会；

（7）提交实验报告。

6.6.2　思考题

（1）微波放大器设计有哪些具体方案，在特性阻抗匹配电路中，如何实现宽带匹配？

（2）简述微波小信号放大器、微波功率放大器匹配电路匹配方法的异同，在 ADS 软件中仿真时，如何体现两种微波放大器关注的核心技术指标？

（3）采用 Agilent 公司的高电子迁移率晶体管（PHEMT）ATF54143，设计一款工作频率为 2GHz，增益大于 15dB，噪声系数小于 1.2dB 的微波小信号放大器。

（4）采用 NXP 公司的 LDMOS 场效应管 AFT27S006N，设计一款工作频率为 2.4GHz，增益大于 20dB，输出功率大于 2W，功率附加效率大于 40% 的微波功率放大器。

第 **7** 章

微波混频器的设计及测试

7.1 实验目的

（1）了解微波混频器的种类及其基本特点，熟悉微波混频器的基本工作原理，掌握微波混频器的主要技术指标；

（2）了解采用 ADS 软件设计微波单平衡混频器的基本方法和步骤；

（3）测试微波单平衡混频器的工作频带、变频损耗、隔离度、输入 1dB 压缩点功率、动态范围等主要技术指标并与仿真结果进行比较，分析实际制作中哪些因素会影响设计技术指标。

7.2 基本工作原理

微波混频器是微波集成电路接收系统中必不可少的部件，不论是微波通信、雷达、遥控、遥感还是侦察与电子对抗，以及许多微波测量系统，都必须把微波信号用微波混频器降到中低频来进行处理。它的性能（如噪声特性、变频损耗）对整个微波系统有十分重要的影响。在毫米波、亚毫米波，要实现高灵敏度和低噪声接收，微波混频器是关键性的部件。它是利用非线性或时变元器件来达到频率变换目的的电路。

目前，各种微波系统中很多都采用了集成电路式微波混频器，尤其以二极管混频为主，主要是因为集成电路式微波混频器体积小，性能稳定可靠，设计技术成熟，而且结构灵活多样，适合各种特殊应用。这种微波二极管混频器结构简单、便于集成、工作频带宽，可达到几个甚至几十个倍频程，且噪声较低、工作稳定、动态范围大，不容易出现饱和，因而成为微波集成电路系统的主要应用形式，本章也将以这种微波二极管混频器来进行介绍。从电路结构形式来看，微波混频器有单管式混频器、两管平衡式混频器（也叫单平衡混频器）和多管式混频器。单管式混频器只用一支二极管，结构简单、成本低，但噪声高、抑制干扰能力差，在性能要求不高时可以采用；两管平衡式混频器借助于平衡电桥可使本机振荡器（简称本振）的噪声抵消，因而噪声性能得到改善，电桥又使信号和本振之间达到良好隔离，因此两管平衡式混频器是普遍采用的形式；还有多管式混频器，例如，管堆式双平衡混频器、镜像频率抑制混频器等是为特殊要求而设计的，可用于多倍频程设备、镜像频率能量回收或自动抑制镜像频率干扰。

7.2.1   微波二极管混频器的非线性电阻混频原理

微波二极管混频器的原理等效电路如图 7-1 所示。在肖特基势垒二极管上加较小的直流偏压 V_0（或零偏压）、大信号本振 $v_L(t)$（1mW 级以上）及接收的微弱信号 $v_S(t)$（μW 级以下）。

假设本振 $v_L(t)$ 与信号 $v_S(t)$ 分别表示为

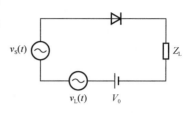

图 7-1   微波二极管混频器的原理
等效电路

$$v_L(t) = V_L \cos \omega_L t$$
$$v_S(t) = V_S \cos \omega_S t \qquad (7\text{-}1)$$

由于 $V_L \gg V_S$，因此可以认为二极管工作点随本振电压而变化，而在各工作点展开为泰勒级数。设二极管伏安特性用 $i = f(v)$ 表示，则求得二极管电流的瞬时值为

$$
\begin{aligned}
i = f(v) &= v(V_0 + V_L \cos \omega_L t + V_S \cos \omega_S t) \\
&= f(V_0 + V_L \cos \omega_L t) + f'(V_0 + V_L \cos \omega_L t) V_S \cos \omega_S t \qquad (7\text{-}2) \\
&\quad + \frac{1}{2!} f''(V_0 + V_L \cos \omega_L t) V_S^2 \cos \omega_S t + \cdots
\end{aligned}
$$

由于 $I\text{-}V$ 特性的非线性，上述展开式中第一项含直流和本振基波及其谐波项，是二极管电流中的大信号成分，并可用傅里叶级数表示为

$$f(V_0 + V_L \cos \omega_L t) = \sum_{n=-\infty}^{\infty} I_n e^{jn\omega_L t} \qquad (7\text{-}3)$$

泰勒展开式（7-2）中其他各项为二极管电流中的信号成分，当 V_S 很小时，可仅取第二项。式（7-2）中，

$$f'(V_0 + V_L \cos \omega_L t) = \frac{\mathrm{d}i}{\mathrm{d}v}\bigg|_{v=V_0 + V_L \cos \omega_L t} = g(t) \qquad (7\text{-}4)$$

式中，$g(t)$ 为二极管电导。由于二极管是非线性元器件，有

$$i = f(v) I_S (e^{\alpha v} - 1)$$

则

$$g(t) = \alpha I_S e^{\alpha(V_0 + V_L \cos \omega_L t)} \qquad (7\text{-}5)$$

$g(t)$ 也可展成傅里叶级数：

$$g(t) = \sum_{n=-\infty}^{\infty} g_n e^{jn\omega_L t} = g_0 + 2\sum_{n=1}^{\infty} g_n \cos n\omega_L t \qquad (7\text{-}6)$$

其中

$$g_n = \frac{1}{2\pi} \int_0^{2\pi} g(t) e^{-jn\omega_L t} \mathrm{d}\omega_L t \qquad (7\text{-}7)$$

已知 $g(t)$ 表达式（7-6），即可求出各项 g_n 值。其中 g_0 称为二极管的平均混频电导，g_n 是对应本振 n 次谐波的混频电导。

因此由式（7-2）、式（7-4）和式（7-6）可知二极管电流中的小信号成分近似为

$$
\begin{aligned}
i(t) &= f'(V_0 + V_L \cos \omega_L t) V_S \cos \omega_S t \\
&= [g_0 + 2g_1 \cos \omega_L t + 2g_2 \cos 2\omega_L t + \cdots] V_S \cos \omega_S t \qquad (7\text{-}8) \\
&= g_0 V_S \cos \omega_S t + \sum_{n=1}^{\infty} g_n V_S \cos(n\omega_L \pm \omega_S) t
\end{aligned}
$$

若原理等效电路 7-1 中负载 Z_L 采用谐振回路，选出所需中频成分（取决于一次混频电导与信

号电压的乘积）：

$$i_{if}(t) = g_1 V_S \cos \omega_{if} t \tag{7-9}$$

其中

$$\omega_{if} = \omega_S - \omega_L，\quad 当 \omega_S \geqslant \omega_L$$

或

$$\omega_{if} = \omega_L - \omega_S，\quad 当 \omega_L > \omega_S$$

中频以外的其他混频产物都是我们不需要的频率成分，可称为寄生频率或无用边带。由于寄生频率也是由信号和本振差拍产生的，如果在微波混频器电路中消耗在某个电阻上，就损失了信号功率，使输出中频功率小于输入信号功率，导致"净变频损耗"。这些寄生频率中，$\omega_L + \omega_S$ 项为和频 ω_+，由式（7-8）可知，其幅度也是由 $g_1 V_S$ 决定的，和中频分量幅度相同，但它离信号频率的距离接近倍程，有可能予以滤除。另外，$2\omega_L - \omega_S$ 为镜像频率 ω_i，其幅度由 $g_2 V_S$ 决定，也是不容忽略的。由于在微波混频时中频 $\omega_{if} \ll \omega_S$，因此镜像频率距信号频率仅二倍中频，往往处在信号通带之内，镜像频率分量在信源内阻上会造成功率损耗，因此镜像频率比和频更应引起电路设计者的注意。

至于其他寄生频率，其幅度由时变电导 $g(t)$ 的三次以上谐波决定，数值较小，其频率又往往处在信号通带之外，简化分析时可不考虑其影响。因此在分析和设计微波混频器时，至少要考虑到三个小信号频率成分：信号频率 ω_S、中频频率 ω_{if}、镜像频率 ω_i。在设计微波混频器电路时，要使输出电路能抑制信号及镜像频率分量，仅允许有用中频输出；在输入电路中最好使镜像频率能量反射回二极管，重新与本振混频产生中频（$\omega_L - \omega_i = \omega_{if}$），如果相位合适，就能"回收"能量，减小净变频损耗。

以上假设接收信号较弱，忽略了信号的谐波，并设本振与信号初始相位为零。实际上，信号可能很强，本振与信号间也有相位差，在这种情况下，就不能将 v_{S2} 以上的高次项忽略了。此时，混频电流的频谱分量增大。下面先看一般情况，假设本振 $v_L(t)$ 与信号 $v_S(t)$ 的电压分别为

$$v_L(t) = V_L \cos(\omega_L t + \varphi_L)$$

$$v_S(t) = V_S \cos(\omega_S t + \varphi_S) \tag{7-10}$$

则由混频产生的中频电流成分 i_{if} 为

$$i_{if}(t) = g_1 V_S \cos[\omega_{if} t + (\varphi_S - \varphi_L)]，\quad \omega_S \geqslant \omega_L$$

或

$$i_{if}(t) = g_1 V_S \cos[\omega_{if} t + (\varphi_L - \varphi_S)]，\quad \omega_L > \omega_S \tag{7-11}$$

而在强信号下（仍有 $V_L \gg V_S$），混频电流 $i(t)$ 可最终表示为

$$i(t) = \sum_{n=-\infty}^{\infty} \sum_{m=-\infty}^{\infty} |\dot{I}_{n,m}| e^{j(n\varphi_L + m\varphi_S)} e^{j(n\omega_L + m\omega_S)t}$$

$$= \sum_{n=-\infty}^{\infty} \sum_{m=-\infty}^{\infty} \dot{I}_{n,m} e^{j(n\omega_L + m\omega_S)t} \tag{7-12}$$

式中，$\dot{I}_{n,m}$ 是每个 $(nw_L + mw_S)$ 频率分量的复数振幅。因为 $i(t)$ 是时间的实函数，所以 $\dot{I}_{n,m} = \dot{I}_{-n,-m}^*$。显然要比不考虑信号谐波时（仅有 $m = \pm 1$）增加了很多组合频率成分，从而消耗了更多的信号功率，使变频损耗增加，并导致各种变频干扰和失真。因此，微波混频器电路设计时最好能抑制部分组合频率成分，以改善微波混频器的性能。

7.2.2 微波混频器的主要技术指标

微波混频器作为微波接收系统中很重要的元器件，其技术指标对整个接收机的性能有很重要的影响，下面简要介绍微波混频器的主要技术指标。

1．变频损耗

微波混频器的变频损耗定义为输入微波资用功率和加到中频负载上的功率之比，即

$$L_m = \frac{p_S}{p_{if}} \tag{7-13}$$

或

$$L_m = 10\lg\left(\frac{p_S}{p_{if}}\right) \tag{7-14}$$

式（7-14）是以 dB 表示的变频损耗。变频损耗 L_m 主要由三部分组成：一是由于频率变换作用产生的损耗；二是由寄生参量 $R_s(\omega)$ 产生的损耗；三是微波混频器输入端口由于阻抗不匹配产生的微波功率反射损耗。实际微波混频器的变频损耗还应考虑电路输入端口和输出端口的失配损耗，此外，还有电路的其他损耗，如接头损耗 [也可并入输入（出）电压驻波比]、微带电路辐射损耗等。因此微波混频器的总变频损耗是以上各项损耗的 dB 数之和。

2．噪声系数

噪声系数是指输入信噪比与输出信噪比的比值，但是微波混频器中存在多个频率，是多频多端口网络，为适应多端口网络噪声分析，噪声系数 F 的定义改为如下形式：

$$F = \frac{p_{n0}}{p_{nS}} \tag{7-15}$$

式中，P_{n0} 为当系统输入端口噪声在所有频率上都是标准温度 T_0=290K 时，系统传输到输出端口的总噪声资用功率；P_{nS} 为仅由信号输入所产生的那一部分输出的噪声资用功率。

根据微波混频器具体用途的不同，噪声系数可分为两种：单边带噪声系数和双边带噪声系数，单边带噪声系数比双边带噪声系数大 3dB。

3．动态范围

动态范围是微波混频器正常工作时所接收微波信号的功率范围。其下限通常指信号与基底噪声电平相比拟时的功率。在不同的应用环境中，动态范围的下限是不一样的。动态范围的上限受输出中频功率饱和限制，通常是指输入 1dB 压缩点的微波输入信号功率。

4．工作频带

微波混频器的工作频带是指满足各项技术指标的工作频率范围。因为微波混频器是多频率元器件，所以除应指明信号工作频带外，还应该注明本振频率可用范围及中频频率。微波混频器的带宽取决于二极管的寄生参量及组成电路各元器件的工作频带宽度。

5．隔离度

微波混频器的隔离度是指各频率端口之间的隔离度，该指标包括三项：信号与本振间的隔离度、信号与中频间的隔离度、本振与中频间的隔离度。其定义是本振或信号泄露到其他端口的功率与原有功率之比。

7.3　设计实例

本实验将设计一个图 7-2 所示的微波单平衡混频器，其电路由 90°混合耦合器、匹配电路、二极管对及低通滤波器组成。在电路设计时，90°混合耦合器和低通滤波器使用 ADS 软件的 DesignGuide 功能进行综合，二极管使用 DiodeModel 模型进行建模。

微波单平衡混频器设计技术指标要求如下。

射频频率：3.6GHz；

本振频率：3.8GHz；

中频频率：0.2GHz；

变频损耗：≤5dB；

隔离度：≥20dB。

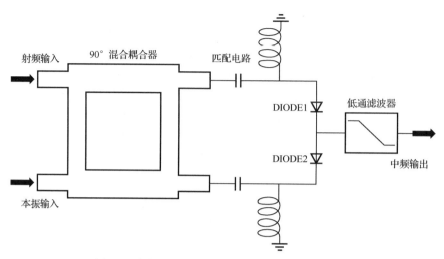

图 7-2　本实验搭建的微波单平衡混频器结构示意图

下面从 90°混合耦合器的设计、低通滤波器的设计和微波混频器的搭建及匹配电路调谐 4 个方面进行微波单平衡混频器的设计。

1．90°混合耦合器的设计

90°混合耦合器采用微带分支线耦合器，其典型结构如图 7-3 所示。端口 1 为输入；端口 2 和端口 3 输出功率相等，均为端口 1 输入功率的一半，相位差为 90°；端口 4 为隔离端。

使用 ADS 软件的设计向导（DesignGuide）进行 90°混合耦合器设计。首先在 ADS 软件中新建项目，命名为"Balance mixer"。新建原理图"Hybrid90_SP"，进行 90°混合耦合器设计。

选择"DesignGuide"→"Passive Circuit"菜单命令，如图 7-4 所示。

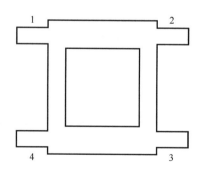
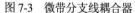

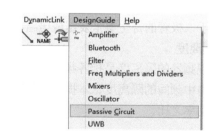

图 7-3　微带分支线耦合器　　　　图 7-4　ADS 软件的设计向导（DesignGuide）选择

在新弹出的页面中，双击"Passive Circuit Control Window"图标按钮，单击"Component Palette Microstrip Circuit"图标按钮，如图 7-5 圆圈所示。原理图中会自动打开对应的元器件库（注意，元器件库上方的"Lumped-Components"并不是当前元器件库的名字，而是打开设计向导前元器件库的名字），然后分别单击微带介质基板"MSUB"图标按钮和微带分支线耦合器"Microstrip Branch-line Coupler SmartComponent"图标按钮（如图 7-5 椭圆圈部分所示），在原理图中加入对应元器件。

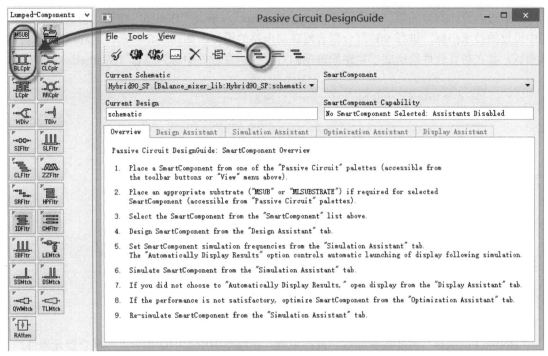

图 7-5　微带介质基板和微带分支线耦合器选择界面

在对微带分支线耦合器的技术指标进行设置时，针对微波混频器的设计技术指标，可以调整微带分支线耦合器技术指标，设置中心频率为"F=3.7GHz"，带宽为"DeltaF=0.4GHz"，保持其余参数不变，如图 7-6 所示。

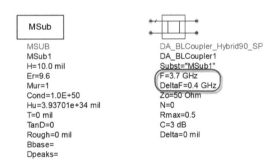

图 7-6　微带分支线耦合器指标设置

返回设计向导页面，在"SmartComponent"下拉列表中出现了新加入耦合器的名字：DA_BLCoupler1，选中它，如图 7-7 所示。

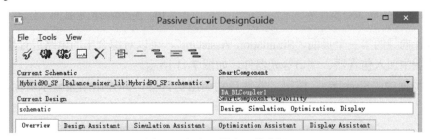

图 7-7　新加入耦合器的选择

然后进入设计向导的第二个页面"Design Assistant",单击"Design"按钮,仿真器根据原理图中设置的技术指标,进行 90°混合耦合器底层电路的设计,如图 7-8 所示。这种给出元器件技术指标,并在仿真软件给出底层电路原理图的方式在仿真软件中称为综合(Synthesis)。

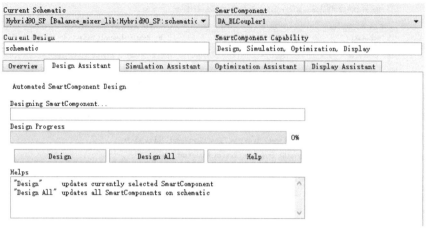

图 7-8　90°混合耦合器底层电路的设计

"Design Progress"进度条变绿后,设计完成。在原理图中选中微带分支线耦合器元器件,再单击"Push Into Hierarchy"图标按钮(如图 7-9 圆圈所示),可以观察综合后得到的底层电路。

使用微带构建的 90°混合耦合器如图 7-10 所示。

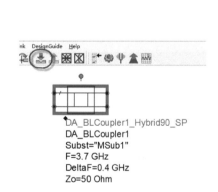

图 7-9　完成后的 90°混合耦合器

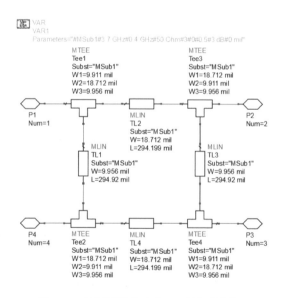

图 7-10　使用微带构建的 90°混合耦合器

进入设计向导的第三个页面"Simulation Assistant",可以对综合出的电路进行快速仿真,而无须在原理图中加入仿真器、端口等元器件,如图 7-11 所示。

单击该页面中"Simulate"按钮,软件自动调用仿真器,并弹出结果显示页面,如图 7-12 所示。

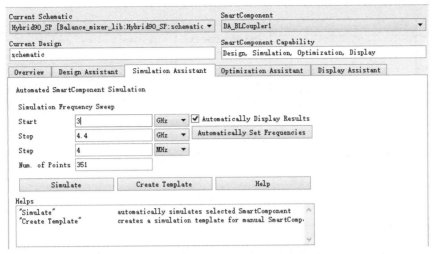

图 7-11　在"Simulation Assistant"页面对综合出的电路进行快速仿真

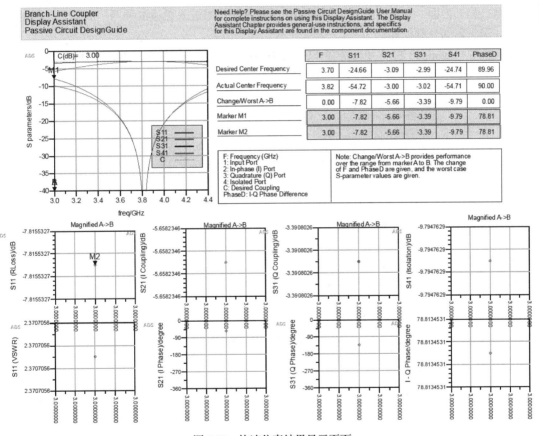

图 7-12　快速仿真结果显示页面

　　在数据显示窗口中调节各标记（A、B、M1），可以获得 90°混合耦合器各项技术指标，如输入端口回波$|S_{11}|$、输入至两个耦合端口的传输损耗$|S_{21}|$和$|S_{31}|$、两耦合端口之间的相位差 PhaseD、输入端口和隔离端口之间的隔离度$|S_{41}|$等，数据显示窗口如图 7-13 所示。

　　综合出的电路和设计技术指标有一定差异。调整原理图中耦合器中心频率为"F=3.59GHz"，重新进行设计，可以获得中心频率为 3.7 GHz 的 90°混合耦合器电路。

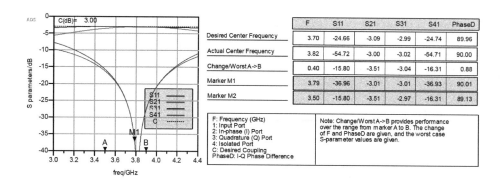

F	S11	S21	S31	S41	PhaseD
Desired Center Frequency	3.70	-24.66	-3.09	-2.99	-24.74	89.96
Actual Center Frequency	3.82	-54.72	-3.00	-3.02	-54.71	90.00
Change/Worst A->B	0.40	-15.80	-3.51	-3.04	-16.31	0.88
Marker M1	3.79	-36.96	-3.01	-3.01	-36.93	90.01
Marker M2	3.50	-15.80	-3.51	-2.97	-16.31	89.13

F: Frequency (GHz)
1: Input Port
2: In-phase (I) Port
3: Quadrature (Q) Port
4: Isolated Port
C: Desired Coupling
PhaseD: I-Q Phase Difference

Note: Change/Worst A->B provides performance over the range from marker A to B. The change of F and PhaseD are given, and the worst case S-parameter values are given.

图 7-13　快速仿真结果

2. 低通滤波器的设计

微波混频器输出信号中，除中频信号外，还有射频信号、本振信号及其他各次谐杂波及交调产物，因此需要在微波混频器中频输出端口加入低通滤波器。低通滤波器一方面可以让输出频谱较为干净；另一方面，也可以通过反射射频信号及本振信号进入微波混频器，对其充分利用，以减小微波混频器的变频损耗。

在原理图"Hybrid90_SP"中，选择"DesignGuide"→"Filter"菜单命令，选择"Filter Control Window…"选项，如图 7-14 所示。

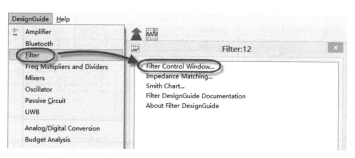

图 7-14　选择"DesignGuide"→"Filter"菜单命令

由于中频频率很低，因此选择集总参数低通滤波器。首先单击元器件库图标按钮，然后选择集总参数低通滤波器，如图 7-15 所示。

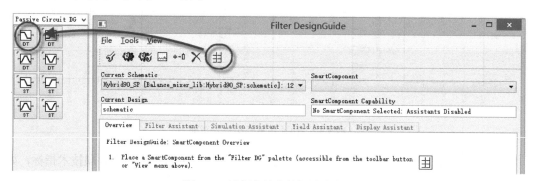

图 7-15　选择集总参数低通滤波器

和耦合器综合不同的是，滤波器技术指标设置在设计向导的"Filter Assistant"页面中。分别设置低通滤波器的通带频率"Fp"=0.5GHz，通带损耗"Ap"=3dB，阻带频率"Fs"=1GHz，阻带损耗"As"=20dB，如图 7-16 所示，然后单击"Design"按钮。

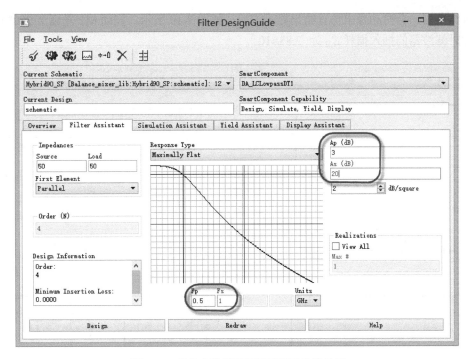

图 7-16　集总参数低通滤波器设计参数设置

设计向导综合出一个 4 阶低通滤波器，其底层拓扑如图 7-17 所示。

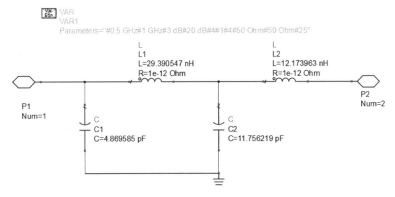

图 7-17　4 阶低通滤波器的底层拓扑

在"Simulation Assistant"页面中，设置仿真开始频率 Start=0MHz，终止频率 Stop=3GHz，步长 Step=20MHz，如图 7-18 所示，然后单击"Simulate"按钮。

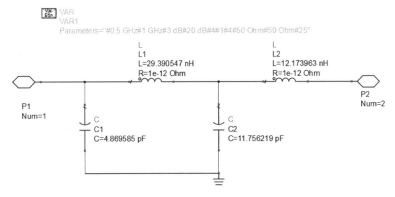

图 7-18　四阶低通滤波器仿真设置

仿真结束后，会自动弹出仿真结果显示窗口，如图 7-19 所示。拖动 M1 光标至 200MHz，可以读出此时滤波器的插入损耗 S_{21} 为 -2.83×10^{-3}。

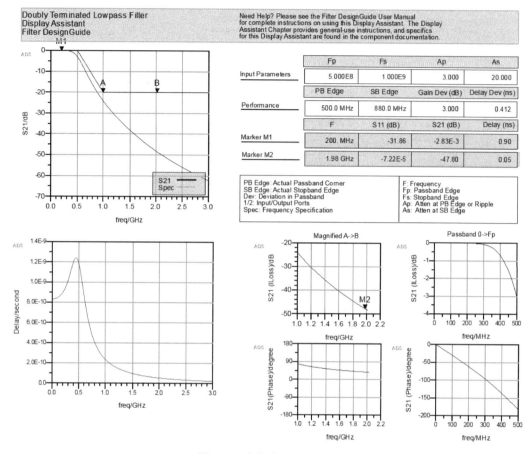

图 7-19　仿真结果显示窗口

3. 微波混频器的搭建及匹配电路调谐

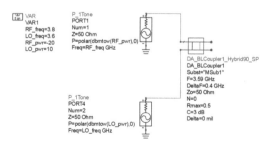

图 7-20　原理图中的变量定义

将原理图 Hybrid90_SP 另存为 Balance_mixer _HB。加入两个单音信号源 P_1Tone，分别与 90°混合耦合器的端口 1 和端口 4 相连。其中端口 1 为射频端口，设置其频率为 RF_freq，功率为 RF_pwr。端口 4 为本振端口，设置其频率为 LO_freq，功率为 LO_pwr。在原理图中添加变量公式，4 个变量定义如图 7-20 所示。

在元器件库"Devices-Diodes"中选择元器件"Diode"及模型卡"Diode M"。在模型卡"DIODEM1"中设置二极管饱和电流为"Is=5nA"，二极管导通电阻为"Rs=6 Ohm"，二极管发射系数为"N=1.02"，二极管传输时间为"Tt=0"，二极管零偏置结电容为"Cjo=0.2pF"，二极管节电压为"Vj=0.8V"，二极管等级系数为"M=0.5"，二极管击穿电压为"Bv=10V"，二极管击穿电流为"Ibv=101uA"。指定二极管"DIODE1"的模型为模型卡"DIODEM1"，如图 7-21 所示。

加入谐波平衡仿真器，设置"Freq[1]=LO__freq GHz""Freq[2]=RF__freq GHz"，两个频率的

阶数为"Order[1]=3""Order[2]=3",最大混频阶数为"Max Order=5",如图 7-22 所示。

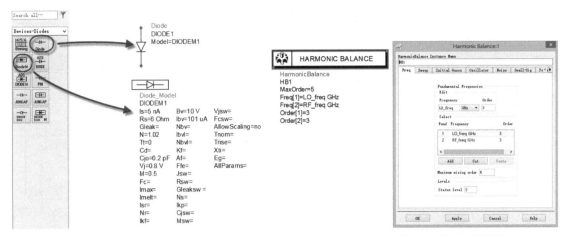

图 7-21　元器件的参数定义	图 7-22　谐波平衡仿真器的参数设置

复制二极管"DIODE1",并粘贴为背靠背模式。将二极管对分别与 90°混合耦合器端口 2、端口 3 进行连接。二极管对中间引线和低通滤波器的输入端口连接。将 90°混合耦合器端口 1 命名为 Vrf,90°混合耦合器端口 4 命名为 Vlo,低通滤波器输出端口命名为 Vif,微波混频器的整体仿真电路如图 7-23 所示。

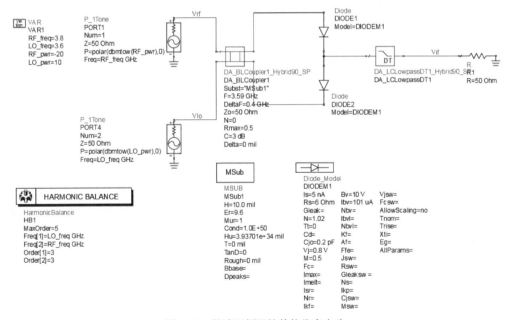

图 7-23　微波混频器的整体仿真电路

微波混频器的仿真设置中,射频频率为 3.8GHz,输入功率为-20dBm,本振频率为 3.6GHz,本振信号功率为 10dBm,仿真结果如图 7-24 所示。从 7-24 可以看出,在射频输入端口,3.6GHz 本振信号泄露功率为-4.774dBm,因此隔离度为 14.774dB。在中频输出端口,200MHz 中频信号功率为-22.844dBm,变频损耗为 2.844dB。

此时仿真的微波混频器电路并未进行匹配,因此此时微波混频器电路的 LO-RF 隔离度较小,本振信号大功率会反向叠加到射频路径,可能损坏射频路径中的元器件。为了改善微波混频器的隔离度指标，可以在二极管和 90°混合耦合器输出端口之间加入匹配电路。设置电容值和电感值分别为变量，并使用变量定义其值为"C_matching=2.5"和"L_matching=2.9"，如图 7-25 所示。

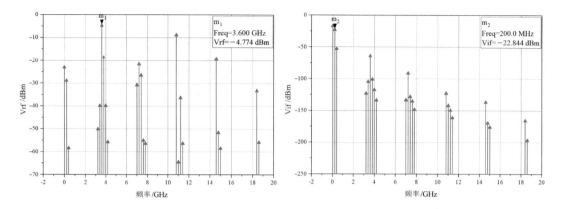

图 7-24　微波混频器的仿真结果

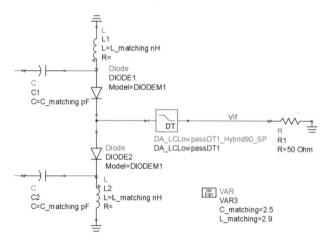

图 7-25　在二极管和 90°混合耦合器输出端口之间加入匹配电路

再次进行谐波平衡仿真，仿真结果如图 7-26 所示。加入匹配电路后的微波混频器，中频 200MHz 输出功率为-21.156dBm，即变频损耗为 1.156dB。射频输入端口 3.6GHz 本振信号泄露功率为-17.068dBm，即隔离度为 27.068dB，可见，技术指标有很大改善。

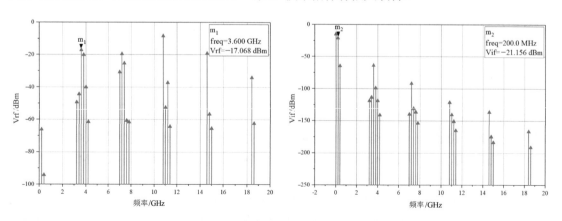

图 7-26　加入匹配电路后的微波混频器仿真结果

　　针对谐波平衡仿真，可以在数据显示中使用变量 Mix 来显示各激励频率之间的关系。在数据显示窗口中插入一个表格，添加变量 Mix，如图 7-27 所示。

　　输出频率表格如图 7-28 所示。所有频率都是谐波平衡仿真器中 Freq[1] 和 Freq[2] 的谐波、交调产物。Mix(1) 对应 Freq[1] 的谐波次数，Mix(2) 对应 Freq[2] 的谐波次数。Mix(1) 和 Mix(2) 的绝对值之和小于或等于 5，即最大谐波阶数为 5。

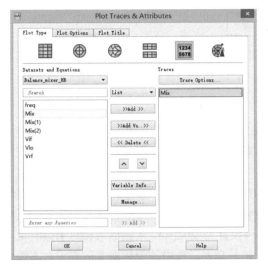

freq	Mix	
	Mix(1)	Mix(2)
0.0000 Hz	0	0
200.0 MHz	-1	1
400.0 MHz	-2	2
3.200 GHz	3	-2
3.400 GHz	2	-1
3.600 GHz	1	0
3.800 GHz	0	1
4.000 GHz	-1	2
4.200 GHz	-2	3
7.000 GHz	3	-1
7.200 GHz	2	0
7.400 GHz	1	1
7.600 GHz	0	2
7.800 GHz	-1	3
10.80 GHz	3	0
11.00 GHz	2	1
11.20 GHz	1	2
11.40 GHz	0	3
14.60 GHz	3	1
14.80 GHz	2	2
15.00 GHz	1	3
18.40 GHz	3	2
18.60 GHz	2	3

图 7-27　添加变量 Mix　　　　　　　　　　图 7-28　输出频率表格

　　而使用 mix() 函数，可以精确指定输出产物。如射频端口本振信号功率可以写为 dBm(mix(Vrf,{1,0}))，中频端口中频输出功率可以写为 dBm(mix(Vif,{-1,1}))。在数据显示窗口中插入表格，可以观察到以上数据的频率及功率值，如图 7-29 所示。

freq	dBm(mix(Vrf,{1,0}))	freq	dBm(mix(Vif,{-1,1}))
3.600 GHz	-17.068	200.0 MHz	-21.156

图 7-29　指定输出产物后的数据

7.4　实验内容及步骤

7.4.1　实验内容

　　微波混频器的测试，测试参数包括工作频带、变频损耗、隔离度、输入 1dB 压缩点功率、动态范围、输出频谱、谐波抑制度。

7.4.2　实验测试系统

　　（1）选用图 7-30 所示的仪器，按照图 7-30 的连接方式进行连接；

　　（2）先将射频输入端口的功率设置为 -20dBm，本振输入端口的功率设置为 10dBm，频率设置为微波混频器需要测试的射频和本振频率；

　　（3）设置频谱分析仪的中心频率为中频输出信号频率，工作带宽需大于微波混频器实际工作带宽。

（4）对微波混频器进行测试，测试参数包括工作频带、变频损耗、隔离度、输入 1dB 压缩点功率、动态范围、输出频谱、谐波抑制度等。

图 7-30　微波混频器测试框图

7.4.3　实验步骤

（1）开启信号发生器和频谱分析仪，预热 10～20 分钟。

（2）设置信号发生器和频谱分析仪，包括测试频率、功率（在元器件和频谱分析仪的正常工作范围内）。

（3）根据设计技术指标要求调整信号发生器和频谱分析仪的频率和输出功率。对微波混频器而言，信号发生器的输出频率为微波混频器的工作频率，根据微波混频器的输入 1dB 压缩点功率设置信号发生器的输出功率，一般情况下输出功率可设置为-20dBm，本振信号相对于微波输入信号应该为大信号，因此本振信号功率设置要远大于信号功率，按微波混频器实际要求对本振信号功率进行设置即可。频谱分析仪的工作带宽需大于微波混频器实际工作带宽。

（4）对工作频带、变频损耗、谐波抑制度、本振—中频隔离度、信号—中频隔离度、输出频谱进行测试。分别按要求设置信号和本振信号的频率和功率，设置频谱分析仪的中心频率和中心带宽，打开信号和本振信号的 RF 信号功率输出开关，记录频谱分析仪上中频信号、本振泄露信号、信号泄露及频谱分析仪全频段内最大杂波信号的幅度及频率。

（5）对输入 1dB 压缩点功率和动态范围进行测试。设置信号的输入功率，从-20dBm 开始，设置频谱分析仪的中心频率和中心带宽；打开信号和本振信号的 RF 信号功率输出开关；逐步增大 RF 信号输出功率到中频输出功率压缩为止，此时信号的输入功率即为输入 1dB 压缩点功率；逐步减小 RF 信号输出功率及频谱分析仪可视带宽到中频输出即将被噪声电平淹没为止，此时信号的输入功率及输入 1dB 压缩点功率之间的范围即微波混频器动态范围。

（6）对本振—信号隔离度进行测试。将微波混频器信号端口接频谱分析仪，中频端口接匹配负载；然后设置本振信号的频率和功率；设置频谱分析仪的中心频率和工作带宽；打开本振信号的 RF 信号功率输出开关；直接在频谱分析仪上读取本振泄露信号的幅度。

（7）记录测试数据。

7.4.4　注意事项

（1）为确保测试准确，应在仪器开机后预热 10～20 分钟再进行测试。

（2）开启仪器前，一定要检查仪器仪表接地是否良好，测试过程中应佩戴接地手环。

（3）完成仪器校准后，应保持校准时所用的连接电缆和接头不变更。

（4）待测件、校准件、电缆和各转接连接器的连接最好使用力矩扳手。

（5）测试过程中应始终保持电缆和转接连接器的各个接头拧紧。

7.5　总结与思考

7.5.1　总结

实验总结以学生撰写实验报告的方式体现，实验报告要求如下。

（1）写明学号、姓名、班级及实验名称；

（2）结合微波混频器的基本原理，写出微波单平衡混频器的设计步骤；

（3）写出利用仿真软件优化仿真的步骤及运行结果，并附图；

（4）比较仿真软件仿真得出的结果和实际制作的微波混频器参数的测试结果，分析产生差异的原因；

（5）写出实验的心得体会；

（6）提交实验报告。

7.5.2　思考

（1）设计一个射频频率为 2GHz，本振频率为 1.7GHz，中频频率为 0.3GHz，变频损耗小于 8dB，射频频率、本振频率和中频频率间的隔离度大于 15dB 的微波单平衡混频器。

（2）设计一个射频频率为 2～2.5GHz，本振频率为 2GHz，中频频率范围为 DC～0.5GHz，变频损耗小于 10dB，射频频率、本振频率和中频频率间的隔离度大于 15dB 的微波单平衡混频器。

第 8 章

微波固态源的设计及测试

8.1 实验目的

（1）了解微波固态源的分类，掌握微波振荡器的主要技术指标及基本工作原理；

（2）了解微波倍频器基本工作原理及应用背景，理解微波倍频器的主要技术指标；

（3）掌握采用 ADS 软件设计微波振荡器和压控振荡器（Voltage Control Oscillator，VCO）的基本方法和步骤；

（4）测试微波振荡器和 VCO 的工作频带、输出功率、谐波抑制度、相位噪声等主要技术指标并与仿真结果进行比较，分析实际制作中哪些因素会影响设计技术指标；

（5）测试微波倍频器的工作频带、工作带宽、变频损耗、输出功率、谐波抑制度及杂波抑制度等主要技术指标。

8.2 基本工作原理

微波固态源是微波固态器件和半导体技术发展的产物，广泛应用于雷达、电子战、通信、测试仪器等各种微波系统，其性能直接影响微波系统性能的优劣。微波振荡器是利用微波半导体器件及谐振电路的相互作用，将直流功率转换成稳态微波信号的装置，是各类微波固态源的"心脏"，它是解决微波信号从无到有的器件。

微波固态源的分类方法很多，可根据器件类型、调谐方式、工作频段、带宽、电路结构形式、稳频方式、功率大小、相位噪声等特征来进行分类。根据工作频段的不同，可分为 L、S、C、X、Ku、K、Ka、U、V、W 频段固态源。根据调谐方式，可分为机械调谐、变容二极管调谐、YIG（Yttrium Iron Garnet）调谐等。根据电路结构形式的不同，可分为波导腔型、同轴型、微带型、鳍线型、单片集成电路（Monolithic Microwave Integrated Circuit，MMIC）等。根据稳频方式的不同，可分为高 Q 腔稳频、锁相稳频等。另外微波固态源也可以采用频率稳定度高的石英晶体振荡器及倍频链方式来实现，其在微波低端具有高稳定度的优点，是一种性价比很高的实现方式，但是，工作频率较高时，由于倍频次数过高，微波固态源存在相位噪声高、谐波干扰大、效率低、稳定性差等缺点。根据微波固态源所选器件类型的不同，可分为二极管和三极管（晶体管）两大类。根据应用场合的不同，结合各种器件特点，设计者选取以上分类中的一种、两种甚至是几种方式相结合，实现了目前市场上丰富多样的微波固态源。

随着微波技术的迅速发展，对微波固态源的性能提出了更高的要求，特别是在航空航天应用领域中，小型、轻量、高可靠性及更高工作频率等要求显得尤为重要。目前，在微波频率高端、毫米波甚至是太赫兹领域，如果直接选用基波振荡方式，存在设计难度大、周期长且效率低等问题。为此，选用稳定性高、频率较低的振荡器结合多级微波倍频器级联以实现微波频率高端、毫米波甚至是太赫兹固态源，是一种较普遍的、性价比很高的解决方式，选用这种方式实现的微波固态源，其最终的相位噪声将在原振荡器相位噪声基础上增大 $20\lg N$（dB）（N 为倍频次数）。

鉴于篇幅原因，本章仅详细介绍了微波固态源的"心脏"——微波振荡器的基本工作原理并举例说明了用 ADS 软件设计微波振荡器的过程。同时，对微波倍频器的基本工作原理也做了简单介绍。

8.2.1　微波振荡器概述

微波振荡器是实现微波固态源的基础。微波固态二极管振荡器主要以体效应二极管（又称为耿氏二极管，Gunn 二极管）振荡器和雪崩二极管（IMPATT 二极管）振荡器为代表，前者的相位噪声更好，而后者的输出功率和效率更优。微波固态三极管或微波晶体管振荡器中双极晶体管、场效应晶体管、高电子迁移率晶体管的应用更广。与微波固态二极管振荡器相比，微波晶体管振荡器具有工作带宽宽、效率高、功耗小等优点。如无特别说明，本节中的二极管和负阻器件指 Gunn 二极管或 IMPATT 二极管。

微波振荡器设计的目标是建立时间短、噪声低、体积小、成本低、效率高、温度稳定性高及可靠性高，另外还需要微波振荡器具有调谐功能，且调谐带宽更宽、调谐线性度更佳等。

8.2.1.1　微波振荡器的主要技术指标

衡量微波振荡器的主要技术指标有工作频带、输出功率、长期频率稳定度、短期频率稳定度、输出功率平坦度、调谐灵敏度和调谐线性度等，具体定义如下。

（1）工作频带指满足各项技术指标要求的机械调谐或电调谐频率范围，用起止频率表示。

（2）输出功率是指给定工作条件下微波输出功率的大小，单位为 mW、W 或 dBm、dBW。

（3）长期频率稳定度指由微波振荡器件的老化和元器件参数的慢变化而引起的频率漂移及环境条件改变引起的频率慢变化。

（4）短期频率稳定度是振荡器调频噪声（相位噪声）的量度，它是各种随机噪声所造成的频率或相位起伏。在频域用单边带相位噪声谱密度表征，以 dBc/Hz@ kHz（或 MHz）为单位。时域用阿仑方差表征，以 $\Delta f/f$@ μs（或 ms）为单位。

（5）输出功率平坦度是指微波振荡器输出功率随频率、温度或调谐电压等变化时，输出功率的起伏情况，用±dB 表示。

（6）调谐灵敏度有最大、最小和平均调谐灵敏度之分。对于变容二极管调谐的微波振荡器而言，单位为 MHz/V，即调谐灵敏度表征的是变容二极管偏置改变单位电压时，微波振荡器输出频率的改变量，此时调谐灵敏度就是电压调谐灵敏度（或称为压控灵敏度）。

（7）调谐线性度指偏离理想的线性调谐直线的最大调谐频偏与总调谐带宽之比，用百分比表示；另外，调谐线性度也可以用最大调谐频偏与最小调谐频偏之比或百分数来表示。

8.2.1.2　负阻振荡器的一般理论

由于 Gunn 二极管和 IMPATT 二极管等单结器件在一定直流偏压下呈现负阻特性，因此常把它们构成的微波振荡器称为负阻振荡器。负阻振荡器的一般等效电路如图 8-1 所示。

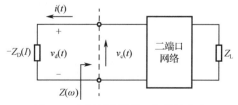

图 8-1　负阻振荡器的一般等效电路

图 8-1 中用一个二端口网络表示谐振回路，它位于负载 Z_L 与负阻器件-$Z_D(I)$ 之间。外电路在负阻器件端口的等效阻抗是 $Z(\omega)$，它的实部包括电路损耗及负载电阻两部分。而负阻器件的阻抗对频率的变化相对外电路来讲是很缓慢的，因此，等效电路中器件负阻是振幅的函数，表示为

$$-Z_D(I) = -R_D(I) + jX_D(I) \tag{8-1}$$

式中，I 是振荡回路电流的幅度。

1. 起振条件

图 8-1 可以看成是-$Z_D(I)$ 和 $Z(\omega)$ 串联的电路，在研究振荡的起振条件时，振荡处于"小信号"状态，$jX_D(I)$ 可用 $jX_D(0)$ 表示。通常 $jX_D(0)$ 为容抗，因此要求负载阻抗 $Z(\omega)$ 中的电抗 $jX(\omega)$ 为感抗，与 $jX_D(0)$ 构成串联谐振回路，分别表示为图 8-2（a）中的电容 C 和电感 L。图 8-2 中-$R_D(0)$ 为负阻器件的小信号负阻，$R(\omega)$ 为外电路电阻。

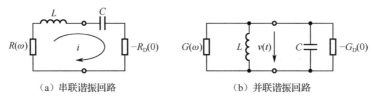

（a）串联谐振回路　　　　　　（b）并联谐振回路

图 8-2　包含负阻器件的谐振回路（起振时）

对于图 8-2（a）所示的电路，可以列出回路电流的微分方程为

$$L\frac{d^2 i}{dt^2} + \left[R(\omega) - R_D(0)\right]\frac{di}{dt} + \frac{1}{C}i = 0 \tag{8-2}$$

解方程（8-2）可得回路电流为

$$i = Ie^{-\alpha t}\cos(\omega t + \varphi) \tag{8-3}$$

式中，$\alpha = [R(\omega) - R_D(0)]/2L$，为衰减系数，$\varphi$ 为相位，ω 为角频率。由式（8-3）可知，回路电流是振幅随时间变化的正弦振荡。当 $R(\omega) > R_D(0)$ 时，$\alpha > 0$，为衰减振荡；当 $R(\omega) < R_D(0)$ 时，$\alpha < 0$，振幅随时间增大；当 $R(\omega) = R_D(0)$ 时，为等幅振荡。由此可见，为了使起始振荡能够建立起来，要求负阻器件的小信号电阻-$R_D(0)$ 的绝对值大于负载阻抗中的电阻 $R(\omega)$，即起振条件为

$$R(\omega) - R_D(0) < 0 \tag{8-4}$$

为确保起振容易，应选择 $|-R_D(0)| > 1.2R(\omega)$。

当采用并联谐振回路的等效形式时，如图 8-2（b）所示，C 和 L 分别表示负阻器件的小信号电抗和外电路的电抗；-$G_D(0)$ 为负阻器件的小信号负电导，$G(\omega)$ 为外电路电导，则起振条件为

$$G(\omega) - G_D(0) < 0 \tag{8-5}$$

通常情况下，回路中的初始振荡起因于电冲击信号（如突然开关电源）或某种电扰动，当回路满足起振条件时，微弱的振荡就会逐渐增强为大幅度振荡。由于器件负阻是振幅的函数，随着振幅的不断增大，回路将逐渐趋于某稳态值，即等幅振荡。

2. 平衡条件

图 8-2 只适用于判断起振（小信号工作状态），因为一旦起振以后，二极管阻抗（或导纳）是振幅的函数，不能等效为固定的-$R_D(0)$（或-$G_D(0)$）和 C。实际上，由于二极管负阻（或负电导）的绝对值随振幅的增大而减小，振幅不会无限地增长下去，而是逐渐趋于某一稳定状态，即达到平衡状态。下面我们讨论振荡达到稳态（大信号工作状态）时的"平衡条件"。

由图 8-1 可知，由于-$Z_D(I)$ 和 $Z(\omega)$ 构成的串联谐振回路的滤波作用，流过回路的电流 $i(t)$ 可以只考虑其基波分量，高次谐波可认为已滤除，因此在稳态振荡时，电流为

$$i(t) = I\cos(\omega t + \varphi) \tag{8-6}$$

由于二极管阻抗的非线性特性，尽管假设 $i(t)$ 中谐波分量很小而可忽略，但其两端电压 $v_d(t)$ 上的谐波分量不一定很小，因此 $v_d(t)$ 为非正弦波形，可表示为

$$v_d(t) = \mathrm{Re}[-Z_d(I)Ie^{j(\omega t+\varphi)}] + 谐波分量$$
$$= -R_D(I)I\cos(\omega t+\varphi) - X_D(I)I\sin(\omega t+\varphi) + 谐波分量 \tag{8-7}$$

只要外电路对 n 次谐波呈现的阻抗 $Z(n\omega)$ 不可忽略，尽管 $i(t)$ 中谐波分量很小，电路两端电压 $v_c(t)$ 上的谐波分量就不见得很小，因此 $v_c(t)$ 为

$$v_c(t) = \mathrm{Re}[Z(\omega)Ie^{j(\omega t+\varphi)}] + 谐波分量$$
$$= R(\omega)I\cos(\omega t+\varphi) - X(\omega)I\sin(\omega t+\varphi) + 谐波分量 \tag{8-8}$$

由于没有外加交变电压，因此对这种自由振荡器，二极管两端电压和电路两端电压之和为零，即

$$v_d(t) + v_c(t) = 0 \tag{8-9}$$

将式（8-7）和式（8-8）代入式（8-9）得

$$[R(\omega)-R_D(I)]I\cos(\omega t+\varphi) - [X(\omega)+X_D(I)]I\sin(\omega t+\varphi) + 谐波分量 = 0 \tag{8-10}$$

分别用 $\cos(\omega t+\varphi)$ 和 $\sin(\omega t+\varphi)$ 乘以式（8-10），并在基波的一个周期内积分，则根据三角函数的正交性，得

$$\left.\begin{array}{l}[R(\omega)-R_D(I)]I = 0 \\ [X(\omega)+X_D(I)]I = 0\end{array}\right\} \tag{8-11}$$

或表示为

$$[Z(\omega)-Z_D(I)]I = 0 \tag{8-12}$$

若振荡产生，则使 I 不为零，因此对稳态自由振荡，必有

$$R(\omega) = R_D(I) \tag{8-13a}$$
$$X(\omega) = -X_D(I) \tag{8-13b}$$

因为负载是无源的，$R(\omega)>0$，所以式（8-13a）表明 $-R_D(I)<0$。这里 $Z_D(I)$ 为二极管阻抗的负值。式（8-13a）为振荡平衡的幅度条件，式（8-13b）为振荡平衡的相位条件。式（8-13）说明：在稳态振荡时，器件的负阻值必须和电路的电阻值相等，器件的电抗值和电路的电抗值相等且符号相反。换言之，对于稳定振荡，回路总阻抗必等于零，即

$$Z(\omega)-Z_D(I) = 0 \text{ 或 } Z(\omega) = Z_D(I) \tag{8-14}$$

对于宽频带负阻振荡器，$-Z_D(I)=-R_D(I)+jX_D(I)$ 是与频率有关的函数，即应变为 $-Z_D(I,\omega)=-R_D(I,\omega)+jX_D(I,\omega)$，则要求设计一个网络，使其阻抗满足式（8-14），这将变成一个负阻的宽带匹配问题。式（8-14）为振荡平衡的复数表示。

鉴于串联谐振回路和并联谐振回路的对偶性，可以在有关等式中将阻抗变换为相应导纳，并将电压和电流互换，若外电路的导纳表示为 $Y(\omega)=G(\omega)+jB(\omega)$，二极管的导纳表示为 $-Y_D(V)=-G_D(V)+jB_D(V)$，式中 V 为基波振幅，则可得并联谐振回路振荡的平衡条件为

$$G(\omega) = G_D(V) \tag{8-15a}$$
$$B(\omega) = -B_D(V) \tag{8-15b}$$

3. 微波振荡器工作点的稳定性

由振荡平衡条件决定的某个工作点可能是稳定的，也可能是不稳定的。如果由于某种原因使振荡偏离原来的平衡点，而当引起偏离的因素消失后，若微波振荡器不能恢复到原来的状态，而是振荡在另一状态，或者停止振荡，则这样的平衡点为不稳定工作点。也就是说，如果微波振荡器按照平衡条件有几个平衡点的话，微波振荡器必能自动地工作在稳定的平衡点。如果稳定工作

点也有两个以上，那么微波振荡器特性出现复杂情况，希望避免之。因此我们要研究如何判别工作点的稳定性，即研究电流振幅 I 和相位 φ 由于某种原因随时间变化（但假设都是时间的慢变化函数）后，对回路各项关系式的影响。

设原稳定工作点为(ω_0, I_0)，即

$$\left.\begin{array}{l} R(\omega_0) - R_D(I_0) = 0 \\ X(\omega_0) + X_D(I_0) = 0 \end{array}\right\} \tag{8-16}$$

假设由于某种原因，振幅偏离原稳态值，即 I 由 I_0 变化为 $I_0+\delta I$，若 $\delta I>0$，而 $\mathrm{d}(\delta I)/\mathrm{d}t<0$（或 $\delta I<0$ 而 $\mathrm{d}(\delta I)/\mathrm{d}t>0$），则原工作点 (ω_0, I_0) 是稳定的，否则就是不稳定的。因此关键是看 $\mathrm{d}(\delta I)/\mathrm{d}t$ 和 δI 是否异号。

4. 最佳负载

可利用振荡平衡条件来估算出振荡平衡时负载电导（或电阻）的大小与微波振荡器起振时二极管小信号电导（或电阻）值的关系为

$$G_L = \frac{1}{3}G_D(0) \tag{8-17a}$$

$$R_L = \frac{1}{3}R_D(0) \tag{8-17b}$$

可见，最佳（仅对输出功率而言）负载电导（或电阻）约为二极管小信号电导（或电阻）的 1/3，可满足起振条件，并使振荡达到稳态时获得最大输出功率。

8.2.1.3 微波晶体管振荡器

分析和设计微波晶体管振荡器有多种方法，如正反馈设计法、准线性法、S 参数法等。正反馈设计法是利用微波晶体管的大信号 Z 或 Y 参数设计振荡器；准线性法是利用微波晶体管的小信号 S 参数并结合其静态特性进行设计，小信号 S 参数用于线性部分，静态特性用于非线性部分；S 参数法是利用微波晶体管的大信号 S 参数设计微波晶体管振荡器，但由于 S 参数是对基波特性的线性描述，当微波晶体管工作在强非线性条件下时该方法不精确，但是在非线性不强的情况下，用 S 参数法设计振荡器是较为简便又有效的方法。

用 S 参数法来分析和设计微波晶体管振荡器时，也涉及微波晶体管的潜在不稳定性、微波有源网络的阻抗匹配问题。微波晶体管振荡器在起振时，工作于小信号状态，而平衡和稳定时则处于大信号状态，因此设计时要特别注意这一点。

1. 反馈振荡器的振荡条件

对于反馈振荡器，可以先按晶体管功率放大器进行开环设计和调整，然后利用正反馈电路，把微波晶体管放大器输出功率的一部分耦合到输入端口，只要大小和相位条件合适，就能产生和维持振荡，其电路框图及 S 参数等效网络分别如图 8-3（a）和图 8-3（b）所示。

振荡平衡条件为

$$S_{21}^A \cdot S_{21}^R = 1 \tag{8-18}$$

或分别表示为幅度平衡与相位平衡条件：

$$\left.\begin{array}{l} |S_{21}^A| \cdot |S_{21}^R| = 1 \\ \angle S_{21}^A + \angle S_{21}^R = 2n\pi, \quad n = 0,1,2\cdots \end{array}\right\} \tag{8-19}$$

式中，$|S_{21}^A|^2 = G_T$，G_T 代表微波晶体管放大器的开环增益；$|S_{21}^R|^2 = 1/L$，L 代表反馈网络衰减，j 符号"$\angle$"表示相应参数的角度。

注意，式（8-18）和式（8-19）是在假设两个端口都匹配的条件下获得的。

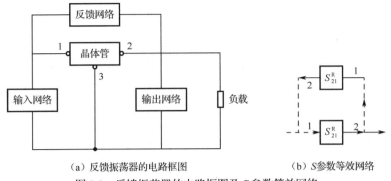

（a）反馈振荡器的电路框图　　　　　　（b）S 参数等效网络

图 8-3　反馈振荡器的电路框图及 S 参数等效网络

2. 负阻振荡器的振荡条件

通过微波晶体管稳定性的分析可知，当潜在不稳定性晶体管的一个端口具备一定的端接条件时，另一端口的输入阻抗呈现负阻，如同等效为一个单端口的负阻器件。因此，只要该端口所接负载的正阻成分大于输入阻抗中的负阻成分，微波晶体管放大器不会自激。显而易见，若想构成微波晶体管振荡器，则需要的条件刚好相反，起振条件如下。

（1）当晶体管 S 参数为 $|S_{11}|<1$，$|S_{22}|<1$ 时，起振条件为

$$\left.\begin{array}{l} K<1 \\ |\Gamma_{\text{S}}\Gamma_{\text{in}}|>1\text{或}|\Gamma_{\text{L}}\Gamma_{\text{out}}|>1 \end{array}\right\} \tag{8-20}$$

（2）当晶体管 S 参数为 $|S_{11}|>1$，$|S_{22}|>1$ 时，起振条件为

$$\left.\begin{array}{l} |S_{11}|>1\text{或}|S_{22}|>1 \\ |\Gamma_{\text{S}}\Gamma_{\text{in}}|>1\text{或}|\Gamma_{\text{L}}\Gamma_{\text{out}}|>1 \end{array}\right\} \tag{8-21}$$

式中，Γ_{in} 和 Γ_{out} 由晶体管的小信号 S 参数决定。

而振荡平衡条件为

$$\Gamma_{\text{S}}\Gamma_{\text{in}}=1 \text{ 或 } \Gamma_{\text{L}}\Gamma_{\text{out}}=1 \tag{8-22}$$

或分别表示为幅度平衡与相位平衡条件为

$$\left.\begin{array}{l} |\Gamma_{\text{S}}\Gamma_{\text{in}}|=1 \\ \angle\Gamma_{\text{S}}+\angle\Gamma_{\text{in}}=2n\pi,\ n=0,1,2\cdots \end{array}\right\} \tag{8-23}$$

或

$$\left.\begin{array}{l} |\Gamma_{\text{L}}\Gamma_{\text{out}}|=1 \\ \angle\Gamma_{\text{L}}+\angle\Gamma_{\text{out}}=2n\pi,\ n=0,1,2\cdots \end{array}\right\} \tag{8-24}$$

以上输入端口或输出端口的振荡条件可任取其一。实质上微波振荡器本无所谓输入端口、输出端口之分，理论上从两个端口皆可输出功率。一般将接负载取出功率的端口称为输出端口，而另一个与无耗电纳连接的端口，则称为输入端口。

8.2.2　微波倍频器概述

微波倍频器是利用固态器件的非线性特性来实现频率倍增的器件，多用于微波毫米波接收机和发射机中，以获得在基波频率上无法获得的高频率本振信号。将频率扩展到微波频率高端甚至是毫米波频段，对于通信、电子战、雷达等领域具有重要意义。

8.2.2.1 微波倍频器的主要技术指标

衡量微波倍频器的主要技术指标有波形纯度、工作频率、倍频次数、输出功率、变频损耗、驱动功率、工作带宽、输入（出）电压驻波比等，具体定义如下。

（1）波形纯度：用所需频谱幅度与杂波频谱幅度之比来表示，一般以 dB 为单位。

（2）工作频率及倍频次数：微波倍频器的工作频率指微波倍频器在满足其他技术指标情况下输入频率与输出频率的值。倍频次数是输出频率与输入频率的比值。

（3）输出功率：指微波倍频器在一定输入功率情况下的输出功率。

（4）变频损耗（或倍频效率）：输出所需谐波功率与输入基波功率之比，用 dB 表示时称为微波倍频器的变频损耗；若直接用百分数表示，则称为微波倍频器的效率。

（5）驱动功率：指能使微波倍频器正常工作的最小输入基波信号功率。

（6）工作带宽：一般以输出功率下降 3dB 的频率变化范围表示。

（7）输入（出）电压驻波比：表征微波倍频器输入、输出端口匹配性能的技术指标，理想情况下其值为 1。

8.2.2.2 微波倍频器基本理论

原则上，各种非线性器件如非线性电阻、电感或电容，都可以实现微波倍频器的功能。非线性电阻倍频器适用于 Page-Pantell 不等式，而非线性电抗倍频器符合 Manley-Rowe 功率关系。前者的优点是能提供较宽的带宽，且比电抗倍频器工作更加稳定，不易产生参变振荡。而电抗倍频器或有源倍频器具有更高的变换效率，因此电抗倍频器比电阻倍频器应用更为普遍。但是，在毫米波频段，即使是好的变容二极管其电阻特性也不容忽略，此时电抗倍频器不再是无耗的，因此不能应用 Manley-Rowe 功率关系，它的倍频效率高的优势也相对减弱。下面分别对非线性电阻倍频理论和非线性电抗倍频理论进行详细分析。

1. 非线性电阻倍频理论——Page-Pantell 不等式

非线性电阻倍频器通常用正向偏置的肖特基势垒二极管提供非线性 I - V 特性。Pantell、Page 和 Clay 都指出，对于正的非线性电阻来说，电压 v 是电流 i 的单值函数，且 $\partial i/\partial v > 0$。非线性电阻倍频器的工作原理如图 8-4 所示。当输入基波角频率为 ω、功率为 P_1 的信号时，由于电阻的非线性特性，在电路中存在输入频率的 n 次谐波信号，功率记为 P_n，下面推导 P_1 和 P_n 满足的关系式。由于输入信号为周期信号，因此图 8-4 中电阻上的电压和电流可用傅里叶级数表示为

$$v(t) = \sum_{n=-\infty}^{\infty} V_n \mathrm{e}^{jn\omega t} \tag{8-25a}$$

$$i(t) = \sum_{n=-\infty}^{\infty} I_n \mathrm{e}^{jn\omega t} \tag{8-25b}$$

式（8-25）中傅里叶系数的表达式为

$$V_n = \frac{1}{T}\int_0^T v(t)\mathrm{e}^{-jn\omega t}\mathrm{d}t \tag{8-26a}$$

$$I_n = \frac{1}{T}\int_0^T i(t)\mathrm{e}^{-jn\omega t}\mathrm{d}t \tag{8-26b}$$

因为 $v(t)$ 和 $i(t)$ 是实函数，所以有 $V_n = V_{-n}^*$ 和 $I_n = I_{-n}^*$，符号"*"表示复共轭。n 次谐波功率用 P_n 表示，有

$$P_n = 2\mathrm{Re}\{V_n I_n^*\} = V_n I_n^* + V_n^* I_n \tag{8-27}$$

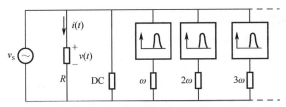

图 8-4　推导非线性电阻倍频器功率关系的概念性电路图

将式（8-25b）两边分别对 t 求二次偏导数的化简结果，代入 $n^2 I_n^*$ 乘以式（8-26a）的 V_n 并整理，有

$$-\sum_{n=-\infty}^{\infty} n^2 V_n I_n^* = \frac{1}{\omega^2 T} \int_0^T v(t) \frac{\partial^2 i(t)}{\partial t^2} dt = \frac{1}{2\pi\omega} v(t) \frac{\partial i(t)}{\partial t}\Big|_{t=0}^T - \frac{1}{2\pi\omega} \int_0^T \frac{\partial v(t)}{\partial t} \frac{\partial i(t)}{\partial t} dt \qquad (8\text{-}28)$$

因为 $v(t)$ 和 $i(t)$ 是周期为 T 的周期性函数，故有 $v(0) = v(T)$ 和 $i(0) = i(T)$ 。同理， $i(t)$ 的导数具有同样的周期性，所以式（8-28）中等式右端的第一项为零。

又有

$$\frac{\partial v(t)}{\partial t} \frac{\partial i(t)}{\partial t} = \frac{\partial v(t)}{\partial t} \frac{\partial i(t)}{\partial v(t)} \frac{\partial v(t)}{\partial t} = \frac{\partial i(t)}{\partial v(t)} \left(\frac{\partial v(t)}{\partial t} \right)^2$$

则式（8-28）可简化为

$$\sum_{n=-\infty}^{\infty} n^2 V_n I_n^* = \frac{1}{2\pi\omega} \int_0^T \frac{\partial i(t)}{\partial v(t)} \left(\frac{\partial v(t)}{\partial t} \right)^2 dt$$

又有 $\displaystyle\sum_{n=-\infty}^{\infty} n^2 V_n I_n^* = \sum_{n=0}^{\infty} n^2 (V_n I_n^* + V_n^* I_n)$ ，并结合式（8-27），可得

$$\sum_{n=0}^{\infty} n^2 P_n = \frac{1}{2\pi\omega} \int_0^T \frac{\partial i(t)}{\partial v(t)} \left(\frac{\partial v(t)}{\partial t} \right)^2 dt \qquad (8\text{-}29)$$

对于正的非线性电阻，式（8-29）的积分总是正的，所以有

$$\sum_{n=0}^{\infty} n^2 P_n \geq 0 \qquad (8\text{-}30)$$

若除输入基波信号和所需的 n 次谐波信号外，所有其他谐波都端接电抗性负载，则式（8-30）可简化为 $P_1 + n^2 P_n > 0$ 。倍频器输入功率 $P_1 > 0$ ，而器件提供的谐波功率 $P_n < 0$ ，所以理论上非线电阻倍频器的最大变换效率为

$$\left| \frac{P_n}{P_1} \right| \leq \frac{1}{n^2} \qquad (8\text{-}31)$$

式（8-31）适用于所有正非线性电阻，它表示电阻倍频器的效率是按倍频次数的平方下降的。同时从式（8-31）还可以看出，工程设计者不管采用哪种设计软件和电路结构形式，非线性电阻二倍频器、三倍频器和四倍频器能达到的最高效率不超过 25%、11.1% 和 6.25%。这是对一切采用正非线性电阻倍频器的基本限制，这一限制也适用于理想的指数二极管。Benson 和 Winder 对指数二极管变频损耗与谐波次数的关系曲线如图 8-5 所示，从图 8-5 可以看出，当 $n>4$ 时，实际变频损耗随 n 的增大比式（8-31）所预示的要快得多。

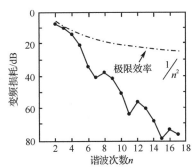

图 8-5　变频损耗与谐波次数的关系

（nkT/e=25mV，I_S=1μA，R_S=100Ω）

2. 非线性电抗倍频理论——Manley-Rowe 关系式

非线性电抗倍频器电路按照所使用器件的不同可分为二极管倍频器和晶体管倍频器两大类。前者常采用变容二极管和阶跃恢复二极管，阶跃恢复二极管倍频器多用于高次倍频场合，它具有电路结构简单的优点；变容二极管则多用于低次倍频场合，其效率较高，若忽略损耗电阻等寄生参量的影响，倍频效率符合 Manley-Rowe 功率关系，即理论效率可达 100%。下面简单介绍一下 Manley-Rowe 功率关系的推导过程。非线性电抗倍频器的概念性电路图如图 8-6 所示。若将频率分别为 ω_1 和 ω_2 的两个正弦信号加到非线性电容 C（变容二极管结电容）上，则在电路中产生的电流波形将发生畸变，其中包含丰富的频谱分量，各频谱成分含量的多少、幅度的大小与二极管的非线性程度及激励电压的大小有关。图 8-6 中的理想带通滤波器用来滤除相应不同的频率分量。因为电容是非线性的，所以它的电荷 Q 可以表示为电容器电压 v 的幂级数：

$$Q = a_0 + a_1 v(t) + a_2 v(t)^2 + a_3 v(t)^3 + \cdots$$

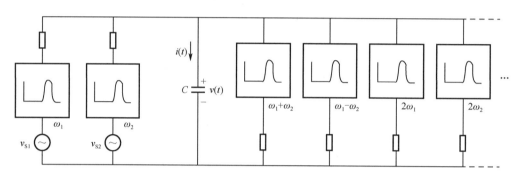

图 8-6　推导 Manley-Rowe 功率关系的概念性电路图

由于非线性关系形成的所有频率产物可表示为 $n\omega_1 + m\omega_2$（n 和 m 为整数），因此电容器上的电压用傅里叶级数表示为

$$v(t) = \sum_{n=-\infty}^{\infty} \sum_{m=-\infty}^{\infty} V_{nm} e^{j(n\omega_1 + m\omega_2)t} \tag{8-32}$$

式中，V_{nm} 表示频率为 $n\omega_1 + m\omega_2$ 信号电压的幅度值。同样，电容器上的电荷用傅里叶级数表示为

$$Q(t) = \sum_{n=-\infty}^{\infty} \sum_{m=-\infty}^{\infty} Q_{nm} e^{j(n\omega_1 + m\omega_2)t} \tag{8-33}$$

所以有

$$i(t) = \frac{dQ}{dt} = \sum_{n=-\infty}^{\infty} \sum_{m=-\infty}^{\infty} j(n\omega_1 + m\omega_2)Q_{nm} e^{j(n\omega_1 + m\omega_2)t} = \sum_{n=-\infty}^{\infty} \sum_{m=-\infty}^{\infty} I_{nm} e^{j(n\omega_1 + m\omega_2)t} \tag{8-34}$$

因为 $v(t)$ 和 $i(t)$ 是实函数，故必有 $V_{-n,-m} = V_{nm}^*$ 和 $Q_{-n,-m} = Q_{nm}^*$。在无耗电容器上没有功率损耗。若频率 ω_1 和 ω_2 没有混频，则由非线性引起的谐波的平均功率不存在，因而在频率 $\pm|n\omega_1 + m\omega_2|$ 处的平均功率为

$$P_{nm} = 2\mathrm{Re}\{V_{nm}I_{nm}^*\} = V_{nm}I_{nm}^* + V_{nm}^*I_{nm} = V_{nm}I_{nm}^* + V_{-n,-m}I_{-n,-m}^* = P_{-n,-m} \tag{8-35}$$

根据功率守恒定律，有

$$\sum_{n=-\infty}^{\infty} \sum_{m=-\infty}^{\infty} P_{nm} = 0 \tag{8-36}$$

若用 $\dfrac{n\omega_1 + m\omega_2}{n\omega_1 + m\omega_2}$ 乘以式（8-36），得

$$\omega_1 \sum_{n=-\infty}^{\infty} \sum_{m=-\infty}^{\infty} \frac{nP_{nm}}{n\omega_1 + m\omega_2} + \omega_2 \sum_{n=-\infty}^{\infty} \sum_{m=-\infty}^{\infty} \frac{mP_{nm}}{n\omega_1 + m\omega_2} = 0 \qquad (8\text{-}37)$$

根据式（8-35）和 $I_{nm} = j(n\omega_1 + m\omega_2)Q_{nm}$ 得

$$\omega_1 \sum_{n=-\infty}^{\infty} \sum_{m=-\infty}^{\infty} n(-jV_{nm}Q_{nm}^* - jV_{-n,-m}Q_{-n,-m}^*) + \omega_2 \sum_{n=-\infty}^{\infty} \sum_{m=-\infty}^{\infty} m(-jV_{nm}Q_{nm}^* - jV_{-n,-m}Q_{-n,-m}^*) = 0 \qquad (8\text{-}38)$$

我们可调整外电路使全部电压 V_{nm} 保持为常量，而电容器的电荷又直接依赖于电压，因此 Q_{nm} 也保持为常量，则式（8-38）中，双重求和因式与 ω_1 或 ω_2 无关。所以在式（8-37）中，每个求和项必须恒等于零，即

$$\sum_{n=-\infty}^{\infty} \sum_{m=-\infty}^{\infty} \frac{nP_{nm}}{n\omega_1 + m\omega_2} = 0 \qquad (8\text{-}39a)$$

$$\sum_{n=-\infty}^{\infty} \sum_{m=-\infty}^{\infty} \frac{mP_{nm}}{n\omega_1 + m\omega_2} = 0 \qquad (8\text{-}39b)$$

将 $P_{-n,-m} = P_{nm}$ 代入式（8-39a）得

$$\sum_{n=-\infty}^{\infty} \sum_{m=-\infty}^{\infty} \frac{nP_{nm}}{n\omega_1 + m\omega_2} = \sum_{n=0}^{\infty} \sum_{m=-\infty}^{\infty} \frac{nP_{nm}}{n\omega_1 + m\omega_2} + \sum_{n=0}^{\infty} \sum_{m=-\infty}^{\infty} \frac{-nP_{-n,-m}}{-n\omega_1 - m\omega_2} = 2\sum_{n=0}^{\infty} \sum_{m=-\infty}^{\infty} \frac{nP_{nm}}{n\omega_1 + m\omega_2} = 0$$

采用类似方法，可将式（8-39b）的关系式做相应的变化，因而可得 Manley-Rowe 功率关系的常用形式：

$$\sum_{n=0}^{\infty} \sum_{m=-\infty}^{\infty} \frac{nP_{nm}}{n\omega_1 + m\omega_2} = 0 \qquad (8\text{-}40a)$$

$$\sum_{n=-\infty}^{\infty} \sum_{m=0}^{\infty} \frac{mP_{nm}}{n\omega_1 + m\omega_2} = 0 \qquad (8\text{-}40b)$$

Manley-Rowe 功率关系式所表示的含义：对于任意、无耗的非线性电抗，功率是守恒的。Manley-Rowe 功率关系式也适用于谐波振荡器、参量放大器及在射频、微波甚至光波频段的变频器，利用该关系式可预估出最大可能功率增益和变换效率。

非线性电抗倍频器是 Manley-Rowe 功率关系的一种特定情况，因为它只用了一个信号源。在以上分析中，如果输入网络的信号源频率是 ω_1，即当式（8-40a）中 $m=0$ 时，有

$$\sum_{n=1}^{\infty} P_{n0} = 0 \ \text{或} \ \sum_{n=2}^{\infty} P_{n0} = -P_{10} \qquad (8\text{-}41)$$

式中，P_{n0} 表示 n 次谐波功率（对于 $n=0$，直流项是零）。实际上 P_{10} 表示由信号源输入的基波功率，其值恒大于 0，而在式（8-41）中的总求和表示除了输入基波信号外的所有谐波的总功率。若除需要的 n 次谐波功率外，其他所有谐波都与无耗电抗负载连接，则式（8-41）可简化为

$$\left| \frac{P_{n0}}{P_{10}} \right| = 1 \qquad (8\text{-}42)$$

式（8-42）表示的含义：对于非线性电抗倍频器中的任意谐波，理论上可达到 100% 的转换效率。但是，实际上在二极管和匹配电路中都存在损耗，因此转换效率无法达到理论上预估的 100%。

8.2.2.3 微波倍频器的组成

图 8-7 为一并联型微波二极管倍频器的原理框图，图中虚线部分可根据实际需要选择。从图中可

以看出微波倍频器主要由输入滤波电路、输出滤波电路、输入匹配网络、输出匹配网络、具有非线性电阻（或电容）特性的二极管或晶体管组成。信号源为倍频器提供所需的频率为 f 的微波基波信号，输入滤波电路只允许倍频器输入信号频率范围内的基波信号通过，其他频率信号及杂波信号将被抑制，完成滤波的信号经隔直电容和输入匹配网络，馈入到二极管。由于二极管电容或电阻的非线性作用，使输入信号的波形发生畸变，产生基波频率的各次谐波。为了把需要的谐波分量匹配地传输到负载 R_L 上，采用输出匹配网络和所需谐波频率 nf 的带通滤波器。此外，为了使二极管工作在合适的状态，大部分电路都必须采用合适的直流偏置，因此需要设置直流偏置电路。在设计直流偏置电路时，除了要考虑为电路提供合适的直流偏置，同时还应考虑它的引入对微波信号的影响。当采用变容二极管进行较高次的倍频时，为了提高倍频效率，还需将其他谐波能量再通过二极管将其能量转换到所需谐波频率 nf 而设置空闲电路，它谐振于较 nf 低的谐波频率上。另外，为实现宽带及高效率倍频，也可采用平衡式倍频电路，这种电路通过二极管及电路直接将输入频率的奇次谐波或者偶次谐波抵消掉，从而使电路中的杂波量大大降低。

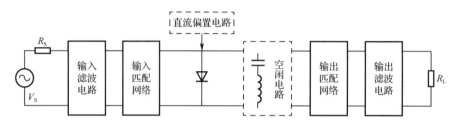

图 8-7   并联型微波二极管倍频器的原理框图

8.3   设计实例

选用 ADS 软件包自带的设计模板 1.8GHz VCO，以它为例，说明微波振荡器的设计过程。

1. VCO 设计技术指标要求

中心频率：1.8GHz；

输出功率：>6dBm；

调谐带宽：≥0.2GHz。

说明：模板振荡管选用 HP 公司生产的型号为 AT41411 的 Si 双极晶体管，其特性概述：截止频率为 7GHz；在 1GHz 和 2GHz 处噪声系数分别为 1.4dB 和 1.8dB；1.8GHz 最佳噪声特性的直流偏置为 V_{ce}=8V，I_c=10mA；在 1GHz 和 2GHz 处的增益分别为 18dB 和 13dB；封装形式为 STO143。从设计技术指标可以看出该管具有低噪声、高增益特性。变容二极管选用的型号为 MV1404。

2. 具体步骤

可直接调用 ADS 软件中本设计实例，具体步骤如下。

选择 "File" → "Open" → "Example" 菜单命令，或在 ADS 软件主页单击图 8-8 所示的图标按钮，在新弹出页面的搜索栏中输入 "Oscillator"，按键盘的 "Enter" 键进行搜索，新弹出的页面如图 8-9 所示，在结果中选择 "VCO Simulations" 工程，选择 "Open workspace:LearnOsc_wrk.7zads" 选项，打开 VCO 设计实例，工程文件构成如图 8-10 所示，"01_ReadMe" 文件夹是对整个项目的说明；"02_Osc Test" 文件夹和 "03_Loop Gain" 文件夹分别针对微波振荡器进行了小信号和大信号仿真，以确定微波振荡器初步技术指标；"04_VCO HB" 文件夹给出了 VCO 的谐波平衡仿真电路及结果。

图 8-9　"Open Example"搜索页面

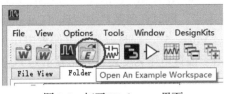

图 8-8　打开 Workspace 界面

　　VCO 电路的基本原理框图及其 ADS 软件仿真原理图分别如图 8-11 和图 8-12 所示，该电路是一个共基极反馈型振荡电路，能够在 1.8GHz 附近谐振。本实例将以该工程中已有原理图为基础，较为完整地展示微波振荡器的仿真流程。

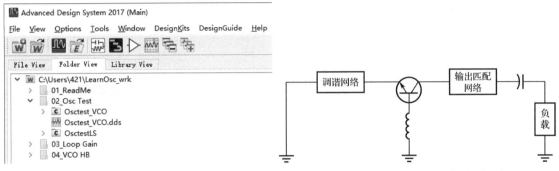

图 8-10　VCO 工程文件构成

图 8-11　VCO 电路的基本原理框图

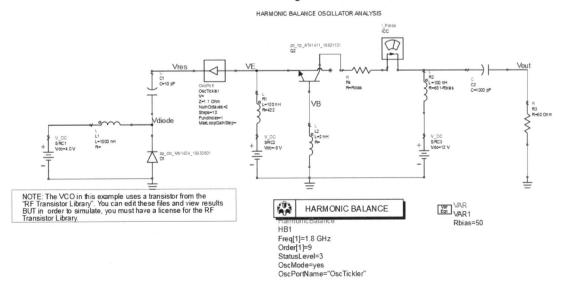

图 8-12　VCO 电路仿真原理图

1）变容二极管特性曲线仿真

（1）变容二极管能够根据直流偏置电压的不同改变电容值，在 VCO 中可用于调谐谐振网络频率。在工程中新建一个电路原理图，命名为"C_Varactor_test"。

（2）从 Osctest_VCO 原理图中复制 MV1404 变容二极管至新的原理图，再加入隔直电容 "DC_Block" 及理想扼流圈 "DC_Feed"。加入 S 参数仿真器 "S-PARAMETERS"、参数扫描控件、端口并接地。更改 S 参数仿真器为只扫描 1.8GHz 一个频率点，同时在参数栏中勾选 "Calculate Z-parameter" 复选框，即计算电路的 Z 参数。新增变量 "Vbias=5"，同时设置直流偏置电压为 "Vbias=5"，最终建立图 8-13 所示的仿真原理图（图中，由于偏置电压为变量，因此表示为 V_{bias}，对应软件中的 Vbias）。

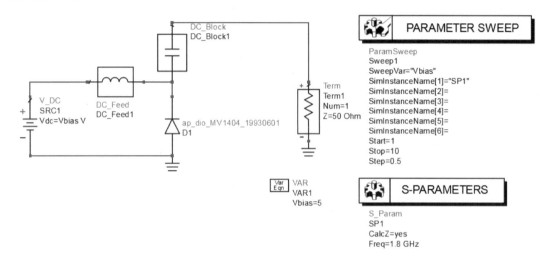

图 8-13　MV1404 特性仿真原理图

（3）按 "F7" 键或单击 "Simulate" 图标按钮进行仿真，在数据显示窗口中加入变容二极管公式："C_Varactor=-1/(2*pi*freq[0,0]*imag(Z(1,1)[::,0]))"，就能够获得变容二极管随直流偏置电压变化而呈现出的不同电容值，如图 8-14 所示。

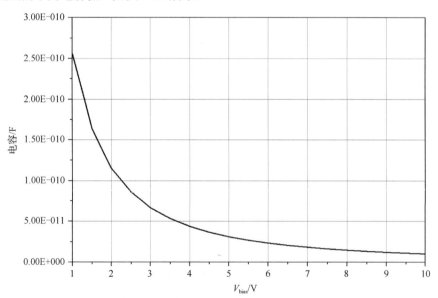

图 8-14　理想馈电情况下变容二极管电容随直流偏置电压变化的曲线

（4）考虑到实际偏置网络中隔直电容和扼流圈具有一定的电容值及电感值，用 10pF 电容和 1000nH 电感替换理想元器件，仿真原理图和仿真后的变容二极管特性如图 8-15 所示。

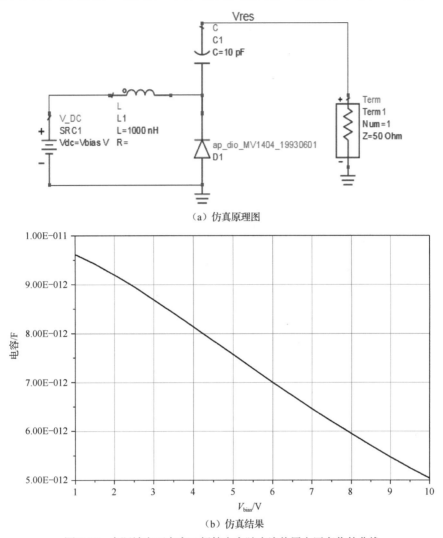

（a）仿真原理图

（b）仿真结果

图 8-15　实际馈电下变容二极管电容随直流偏置电压变化的曲线

2）微波振荡器谐振频率的预估

在微波振荡器设计过程中，首先进行小信号仿真，再进行大信号仿真。工程文件中，"02_Osc Test"和"03_Loop Gain"两个文件夹，分别针对微波振荡器进行小信号和大信号仿真，并确定振荡频率。

（1）打开"02_Osc Test"文件夹，Osctest_VCO 的电路仿真原理图如图 8-16 所示，电路仿真原理图中"OscTest"元器件用来确定小信号振荡频率，具体而言，"OscTest"元器件通过执行 S 参数仿真来评估一个潜在微波振荡器的小信号环路增益。设计者可通过设置扫描的开始频率、停止频率及步长，获得电路的环路增益及相位。扫描设置页面如图 8-17 所示。

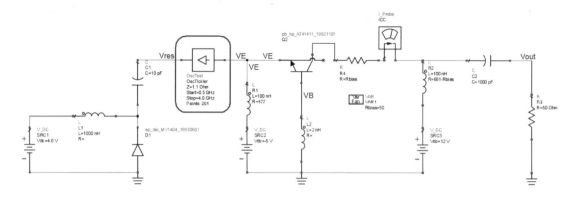

图 8-16　小信号 S 参数的电路仿真原理图

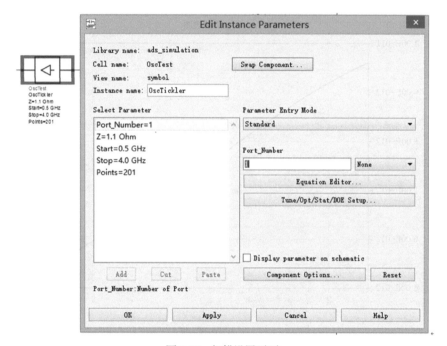

图 8-17　扫描设置页面

（2）"OscTest"元器件用于评价闭环系统在极/零图的右半平面（RHP）上产生一个或多个复共轭极点对的能力。环路增益>1，相位递减且等于 0 的频率点，即小信号谐振点，需要进一步在此频率点附近进行谐波平衡仿真分析。电路进行仿真过程中，会有警告信息出现，如图 8-18 所示，实际上在 OscTest 子电路中有 S 参数仿真器，单击"Run Anyway"按钮，S 参数仿真结果如图 8-19 所示，从图中可以看出，在频率 1.4625GHz 处，环路增益大于 1，且相位为 0，是潜在的谐振点。

图 8-18　警告信息

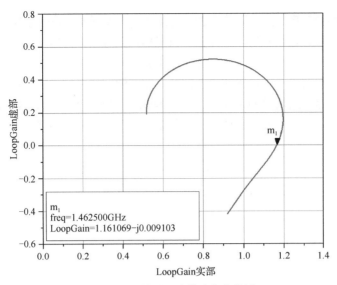

图 8-19　小信号环路增益仿真结果

（3）进行大信号环路增益仿真。在 ADS 软件主页面，双击项目文件管理窗口的"03_Loop Gain"文件夹，双击"HPloopgain_VCO"文件夹后双击"Schematic"按钮，打开电路仿真原理图，如图 8-20 所示，在该原理图页面对环路增益随环路频率及环路功率变化的情况进行扫描计算，从而研究谐振点出现的规律，其仿真结果如图 8-21 所示，从图中可以观察到电路在不同的功率、频率组合情况下产生谐振的可能性。

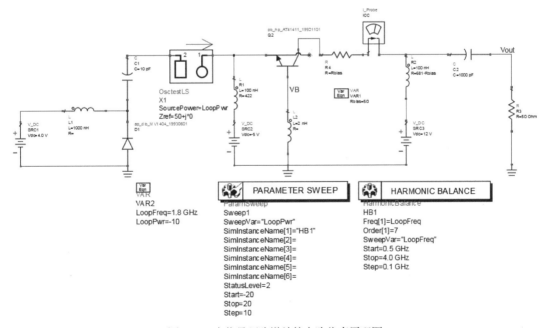

图 8-20　大信号环路增益的电路仿真原理图

3）微波振荡器的谐波平衡仿真

（1）在"04_VCO HB"文件夹中，对微波振荡器进行谐波平衡仿真。在原理图"HB_VCO"中（见图 8-22），加入了"OscPort"元器件来获取大信号稳态结果。由于微波振荡器是一种独特的电路类型，它们除直流供电外，没有输入却可以在某些频率产生射频信号。进行仿真的目的是确定输出信号的频率及功率。为达到此目的，必须在单端谐振器电路中添加一个"OscPort"元器件。而它插入电路的位置也很重要，该元器件只能插入到微波振荡器反馈回路中或者插入到微波振荡器的正电阻（谐振器）和负电阻（有源元器件）之间。对于谐振器，采用环路增益理论进行分析。此时谐振电路只会以一个电压和频率振荡，而有源元器件提供的增益与电路其他部分的损耗完全匹配。这正好是环路增益为 1+j0 的点。"OscPort"是一个特殊的元器件，它在除振荡的基波频率外的所有频率上都呈现短路特性，而在基波频率上用来测量环路增益。

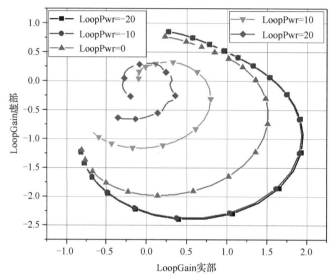

图 8-21 大信号环路增益仿真结果

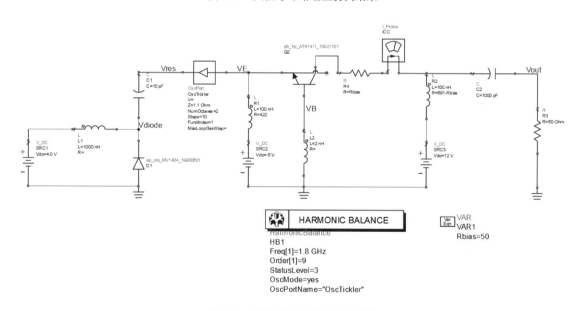

图 8-22 谐波平衡电路仿真原理图

（2）谐波平衡仿真从用户给出的频率开始（此例中为 1.8 GHz），用户需要提供一个较接近的初始仿真频率以设定"OscPort"的搜索范围。仿真从小信号环路增益分析开始，直至寻找到一个可能的振荡点。搜索基于初始频率设定和"OscPort"上指定的两个参数，即 NumOtaves 和 Steps。例如，本例中两个参数分别设置为 2 和 10，NumOtaves=2，即搜索针对范围是从 0.9GHz 至 3.6GHz。

在搜索中，每个倍频程都有 Steps=10 个确定的点数。仿真获得谐振点环路增益的幅度大于 1，相位为零。

（3）一旦谐振频率确定，谐波平衡仿真器就转向非线性分析。从搜索得到的频率开始，并在一个非常低的电压水平上计算初始环路增益。这个环路增益将大于 1。随着注入电压的增大，电路环路增益最终将压缩，并将环路增益降低到 1。谐波平衡仿真器会调整"OscPort"注入基波频率的电压和频率，直到找到环路增益正好为 1+j0 的点，即振荡点。针对该谐振电路，设置谐波平衡初始频率为 1.8GHz，优化仿真后获得的稳态输出结果如图 8-23 所示。

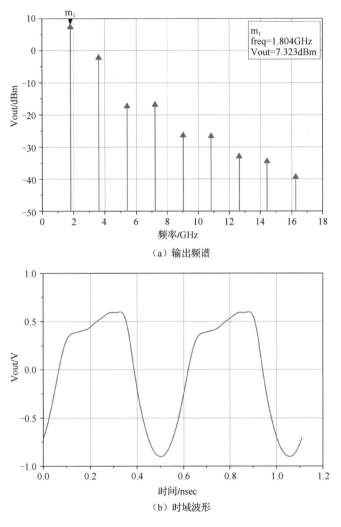

（a）输出频谱

（b）时域波形

图 8-23　谐波平衡仿真后获得的稳态输出结果

（4）为了获得变容二极管 VCO 的频率范围，在原理图"HB_VCOswp"（见图 8-24）中，对 VCO 调谐电压 V_{tune} 进行扫描并运行谐波平衡仿真器后，可在数据显示窗口中观测到 VCO 的一系列输出特性，如图 8-25 所示。从图 8-25（b）可以看出，若调谐电压从 2V 增大至 9V，对应的 VCO 输出频率从 1.74GHz 变至 2.01GHz；图 8-25（c）则给出不同基波输出频率下，VCO 对应的输出功率，也可以获得相应的输出功率平坦度；从图 8-25（d）中可以获得 VCO 在不同基波输出频率的情况下，相应的基波和二次谐波、三次谐波的输出功率，从而获得谐波抑制度技术指标。

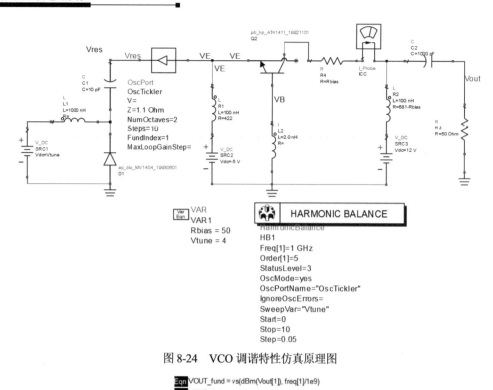

图 8-24　VCO 调谐特性仿真原理图

（a）方程

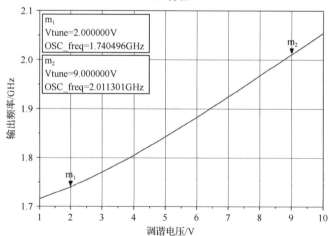

（b）VCO输出频率与变容二极管调谐电压之间的关系曲线

图 8-25　VCO 调谐特性仿真结果图

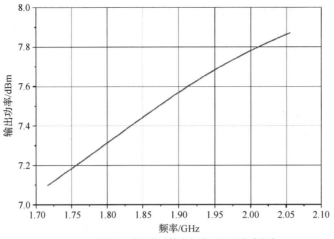

（c）VCO输出功率与基波输出频率之间的关系曲线

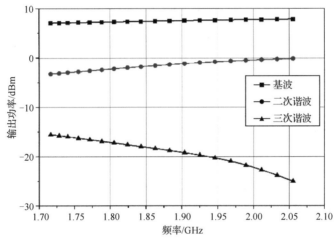

（d）VCO基波和二次谐波、三次谐波的输出功率与基波输出频率之间的关系曲线

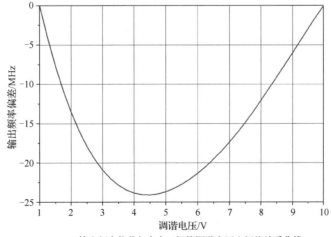

（e）VCO输出频率偏差与变容二极管调谐电压之间的关系曲线

图 8-25　VCO 调谐特性仿真结果图（续）

4）微波振荡器瞬时仿真

可以通过瞬时仿真来对微波振荡器性能进行交叉验证。

（1）将原理图"HB_VCO"另存为"Trans_VCO"，删除谐波平衡仿真器"HARMONIC BALANCE"、

"OscPort"及除"Vout"元器件外的所有节点。新增瞬时仿真器，设置页面如图 8-26 所示，设置输出起始段为 0～30ns，最大时间步长为 0.02ns，单击"OK"按钮完成瞬时仿真器的设置。此时电路仿真原理图如图 8-27 所示。

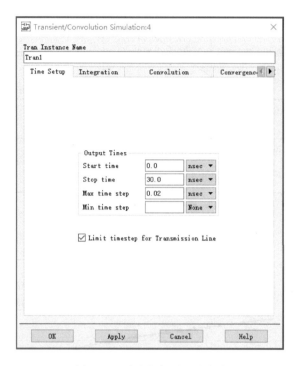

图 8-26　瞬时仿真器设置页面

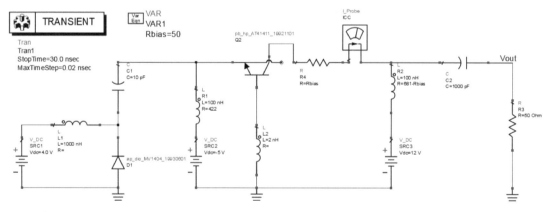

图 8-27　瞬时仿真电路的仿真原理图

（2）在原理图窗口中，单击"Simulate"图标按钮进行仿真。在数据显示窗口中加入"Vout"元器件的节点电压，可得到微波振荡器输出电压的时域波形，在图中任意位置选取振荡稳定后的两峰值电压加两个 marker（标记）点，人工读出两点间的时间间隔，然后推导出频率；也可以通过截取一段时域波形，如图 8-28（a）所示，通过傅里叶变换获得输出信号的频谱特性。写入公式"VCO_spectrum=dBm(fs(Vout,,,,,,,,indep(m1),indep(m2)))"，此式针对选取的时域波形进行傅里叶变换，并将结果转换为 dBm 格式，可获得两个 marker 点之间的频域波形，如图 8-28（b）所示，图中纵坐标表示压控振荡器的输出功率，其谐振频率及功率和稳态分析结果非常接近。

224

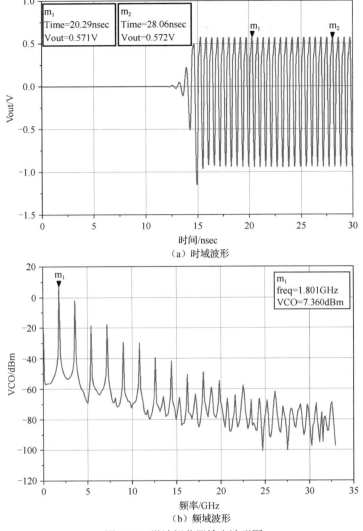

图 8-28　微波振荡器输出波形图

总之，通过以上步骤可以看出，VCO 在变容二极管调谐电压为 4V 左右时，振荡频率为 1.801GHz，输出功率为 7.36dBm，二次谐波抑制度、三次谐波抑制度分别为 9.55dB 和 24.43dB；当调谐电压 V_{tune} 从 0～10V 变化时，微波振荡器输出频率从 1.701GHz 变化到 2.055GHz，调谐范围为 354MHz；输出功率为 7.06～7.87dBm，输出不平坦度为 0.81dB，从图 8-25（b）中输出频率随变容二极管偏置电压变化的曲线可以看出，调谐电压在 2～9V 变化时，调谐线性度较好，可以算出调谐灵敏度约为 38.7MHz/V。

8.4　实验内容及步骤

8.4.1　实验内容

8.4.1.1　微波振荡器

微波振荡器的测试参数包括工作频带、输出功率、输出频率、相位噪声等，具体内容如下。

（1）测试微波振荡器在点频工作时的工作频带、输出功率、直流功耗、短期稳定度、相位噪声、谐波抑制度；

（2）测试 VCO 工作频带、输出功率、谐波抑制度及杂波抑制度随调谐电压变化的情况；

（3）通过测试数据，计算出 VCO 的调谐灵敏度。

8.4.1.2　微波倍频器

微波倍频器测试的主要参数包括工作频带、变频损耗和谐波抑制度，具体内容如下。

（1）测试在一定输入功率情况下，微波倍频器变频损耗随频率变化的情况；

（2）测试在一定输入功率情况下，微波倍频器谐波输出功率随频率变化情况，获得微波倍频器的谐波抑制度；

（3）微波倍频器输入功率对变频损耗的影响。

8.4.2　实验测试系统

微波振荡器测试框图如图 8-29 所示，VCO 测试框图如图 8-30 所示，图中虚线框中的器件表示在此测试中，它们属于可选择配件。微波倍频器的测试所用仪器及连接图如图 8-31 所示。

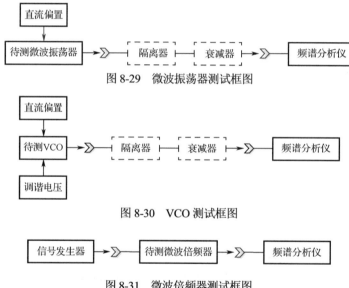

图 8-29　微波振荡器测试框图

图 8-30　VCO 测试框图

图 8-31　微波倍频器测试框图

（1）分别选用图 8-29、图 8-30、图 8-31 所示的仪器并按照相应图所示的方式进行连接；

（2）先按照待测件的需要设置直流稳压电源的输出电压，检查无误后接入待测件；

（3）设置信号发生器的输出频率和输出功率；

（4）设置频谱分析仪的中心频率为待测件的输出信号频率，工作带宽需大于待测件的实际工作带宽。另外测谐波、杂波抑制时也可先选用全频段进行观察，再选用适当带宽进行测试。

8.4.3　实验步骤

8.4.3.1　微波振荡器测试步骤

（1）按照图 8-29 连接测试系统，打开频谱分析仪，预热 10～20 分钟。

（2）图中隔离器和衰减器属于可选择配件。如果微波振荡器输出功率远小于频谱分析仪承受的功率，则可以不加衰减器；同样，当微波振荡器输出端与测试仪器不完全匹配对技术指标测试影响可忽略时，测试系统中也可以不加隔离器。

（3）根据微波振荡器工作条件设置直流稳压电源的输出电压值，为保证测试安全，直流稳压电源最好进行限流设置。

（4）根据设计技术指标要求调整频谱分析仪的频率，为了更好地对微波振荡器输出频谱进行分析，频谱分析仪的工作带宽需设置为 4 倍以上的基波频率；注意待测微波振荡器输出功率不要超过频谱分析仪的功率容量，以确保测试仪器的安全。

（5）打开直流稳压电源的开关，此时频谱分析仪会出现微波振荡器输出谱线（一般有多根），减小频谱分析仪的测试带宽，读出待测微波振荡器频率、输出功率（实际输出功率是频谱分析仪读数+隔离器插入损耗+固定衰减器衰减量），观察是否有谐波及杂波。

（6）打开频谱分析仪的相对读数开关，将频谱分析仪频宽减小，观察在一定时间内（如 10 分钟），微波振荡器的频率变化情况。

（7）如果频谱分析仪有测试相位噪声的功能，可测试微波振荡器的相位噪声。

8.4.3.2　VCO 测试步骤

（1）按照图 8-30 连接测试系统，打开频谱分析仪，预热 10～20 分钟。

（2）根据设计技术指标要求调整频谱分析仪的频率，为了更好地对微波振荡器输出频谱进行分析，频谱分析仪的工作带宽需设置为 4 倍以上的基波频率；注意待测 VCO 的输出功率不要超过频谱分析仪的功率容量，以确保测试仪器的安全。

（3）直接给待测 VCO 加直流偏置（即加直流偏置电压），检查其直流工作电流，确保待测 VCO 工作点正常后，记录直流偏置数据。

（4）给待测 VCO 加调谐电压，频谱分析仪会出现谱线，减小频谱分析仪的测试带宽，读出待测 VCO 的频率、输出功率（实际输出功率是频谱分析仪读数+隔离器插入损耗+固定衰减器衰减量），观察是否有谐波、杂波并记录。

（5）在频谱分析仪上可直接观察输出频谱并读出谐波抑制度，也可直接测出相位噪声曲线（有些频谱分析仪不具备此功能）。

（6）改变调谐电压值，重复步骤（4）、步骤（5），完成 VCO 测试。

8.4.3.3　微波倍频器测试步骤

（1）按照图 8-31 连接测试系统，打开信号发生器及频谱分析仪，预热 10～20 分钟。

（2）根据设计技术指标要求调整信号发生器的输出频率和功率，根据信号发生器的频率、微波倍频器的倍频次数及关注的微波倍频器谐波次数，设置频谱分析仪的频率范围。对于微波倍频器而言，信号发生器的输出频率是微波倍频器的输入频率，信号发生器的输出功率是微波倍频器的输入功率，观察并记录微波倍频器的输出频谱及相应的输入功率。

（3）改变信号发生器输出频率，记录频谱分析仪上各信号频率及输出功率，完成微波倍频器变频损耗和谐波抑制度的测试；

（4）在微波倍频器工作频带内，任选几个工作频率点，改变信号发生器的输出功率值，测试并记录微波倍频器的输出频谱及相应的输入功率，经过数据处理，即可获得微波倍频器输入功率对变频损耗及谐波抑制度的影响，并给出微波倍频器能良好工作时的输入功率范围。

8.4.4 注意事项

（1）使用直流稳压电源时，一定要先接地；

（2）不准带电连接电路；

（3）开启仪器前，一定要先检查仪器仪表接地是否良好；

（4）连接时要先对准接口，如果发现在拧紧螺纹时比较困难，则说明两接口没有对准，应该先拧松，然后将两接口对准后再重新操作；

（5）测试完成后，先关闭加在待测件上的微波信号及电压，再关闭测试仪器电源，并将实验仪器仪表放回原来位置。

8.5 总结与思考

8.5.1 总结

实验总结以学生撰写实验报告的方式体现，实验报告要求如下。

（1）写明学号、姓名、班级及实验名称；

（2）结合微波振荡器、微波倍频器的基本原理，写出微波振荡器、微波倍频器的设计步骤；

（3）写出利用仿真软件优化仿真的步骤及运行结果，并附图；

（4）按要求测试微波振荡器、VCO 和微波倍频器的各参数并记录；

（5）画出 VCO 输出功率和频率随调谐电压变化的曲线及微波倍频器变频损耗随频率变化的曲线；

（6）对比设计及测试结果并进行分析，写出实验的心得体会；

（7）提交实验报告。

8.5.2 思考

（1）设计实例中，选用瞬时仿真获得了稳定振荡的两振幅点，通过方程变换获得微波振荡器输出频域波形，反之，能否实现？

（2）微波振荡器设计实例中，从图 8-28（a）的时域波形可以看出，微波振荡器输出波形不是标准的三角函数波形，说明有其他杂波，这一点从输出频域波形也可以得到证明，请给出提高基波输出，抑制谐波、杂波的方式。

（3）场效应晶体管振荡器中，晶体管的连接方式有共源极（CS）、共栅极（CG）和共漏极（CD），各有何特点？

（4）微波振荡器是将直流能量转换为所需频率和一定输出功率的能量转换装置，本质上它是个单端口器件，在负阻振荡器原理讲解中，为什么提到输入端口、输出端口呢？如何确定？

第 9 章

微波开关的设计及测试

9.1 实验目的

（1）了解微波开关电路的分类，主要技术指标及基本工作原理；

（2）熟悉 ADS 软件设计微波单刀单掷（Single Pole Single Throw，SPST）开关和微波单刀双掷（Single Pole Double Throw，SPDT）开关的基本方法和步骤并进行微波开关电路的设计；

（3）测试 SPST 开关和 SPDT 开关的插入损耗、隔离度等主要技术指标并与仿真结果进行比较，分析实际制作中哪些因素会影响设计技术指标。

9.2 基本工作原理

9.2.1 微波开关电路概述

微波开关（以下简称开关）的主要功能是实现微波信号的通断或通路选择。衡量开关的主要技术指标有工作频带、插入损耗、隔离度、开关时间及功率容量等，具体定义如下。

（1）工作频带是指满足各项技术指标要求的工作频率范围，用起止频率表示。

（2）插入损耗是指理想开关传输到负载的功率 P_a 与开关导通时传输到负载的实际功率 P_L 之比。

（3）隔离度是指理想开关传输到负载的功率 P_a 与开关断开时负载获得的实际功率 P_L 之比。

若用二端口网络参量 S_{21} 表征开关网络特性，则开关的插入损耗和隔离度的定义可用式（9-1）表示，单位为 dB。

$$IL或ISO = 10\lg\frac{P_a}{P_L} = -10\lg|S_{21}|^2 \tag{9-1}$$

9.2.2 二极管开关

由二极管实现的 SPST 开关分为串联型和并联型，其原理电路简化图及等效电路图如图 9-1 所示。在串联型电路中，当二极管呈低阻抗时，开关处于导通状态，信号沿传输线传输；当二极管呈高阻抗时，开关处于断开（或隔离）状态。在并联型电路中，情况正好相反，当二极管呈高阻抗时，信号可传送至负载，开关处于导通状态；当二极管呈低阻抗时，电路近似短路，信号几乎全部反射，开关处于断开状态。

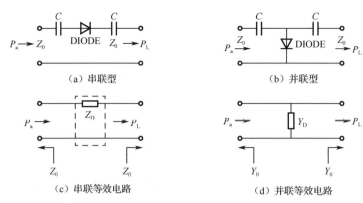

（a）串联型   （b）并联型

（c）串联等效电路   （d）并联等效电路

图 9-1　SPST 开关原理电路简化图及其等效电路图

SPDT 开关常用于实现共用天线收发机中接收支路和发射支路间的相互转换或两不同接收支路间的选择。与 SPST 开关相似，SPDT 开关按 PIN 管与传输线连接方式的不同，可分为并联型和串联型两种电路，电路原理图如图 9-2 所示。以并联型电路为例来分析其工作原理，当 $DIODE_1$ 导通，$DIODE_2$ 截止时，由于 $DIODE_1$ 近似短路，经过四分之一波长传输线后，相当于开路，因此 B_2 为开关的导通端，B_1 为隔离端；反之，当 $DIODE_2$ 导通，$DIODE_1$ 截止时，B_1 为开关的导通端，B_2 为隔离端。

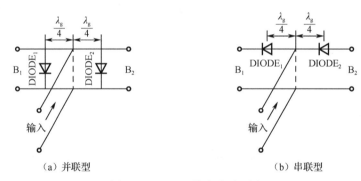

（a）并联型   （b）串联型

图 9-2　SPDT 开关电路原理图

9.2.3　三极管开关

场效应（或双极）晶体管等三极管都是三端元器件，由栅极（或基极）的不同偏置情况来实现对另外两极之间通断状态的控制。典型的场效应晶体管开关的特性是：当栅极为负偏压即栅压大于截止电压时，漏极与源极之间对应于高阻抗状态；而当栅压为零时，其对应于低阻抗状态，且都处于三极管的线性工作区。不论三极管处于导通和截止哪种状态，均不需直流偏置功率，因此可归入无源部件类。三极管开关理论分析可用管子等效电路及微波网络相关知识，具体分析求解开关的技术指标。若开关工作频率不是点频，则需要采用微波仿真软件（如 ADS 软件）进行优化仿真，最终可通过对整个工作频段内各技术指标进行折中考虑后获得设计结果。

9.3　设计实例

吸收式 SPST 开关的设计技术指标如下。

中心频率：1GHz；

带宽：≥1GHz；

插入损耗：≤2dB；

隔离度：≥15dB；

输入端口的回波损耗：≥10dB 或$|S_{11}|$≤-10dB。

以 ADS 软件自带的开关模板为例来说明开关设计的过程，具体步骤如下。

（1）在 ADS 软件中打开案例 Workspace 界面，选择"File"→"Open"→"Example"菜单命令或在 ADS 软件主页，单击图 9-3 所示的图标按钮打开 Workspace 界面。打开的界面如图 9-4 所示，在图 9-4 的搜索栏中输入"switch"，按键盘的"Enter"键进行搜索，在搜索结果中选择"SPST（Single Pole Single Throw）Switch in HYBRID MIC Configuration"选项。

（2）SPST 开关大多为反射式电路（见图 9-1），即在断开状态下，信号会反射回输入端口，这会造成输入电压驻波比的恶化，因此也可采用吸收式 SPST 开关的设计来改善电压驻波比。本设计就是一种吸收式 SPST 开关，电路原理图如图 9-5 所示。从图 9-5 可以看出，电路由两个90°混合电桥及肖特基二极管组成。当开关处于断开状态时，反射功率传输至反射端口（图 9-5 中的 OUT2）同相叠加后被匹配负载吸收，而反射功率传输至输入端口，两路信号的幅度相等，相位相反而抵消，达到了改善经典反射式开关在断开状态时输入电压驻波比差的缺点，从而达到保护输入端口的目的。

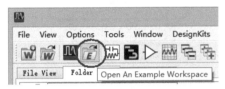

图 9-3　打开 Workspace 界面

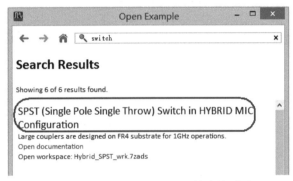

图 9-4　Workspace Example 搜索界面图

（3）打开该工程，其中包括三个文件夹，如图 9-6 所示。"01_ReadMe"文件夹是对设计原理及设计进行说明的文件；"02_Topology"文件夹是底层电路说明；"03_SPST"文件夹是开关电路的版图设计及电磁场联合仿真结果。

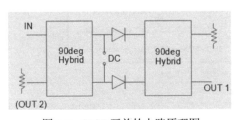

图 9-5　SPST 开关的电路原理图

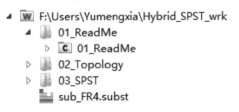

图 9-6　Workspace 工程文件构成图

（4）OA 元器件库的安装。此工程解压后，会出现报错，具体如图 9-7 所示，原因是工程中所使用的并联二极管对 HSMS2865、表贴电阻及电感分别来自元器件库"HFDiode"和元器件库"RF_passive_SMT"。在安装 ADS 软件时这些元器件库没有进行自动安装，需要用户自行安装。具体操作步骤如下。

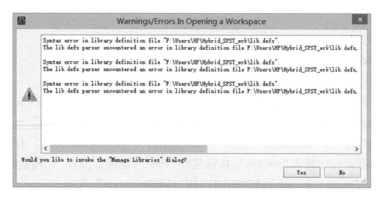

图 9-7　工程解压后报错的信息窗口图

① 在 ADS 软件主界面，选择"DesignKits"→"Manage Favorite Design Kits"菜单命令，如图 9-8 所示。

② 在弹出的窗口中，选择"Add Zipped Design Kit"选项，进行 PDK 解压。通过浏览器选择 ADS 软件安装路径下的"oalibs\component Lib"选项，分别打开三个元器件库，并选择解压文件的保存路径，如图 9-9 所示。

③ 安装成功后，元器件库安装完成界面如图 9-10 所示。

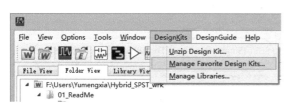

图 9-8　元器件库安装窗口图

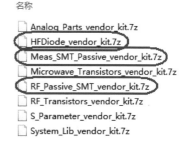

图 9-9　需要安装的元器件库

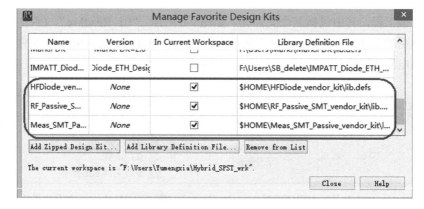

图 9-10　元器件库安装完成界面

（5）理想开关电路的设计。在本设计中，"02_Topology"文件夹共有 4 个子文件夹，具体分布如图 9-11 所示。其中，"01_Diode_DC"是 OA libs 库中关于二极管对 HP HSMS2865_20000301 的直流（DC）特性子电路；"02_Ideal Ckt"是在 ADS 软件中建立的 90°混合电桥和二极管理想电路模型；"03_LangeCplr"是在 20mil 厚 FR4 基板上综合出的微带兰格耦合器；"04_Ideal Ckt"是用微带兰格耦合器和二极管实现的 SPST 开关电路。

① 案例中二极管使用 Agilent 公司（现 Broadcom 公司）的二极管对 HSMS2865，在案例工程中产品手册命名为 "Diode_SMD.pdf"，其封装示意图如图 9-12 所示。

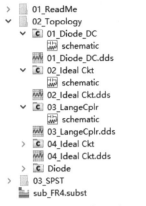

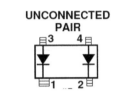

图 9-11　理想开关设计文件结构图　　　　　图 9-12　二极管对 HSMS2865 的封装示意图

② 在原理图 "01_Diode_DC" 中，对二极管对 HSMS2865 进行直流仿真，其电路仿真原理图及仿真结果图分别如图 9-13 和图 9-14 所示，图 9-14 中，纵坐标表示二极管对的电流，横坐标表示加在二极管对两端的电压值，从图 9-14 可看出二极管对的导通电压约为 0.2V。

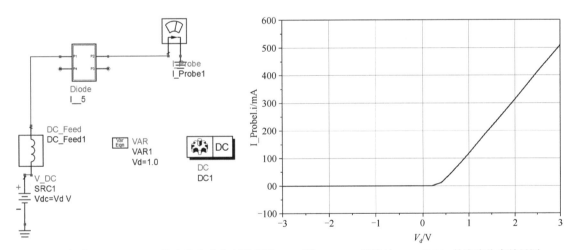

图 9-13　二极管对 HSMS2865 的直流电路仿真原理图　　图 9-14　二极管对 HSMS2865 的直流仿真结果图

若将直流仿真扫描电压的步进设置为 0.1V，并更改数据显示窗口中的横、纵坐标起始值，同时将纵坐标改为对数形式，则获得的二极管直流仿真结果与产品手册对比图如图 9-15 所示，可以看出两者吻合度非常高，充分说明了二极管电路模型的准确性。

③ 在原理图 "02_Ideal Ckt" 中，使用二极管模型及理想 90° 电桥，搭建理想 SPST 开关电路，如图 9-16 所示。在原理图中，设置仿真频率为 1GHz，扫描直流偏置为-3V～3V，步进为 0.1V，仿真结果如图 9-17 所示。

由图 9-17 可以观察到，无论开关是处于导通还是断开状态，端口 1 的反射系数都保持在很小的数值。当二极管为截止状态时，大部分能量直接传输至负载阻抗（端口 3），只有很少的能量（-15dB 以下）泄漏到端口 2；而二极管导通后，能量大部分传输到端口 2，负载端口 3 反射回的能量在-18dB 以下，从而验证了开关设计思路的正确性。

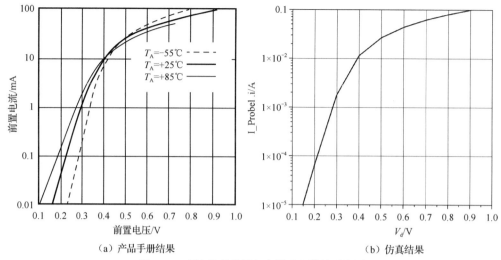

（a）产品手册结果   （b）仿真结果

图 9-15　直流仿真结果与产品手册结果对比图

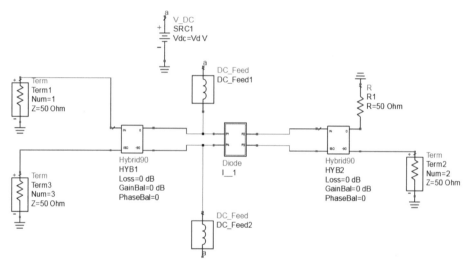

图 9-16　理想 SPST 开关电路仿真原理图

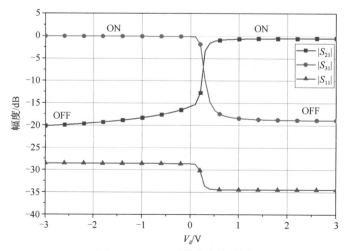

图 9-17　SPST 开关仿真结果图

（6）理想微带兰格耦合器设计的步骤如下。

① 在本开关电路设计中，90°电桥的性能将直接影响电路性能，是电路设计的重点。选取微带结构的兰格耦合器来实现 90°耦合功能。在原理图"03_LangeCplr"中进行微带兰格耦合器设计，其电路仿真原理图如图 9-18 所示。

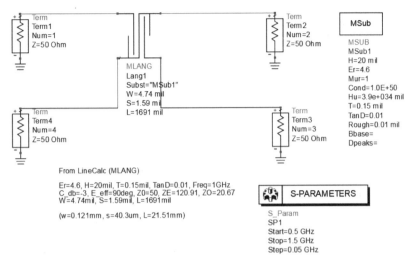

图 9-18　微带兰格耦合器电路仿真原理图

图 9-18 中，MSub1 设置了微带电路所用介质基板厚度"H"、相对介电常数"Er"、磁导率"Mur"、电导率"Cond"、金属厚度"T"及介质正切损耗"TanD"。MLANG 元器件中的物理尺寸则是用 ADS 软件中的 LineCalc 工具计算获得的。

在原理图窗口中，选择"Tools"→"LineCalc"→"Start LineCalc"菜单命令，弹出图 9-19 所示的计算工具界面。根据本例要求，在计算类型"Type"下拉列表中选择"MLANG"选项；根据所选微带介质基板，设置"Substrate Parameters"参数；设置工作频率及技术指标，即特性阻抗"Z0"、耦合度"C_DB"及等效电长度"E_Eff"，单击"Synthesize"按钮，可以获得对应的物理尺寸"W""S""L"及偶模阻抗"ZE"和奇模阻抗"ZO"。

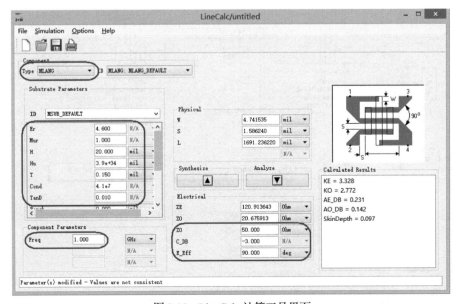

图 9-19　LineCalc 计算工具界面

② 针对综合出的兰格电桥原理图进行 S 参数仿真，结果如图 9-20 所示，从图 9-20 可以看出，当频率为 1GHz 时，端口 2 和端口 3 的耦合度均为-3.065dB，而端口 1 的回波损耗及端口 1 至端口 4 的耦合系数均在-28dB 以下。

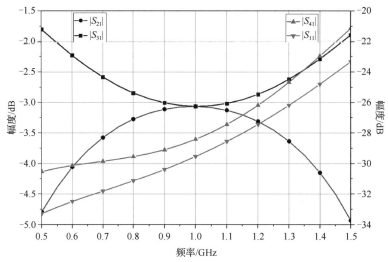

图 9-20　微带兰格耦合器的仿真结果图

③ 在原理图 "04_Ideal Ckt" 中，将两个兰格电桥背靠背进行连接，在中间加入二极管及理想扼流圈、偏置电压后，整个电路如图 9-21 所示，其仿真结果如图 9-22 所示，可以看出与图 9-17 的结果几乎相同。

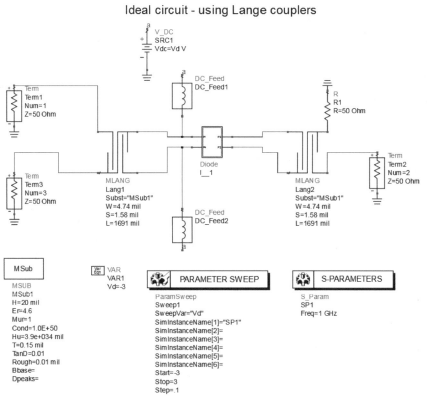

图 9-21　用微带兰格耦合器实现理想 SPST 开关的电路仿真原理图

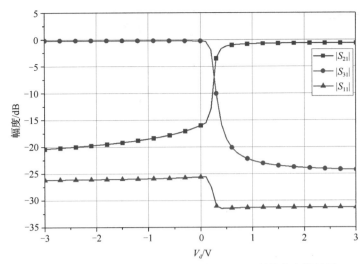

图 9-22　用微带兰格耦合器实现理想 SPST 开关的仿真结果图

（7）开关版图设计。在 "03_SPST" 文件夹中，对开关电路的版图进行电磁场仿真，再和原理图中的表贴元器件进行联合仿真，由于电路结构是对称的，因此可以先创建对称部分的版图。

① 子电路 "Sub_Ckt1" 的设计包含对微带兰格耦合器、输入馈电及负载电路进行建模，如图 9-23 所示。

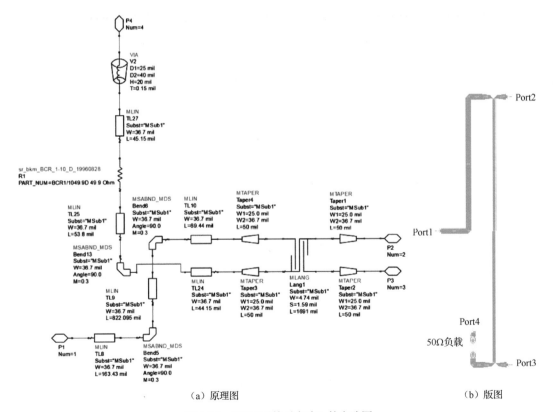

（a）原理图　　　　　　　　　　　　（b）版图

图 9-23　SPST 开关子电路 1 的电路图

② 子电路 "Sub_Ckt2" 的设计中包含对直流馈电网络、扼流电感及二极管安装焊盘的设计，具体如图 9-24 所示。

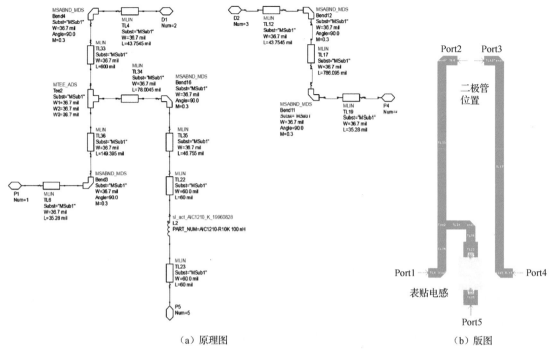

（a）原理图　　　　　　　　　　　　（b）版图

图 9-24　SPST 开关子电路 2 电路图

③ "01_SPST" 是一个子电路，其中包含两个原理图 "schematic" "schematic_EM" 和一个版图 layout。"layout" 仅提供了布版示意图，并不能进行实际仿真。其中，"schematic" 是用子电路 "Sub_Ckt1" 和 "Sub_Ckt2" 构建的整个开关电路，并加入了二极管模型，如图 9-25 所示；"schematic_EM" 是一个电磁场联合仿真子电路，其调用了 "04_SPST_EM" 的 Momentum 电磁场联合仿真结果，并加入了二极管、表贴电感及表贴电阻模型，如图 9-26 所示。

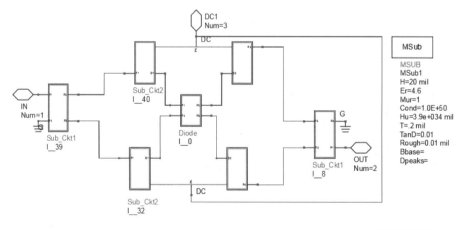

图 9-25　开关电路仿真原理图

（8）针对版图进行电磁场仿真，具体步骤如下。

① 在 "04_SPST_EM" 文件夹中针对版图进行平面电磁场仿真。针对 "01_SPST" 的版图，删除二极管和表贴元器件，并在相应位置加上端口，如图 9-27 所示。对应的电磁场仿真设置可选择 "EM" → "Simulation Setup" 菜单命令或按 "F6" 键：仿真模式设置为 MoM μW，即微波模

式，可以考虑介质辐射及空间辐射；仿真频率设置为 0.5GHz 至 1.5GHz，和原理图仿真频率一致；在"Options"选区中对网格剖分策略进行定义，如图 9-28 所示。最后生成电磁场仿真模型 emModel，供 02_SPST_Test 和 03_SPST_Spar 调用。

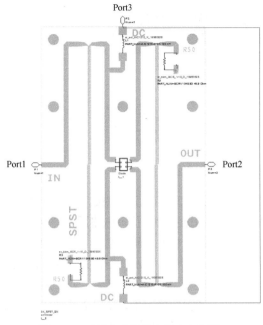

图 9-26　开关电磁场联合仿真电路图　　　　图 9-27　开关电磁场仿真电路图

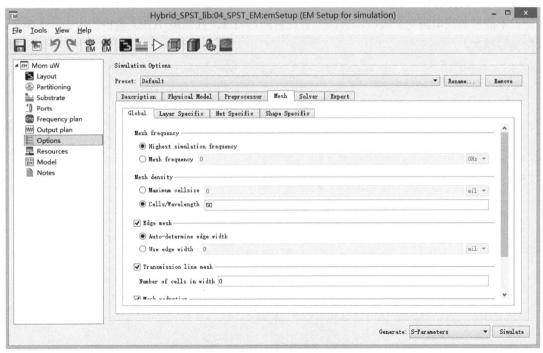

图 9-28　定义网格剖分策略

② 在 Layout 工作窗口，选择"View"→"3D EM Preview"菜单命令来观察整个电路版图的情况，如图 9-29 所示，其中接地过孔和空气桥（版图中用键合线进行代替）都能够观察到。

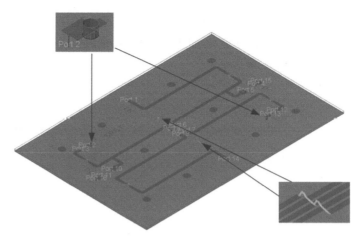

图 9-29　完整的开关电路版图立体图

③ 在"05_SPST_EM_Test"原理图中删除 50Ω 负载，加入端口 3 后，测试 SPST 开关在导通和断开状态的 S 参数特性。此时端口 3 是理想负载而且是理想接地的。仿真电路图如图 9-30 所示，此电路用来计算 SPST 开关分别处于导通和断开状态的 S 参数特性。输出端口（端口 2）在开关导通与断开时传输特性的仿真结果如图 9-31 所示，从图 9-31 可以看出，当开关导通时，理想负载端口 3 处会有一定的能量耦合，且耦合量随频率增大而增大；在开关断开时，几乎所有能量都传输至端口 3 的负载，此时到达端口 2 的$|S_{21}|$在-20dB 以下。相同情况下，端口 2 和端口 3 的设置互换时获得的仿真结果如图 9-32 所示。输入端口（端口 1）的$|S_{11}|$仿真结果如图 9-33 所示，开关导通或断开时回波会有一定影响，且开关断开时反射回的能量较大。90°电桥的非理想性导致了此时回波不能被负载电阻完全吸收，有部分会反射回端口 1，且偏离 1GHz 电桥的中心频率越远，反射信号越大。

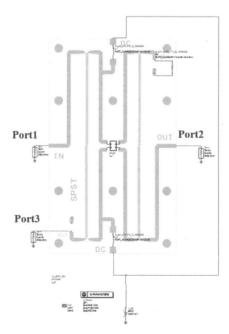

图 9-30　SPST 开关电磁场仿真电路图

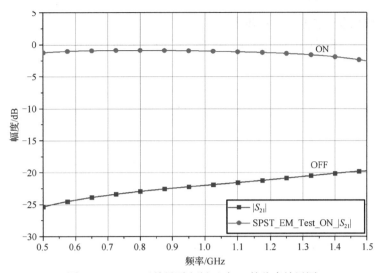

图 9-31　SPST 开关导通和断开时$|S_{21}|$的仿真结果图

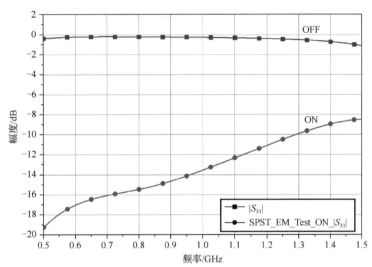

图 9-32　SPST 开关导通和断开时$|S_{31}|$的仿真结果图

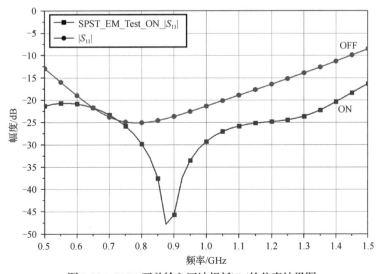

图 9-33　SPST 开关输入回波损耗$|S_{11}|$的仿真结果图

（9）进行电磁场联合仿真，具体步骤如下。

① 在原理图"02_SPST_Test"中对"01_SPST"子电路进行固定频点开关特性测试，电路仿真原理图如图 9-34 所示。

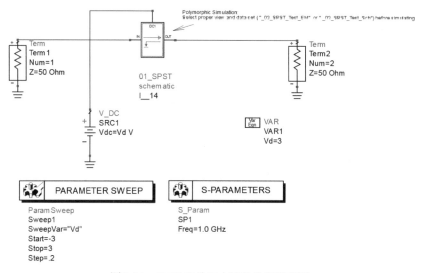

图 9-34　SPST 开关子电路的仿真原理图

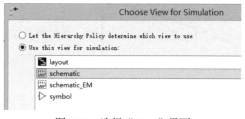

图 9-35　选择"View"界面

② 由于"01_SPST"子电路对应不同的原理图、版图，可以选择不同的"View"来进行仿真，其选择界面如图 9-35 所示。选择"schematic"选项时，其电路如图 9-36 所示。选择"Simulate"→"Simulation Settings"菜单命令，打开设置界面，并在界面中确认仿真存储的数组（dataset）和"View"的选择一致，如图 9-37 所示。

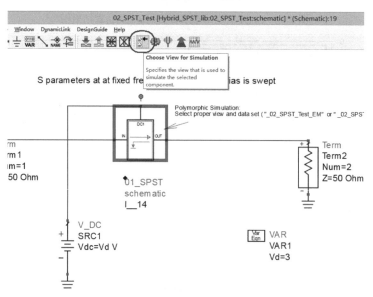

图 9-36　选择"schematic"选项时，SPST 开关子电路的电路仿真原理图

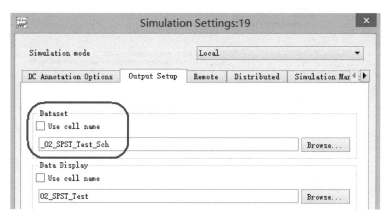

图 9-37　SPST 开关子电路 schematic 的仿真设置页面

③ 分别对 schematic、schematic_EM 进行固定频点 1GHz 的 S 参数仿真，同时扫描二极管直流偏置，结果分别存在数组 "_02_SPST_Test_Sch" 和 "_02_SPST_Test_EM" 中。在数据显示窗口 "02_SPST_Test" 中比较路仿真及电磁场联合仿真结果，如图 9-38 所示。插入损耗路仿真与电磁场联合仿真结果区别不大，回波损耗电磁场联合仿真结果在开关的断开状态和导通状态变化更大一些。

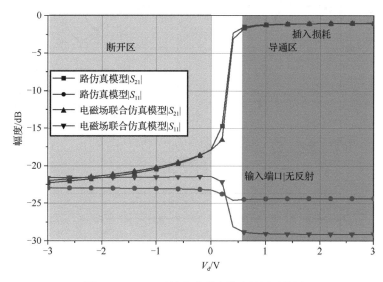

图 9-38　SPST 开关电路联合仿真结果对比图

④ 在 "03_SPST_Spar" 文件夹中，针对路仿真电路图和电磁场联合仿真电路图（见图 9-39）进行 0.5GHz 至 1.5GHz 的 S 参数仿真，分别观察导通和断开状态下的 S 参数响应。和步骤③一样，还是进行多态仿真，在仿真前需要改变数组名字。在数据显示窗口 "03_SPST_Spar" 中，从两个维度对比仿真结果。分别针对路仿真和电磁场联合仿真结果对比其导通和断开状态下的 S 参数结果，仿真结果如图 9-40 所示。SPST 开关导通、断开状态下路仿真和电磁场联合仿真结果对比图如图 9-41 所示，可以看出电磁场联合仿真结果和路仿真结果的传输特性区别不大，而输入端口的反射系数变化较为剧烈。

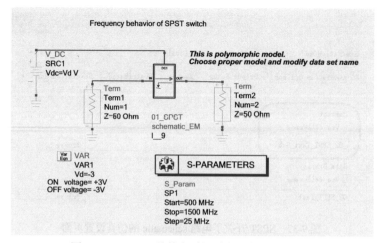

图 9-39　SPST 开关的电磁场联合仿真扫频电路图

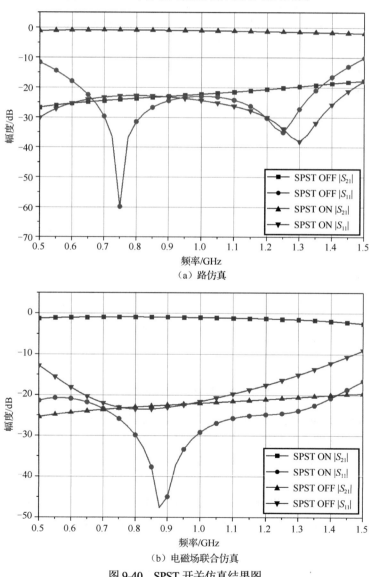

（a）路仿真

（b）电磁场联合仿真

图 9-40　SPST 开关仿真结果图

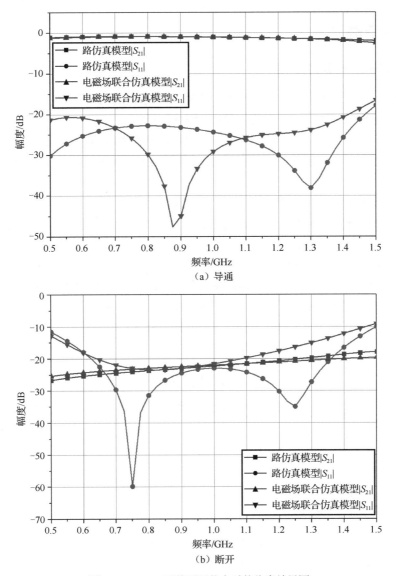

（a）导通

（b）断开

图 9-41　SPST 开关不同状态时的仿真结果图

9.4　实验内容及步骤

9.4.1　实验内容

开关的测试，测试参数包括工作频带、插入损耗、隔离度、输入（出）电压驻波比等技术指标。

9.4.2　实验测试系统

开关的工作频带、插入损耗和隔离度可以通过测试方法一进行测试，即选用图 9-42 所示的仪器，按照图 9-42 所示的连接方式进行连接；若要获得开关的输入（出）电压驻波比或回波损耗等其他技术指标，则必须选用图 9-43 所示的仪器，按照图 9-43 所示的连接方式连接测试系统。

9.4.3 实验步骤

9.4.3.1 测试方法一实验步骤

用频谱分析仪测试待测开关的插入损耗、隔离度，具体步骤如下。

（1）开启信号发生器和频谱分析仪，预热 10～20 分钟。

（2）设置信号发生器和频谱分析仪的参数，包括信号发生器的输出频率和功率（频率为开关工作频带内，功率为−5～5dBm 内的某值，频谱分析仪的设置则根据信号发生器及开关的技术指标进行设置）。

（3）按照图 9-42 连接测试系统（对 SPST 开关测试时不需要虚线框部分）。

（4）将直流偏置设置为开关处于导通状态条件下，打开直流偏置电源开关及信号发生器的射频信号功率输出开关，在频谱分析仪上读出开关输出功率并记录数据，用信号发生器输出功率减去频谱分析仪读数即可获得开关的插入损耗值；同理，将直流偏置设置为开关并断开状态条件下，读出频谱分析仪在不同频率时对应的输出功率值，此时用信号发生器输出功率减去频谱分析仪读数即可获得开关的隔离度（忽略了连接电缆及转接连接器的损耗）。

（5）在测试 SPDT 开关时，测试方法与 SPST 开关相同，所不同的是当测试开关的一个输出端口特性时，另一输出端口需接匹配负载。

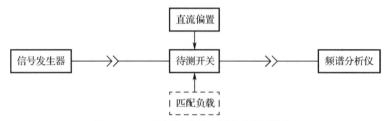

图 9-42　开关插入损耗、隔离度测试框图

9.4.3.2 测试方法二实验步骤

用矢量网络分析仪测试待测开关的插入损耗、隔离度及反射系数，具体步骤如下。

（1）开启矢量网络分析仪，预热 10～20 分钟。

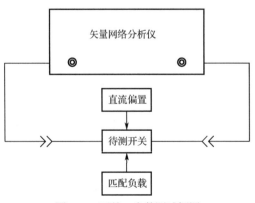

图 9-43　开关 S 参数测试框图

（2）设置矢量网络分析仪的参数，包括测试频率、功率、测试点数等。

（3）对矢量网络分析仪进行校准。

（4）按照图 9-43 连接待测件，根据待测件的不同工作状态（主要由直流偏置确定）及接入网络的端口不同（1、2 端口或 1、3 端口），测试其插入损耗（$|S_{21}|$ 或 $|S_{31}|$）、隔离度（$|S_{21}|$ 或 $|S_{31}|$）及输入输出反射系数（$|S_{11}|$、$|S_{22}|$ 和 $|S_{33}|$）。

（5）记录数据。

（6）以上是测试 SPDT 开关的操作步骤。

（7）当测试 SPST 开关时，由于只有 2 个端口，则不需要外接匹配负载。

9.4.4　注意事项

（1）为确保测试准确，应在仪器开机后预热 10～20 分钟再进行测试。

（2）禁止带电连接电路；

（3）开启仪器及待测件时，一定要先检查仪器仪表接地是否良好；

（4）连接时要先对准接口，如果发现在拧紧螺纹时比较困难，则说明两接口没有对准，应该先拧松，然后将两接口对准后再重新操作；

（5）待测件、校准件、电缆和各转接连接器的连接最好使用力矩扳手；

（6）完成仪器校准后，应保持校准时所用的连接电缆和接头不变更；

（7）测试完成后，先测试仪器微波信号射频输出，再关闭待测件直流偏置，并将实验仪器仪表放回原来的位置。

9.5　总结与思考

9.5.1　总结

实验总结以学生撰写实验报告的方式体现，实验报告要求如下。

（1）写明学号、姓名、班级及实验名称；

（2）结合开关的基本原理，写出 SPST 开关或 SPDT 开关的设计步骤；

（3）写出利用仿真软件优化仿真的步骤及运行结果，并附图；

（4）按要求测试 SPST 开关和 SPDT 开关的技术指标并记录；

（5）按要求画出开关插入损耗、隔离度、回波损耗随频率变化的曲线图；

（6）对比仿真结果与测试技术指标，并分析产生差异的原因；

（7）总结实验的心得体会；

（8）提交实验报告。

9.5.2　思考

（1）开关为什么称为无源元器件？有源元器件和无源元器件的区别是什么？

（2）对于反射式 SPST 开关，断开状态时开关的输入电压驻波比与导通状态时的相比，哪个更大？为什么？

（3）多管串联或并联，可提高开关的技术指标，试解释管间距选取 $\lambda_g/4$ 的原因。其中 λ_g 为开关工作频率下的波导波长。

第 10 章

微波收发电路

10.1 实验目的

（1）了解微波接收机和微波发射机的任务、基本组成及主要技术指标；

（2）了解微波接收机和微波发射机的基本工作原理及设计方法，建立微波收发机的概念；

（3）掌握微波收发机基本技术指标的实验测试方法，掌握微波收发机联调的方法。

10.2 基本工作原理

微波收发电路包括接收电路和发射电路，微波接收机可应用于各种雷达、通信、数据与图像传输、遥感遥测、电子对抗及测量系统中。根据其用途、体制、频段，不同的微波接收机具有各自的工作特点，但不管是哪一种形式，其基本工作原理、基本组成和主要技术指标都是相同的。而微波发射机根据应用系统的不同也各不相同，限于实验学时，在此仅以超外差系统介绍微波收发机的基本工作原理、基本组成和主要技术指标。

10.2.1 微波接收机

微波接收机的主要作用是放大和处理雷达发射后反射回的所需回波信号，并在有用的回波和无用的干扰之间获得最大鉴别率，并对回波进行滤波。干扰（有时也称作杂波）不仅包含微波接收机自身产生的噪声，而且包含从空间、邻近雷达或通信设备和可能的干扰台接收到的电磁波，以及雷达本身辐射的电磁波被无用的目标（如建筑物、山、森林、云、雨、雪、鸟群、虫类、金属箔条等）所反射的部分。需要说明的是，对于不同用途的雷达，有用的回波信号和杂波是相对的。一般而言，雷达探测的飞机、船只、地面车辆和人员所反射的回波是有用信号，而海面、地面、云、雨等反射的回波均为杂波；但对气象雷达而言，云、雨则是有用信号。

微波接收机一般通过预选、放大、变频、滤波和解调等方法，使目标反射回的微弱射频信号变成有足够幅度的视频信号或数字信号，以满足信号处理和数据处理的需要。根据不同的应用，微波接收机的形式有所差异，但不管是哪种体制、哪种应用的微波接收机，都包含低噪声放大、变频、滤波和中频放大。因此本实验的微波接收机设计就以基本接收机组成来进行设计。

10.2.1.1 微波接收机的基本工作原理

微波接收机的基本组成可分为三部分，即接收前端、中频接收机和频率源。微波接收机的组成框图如图 10-1 所示，由图 10-1 可知，进入微波接收机的微弱信号首先经过微波低噪声放大器进行放大，微波混频器将接收的射频信号变换成中频信号，微波中频放大器不仅比微波放大器成本低、增益高、稳定性好，而且容易对信号进行匹配滤波。考虑元器件成本、增益、动态范围、保真度、稳定性和选择性等原因，一般希望使用的中频（IF）频率低一些。但当需要的信号为宽频带时，便要使用较高的中频频率。信号的选择性和杂波的滤除靠正确选择中频频率和中频放大器之后所采用的滤波方法来实现。微波振荡器为微波混频器提供本振信号（LO）。本机振荡器（本振）是微波接收机的重要组成部分。在非相参雷达中，本振是一个自由振荡器，通过自频调电路把本振频率调谐到一个比发射信号频率低（或高）的频率上，以便通过混频，使发射信号的回波信号能落入微波接收机的中频带宽之内，在相参接收机中，本振是与发射信号产生相干的。当然，实际的微波接收机电路远比图 10-1 所示的更为复杂。很多时候，在微波低噪声放大器前或后要加微波滤波器，以抑制进入微波接收机的外部干扰。微波滤波器在微波低噪声放大器前的微波接收机，对微波接收机抗干扰和抗饱和能力很有好处，但是微波滤波器的损耗增加了微波接收机的噪声；微波滤波器在低噪声放大器后的微波接收机，对微波接收机灵敏度和噪声系数有好处，但是抗干扰和抗饱和能力将变差。

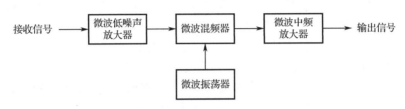

图 10-1　微波接收机的组成框图

10.2.1.2　微波接收机的主要技术指标

1. 噪声系数和灵敏度

微波接收机的灵敏度表征了微波接收机接收微弱信号的能力。微波接收机的灵敏度越高，它所能够接收到的信号就越弱，雷达的作用距离就越远。接收信号的强度可用功率大小来表示，所以微波接收机的灵敏度用能够辨别的最小信号功率 S_{min} 来表示，如果信号功率低于此值，信号将被淹没在噪声干扰之中，不能被辨别出来。由于微波接收机的灵敏度受噪声电平的限制，因此要想提高灵敏度，就必须尽量减小微波接收机内部的噪声。正是由于上述原因，微波接收机一般都要匹配微波低噪声放大器和微波滤波器。当然，接收通道各部分增益分配也很关键，因为合理的增益分配将减小后置电路对微波接收机系统灵敏度的影响。

噪声系数的定义为微波接收机输入信噪比和输出信噪比的比值，其表达式为

$$F = \frac{S_i/N_i}{S_o/N_o} \tag{10-1}$$

式中，S_i 和 N_i 分别表示微波接收机的输入信号功率和噪声功率；S_o 和 N_o 分别表示微波接收机的输出信号功率和噪声功率。噪声系数表征微波接收机内部噪声的大小。显然，如果 $F=1$，说明微波接收机内部没有噪声，当然这只是一种极限的理想情况。

微波接收机灵敏度和噪声系数之间的关系，可以表示为

$$S_{min} = kT_0B_nFM \tag{10-2}$$

式中，k 为波尔兹曼常数，$k \approx 1.38 \times 10^{-23}$J/K；$T_0$ 为室温的热力学温度，$T_0=290$K；B_n 为系统噪声带宽；M 为识别系数，对不同体制的雷达，M 取值不同，一般情况下取 $M=1$。

在图 10-1 所示的微波接收机中，为了提高微波接收机的灵敏度，在微波混频器前设有一级微波低噪声放大器，微波混频器与微波中频放大器连接。在多数微波系统中，为了保证系统性能，常把微波中频放大器分成两部分：一部分是主中频放大器，用于提供优良的频带特性和高增益；另一部分是前置中频放大器，紧置于微波混频器之后，虽对频带特性要求不高，但要求噪声很低。

图 10-1 所示的微波接收机噪声系数可用级联噪声系数公式来表示：

$$F_{\text{总}}=F_{\text{A}}+\frac{F_{\text{m}}-1}{G_{\text{A}}}+\frac{(F_{\text{if}}-1)L_{\text{m}}}{G_{\text{A}}} \tag{10-3}$$

式中，$F_{\text{总}}$ 为微波接收机的噪声系数，F_{A} 为第一级微波低噪声放大器的噪声系数，F_{m} 为微波混频器的噪声系数，F_{if} 为微波中频放大器的噪声系数，G_{A} 为第一级微波低噪声放大器的增益，G_{A} 为第一级微波低噪声放大器的增益，L_{m} 为微波混频器的变频损耗。

2．动态范围和增益

动态范围表示微波接收机正常工作时，所允许输入信号的强度变化范围。所允许的最小输入信号强度常取可分辨最小信号功率 S_{min}，所允许的最大输入信号强度则根据正常工作的要求而定。当输入信号太强时，微波接收机将发生饱和与过载，从而使较小的目标回波显著减小甚至丢失。为了保证信号不论强弱都能正常接收，就要求微波接收机的动态范围要大。使用对数放大器就是扩展微波接收机动态范围的一项重要措施。

增益表示微波接收机对回波信号的放大能力，它是输出信号功率 S_{o} 与输入信号功率 S_{i} 之比，即 $G=S_{\text{o}}/S_{\text{i}}$；有时用输出信号与输入信号的电压比表示，也称为"电压增益"。微波接收机的增益并不是越大越好，它是由微波接收机的系统要求确定的。微波接收机的增益确定了微波接收机输出信号的幅度，在实际的微波接收机设计中，增益及其分配与噪声系数和动态范围都有直接的关系。

3．选择性和信号带宽

选择性表示微波接收机选择所需要的信号而滤除邻频干扰的能力，选择性与微波接收机内部频率的选择（如中频频率和本振频率的选择）及微波接收机高、中频部分的频率特性有关。在保证可以接收到所需信号的条件下，带宽越窄或谐振曲线的矩形系数越好，则滤波性能越高，所受到的邻频干扰也就越小，即选择性越好。

信号带宽有时也称为微波接收机的通带。在脉冲雷达中，通常用 τ 代表脉冲宽度，用 Δf 代表信号带宽，对于监视雷达（或称为警戒雷达），有以下关系：

$$\Delta f=1/\tau \tag{10-4}$$

当 $\tau=1\mu s$ 时，$\Delta f \approx 1\text{MHz}$。对于跟踪雷达，为了使输出的脉冲边沿陡直并使测距精度提高，通带通常取 $2/\tau$。

在现代雷达中，信号波形的时间-带宽积（或称为带宽-脉冲积）往往大于 1，此时微波接收机的信号带宽则要与信号的频谱宽度相匹配。

4．频率源的频率稳定度和频谱纯度

这里所指的频率源主要指微波接收机的本振信号源，本振的频率稳定度直接影响着雷达系统的动目标改善因子（即在强杂波下对动目标的辨别能力）。雷达频率源的频率稳定度主要指短期频率稳定度（一般在 ms 量级），短期频率稳定度常用单边带相位噪声功率谱密度来表征。

频谱纯度主要包括频率源的杂波抑制度和谐波抑制度，在机载雷达中有时还要求给出所需信号的频谱宽度，当然，频谱宽度和单边带相位噪声功率谱密度是相关的。

5．抗干扰能力

抗干扰能力也是现代微波接收机的主要性能要求。干扰可能是因海浪、雨、雪、地物反射引起的杂波干扰，或是友邻雷达无意造成的干扰及敌方干扰机施放的干扰等。这些干扰会妨碍对目

标的正常观测，从而造成判断错误，严重时甚至会完全破坏微波接收机的正常工作。因此，为使抗干扰能力良好，一方面要提高微波接收机本身的抗干扰能力，如提高系统的频率和幅相稳定性，采用宽带自适应跳频体制等；另一方面，还需要装各种抗干扰电路，如抗过载电路、抗噪声调制干扰电路等。

10.2.2　微波发射机

雷达是利用物体反射电磁波的特性来发现目标并确定距离、方位、高度和速度等参数的。因此雷达工作时要求发射一种特定的大功率无线电信号。微波发射机在雷达中就是起这一作用的，也就是说，它为雷达提供一个载波受到调制的大功率射频信号，经馈电线由天线辐射出去。用于雷达的微波发射机一般可分为单级振荡式发射机和功率放大式（主振放大式）发射机两大类。单级振荡式发射机在脉冲调制器控制下产生的高频脉冲功率被直接馈送到天线，它分为两种形式，一种是晶体管振荡，一种为磁控管振荡；主振放大式发射机由高稳定度的频率源作为频率基准，在低功率电平上形成所需波形的高频脉冲串，将其作为激励信号，在微波发射机中予以放大并驱动末级功率放大器而获得大的脉冲功率后馈入天线，它有速调管放大器发射机和固态放大式发射机两种，而随着微波半导体器件的飞速发展，固态放大式发射机得到了越来越多的应用。

10.2.2.1　微波发射机的基本工作原理

单级振荡式发射机比较简单，如图 10-2 所示，它所提供的大功率射频信号是直接由一级大功率射频振荡器产生的，并受脉冲调制器的控制，因此振荡器输出的是已调制的大功率射频信号。主振放大式发射机的组成如图 10-3 所示，它的特点是由多级组成。从各级功能来看，一是用来产生射频信号的主控振荡器；二是用来放大射频信号（即提高信号的功率电平）的射频放大链。因为现代雷达要求射频信号的频率很稳定，用简单一级振荡器很难完成，所以常用较低频率的石英振荡器产生频率很稳定的连续波振荡，然后经过若干级倍频后升高到较高的微波频率上。如果发射信号要求某种形式的调制，那么还要把它和从波形发生器来的已经调制好的中频信号进行上变频合成。

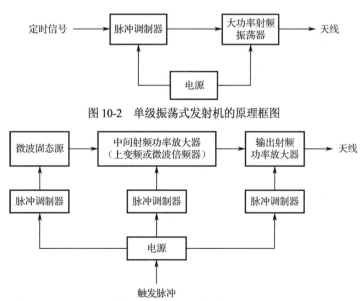

图 10-2　单级振荡式发射机的原理框图

图 10-3　主振放大式发射机的组成框图

10.2.2.2 微波发射机的主要技术指标

1. 工作频率或波段

雷达的工作频率或波段是按照雷达的用途确定的，选择频率既要考虑大气层中各种气候条件对电波的影响（吸收、散射、衰减等因素），又要考虑测试精度、分辨率、雷达平台及环境等要求，还要考虑现有及未来可能研制出符合要求的微波功率管的水平。为了提高雷达系统的工作性能和抗干扰能力，有时还要求它能在几个频率上跳变工作或同时工作。工作频率或波段的不同对微波发射机的设计影响很大，它首先涉及发射管种类的选择，对于大功率微波发射机目前仍以真空管为主，但随着固态器件的不断发展，微波发射机的全固态化已经在很多应用场合得以实现。

2. 输出功率

微波发射机的输出功率直接影响雷达的威力和抗干扰能力。通常规定微波发射机送至天线输入端的功率为发射机的输出功率。有时为了测量方便，也可以规定在指定负载上（馈线上一定的电压驻波比）的功率为微波发射机的输出功率。若是波段工作的微波发射机，则还应规定在整个波段中输出功率的最低值，或者规定在波段内输出功率的变化不得大于多少分贝。对于连续波雷达，微波发射机的输出功率是连续波功率。对于脉冲雷达，微波发射机的输出功率以峰值功率 P_t 和平均功率 P_{av} 来表示。P_t 是指脉冲期间射频振荡的平均功率（注意不要与射频正弦振荡的最大瞬时功率相混淆），P_{av} 是指脉冲重复周期内输出功率的平均值。若发射波形是简单的矩形脉冲序列，脉冲宽度为 τ，脉冲重复周期为 T_r，则有

$$P_{av} = P_t \frac{\tau}{T_r} = P_t \tau f_r \tag{10-5}$$

式中，$f_r = 1/T_r$ 是脉冲重复频率。$\tau/T_r = \tau f_r$ 为雷达的工作比 D。常规的脉冲雷达工作比的典型值为 $D=0.001$，但脉冲多普勒雷达的工作比可达 10^{-2} 数量级，甚至达 10^{-1} 数量级。显然，连续波雷达的 $D=1$。

3. 总效率

微波发射机的总效率是指微波发射机的输出功率与输入总功率之比。因为微波发射机通常在整机中是最耗电和最需要冷却的部分，所以有高的总效率，不仅可以省电，而且对于减轻整机的体积重量也很有意义。对于主振放大式发射机，要提高总效率，要注意改善输出级的效率。

4. 信号形式（调制形式）

根据雷达体制的不同，可选用各种各样的信号形式，常用的几种信号形式如表 10-1 所示。

表 10-1 雷达的常用信号形式

信 号 形 式	调 制 类 型	工作比/%
简单脉冲	矩形振幅调制	0.01~1
脉冲压缩	线性调频	0.01~10
	脉内相位编码	—
高工作比多普勒	矩形调幅	30~50
调频连续波	线性调频	100
	正弦调频	—
	相位编码	—
连续波		100

雷达信号形式的不同对微波发射机的射频部分和调制器的要求也各不相同。对于常规雷达的

简单脉冲波形而言，调制器主要应满足脉冲宽度、脉冲重复频率和脉冲波形（脉冲的上升沿、下降沿和顶部的不稳定）的要求，一般困难不大。但是对于复杂调制，微波放大器和调制器往往要采用一些特殊的措施才能满足要求。

5. 信号稳定度和信号频谱纯度

信号稳定度是指信号的各项参数，如信号的振幅、频率（或相位）、脉冲宽度及脉冲重复频率等是否随时间做不应有的变化。任一参数的不稳定性都会影响高性能雷达主要技术指标的实现。现代高性能雷达都对发射信号的稳定性提出了严格要求。例如，对动目标显示雷达，它会造成不应有的系统对消剩余；在脉冲压缩系统中会造成目标的距离旁瓣；在脉冲多普勒系统中会造成假目标等。信号参数的不稳定可分为规律性的与随机性的两类，规律性的不稳定往往是由电源滤波不良、机械振动等原因引起的，而随机性的不稳定则是由发射管的噪声和调制脉冲的随机起伏所引起的。可以在时间域内或在频率域内衡量信号的不稳定。在时间域可用信号某项参数的方差来表示，如信号的振幅方差 σ_A^2、相位方差 σ_ϕ^2、定时方差 σ_t^2 及脉冲宽度方差 σ_τ^2 等。对于某些雷达体制，采用信号稳定度的频域定义较为方便。信号稳定度在频域中的表示又称为信号频谱纯度。显然，所谓信号频谱纯度，就是指雷达信号在应有的信号频谱之外的寄生输出。以典型的矩形调幅的射频脉冲为例，它的理想频谱（振幅谱）是以载频为中心、包络呈辛克函数状、间隔为脉冲重复频率的梳齿状谱线，如图 10-4 所示。实际上，由于微波发射机各部分的不完善，发射信号会在理想的梳齿状谱线之外产生寄生输出，如图 10-5 所示。图中只画出了在谱线周围的寄生输出，有时在远离信号主频谱的地方也会出现寄生输出。从图中还可看出，存在着两种类型的寄生输出，一类是离散的，一类是分布的。前者对应于信号的规律性不稳定，后者对应于信号的随机性不稳定。对于离散分量的寄生输出，信号频谱纯度定义为该离散分量的单边带功率与信号功率之比，以分贝计。对于分布型寄生输出则以偏离载频若干赫兹的傅里叶频率（以 f_m 表示）上每单位频带的单边带功率与信号功率之比来衡量，其单位为 dB/Hz。由于分布型寄生输出对于 f_m 的分布是不均匀的，因此信号频谱纯度是 f_m 的函数，通常用 $L(f_m)$ 表示。假如测量设备的有效带宽不是 1Hz 而是 $\Delta B\text{Hz}$，那么所测得的分贝值与 $L(f_m)$ 的关系可近似等于：

$$L(f_m)=10\lg\frac{\Delta B\text{带宽内的单边带功率}}{\text{信号功率}}-10\lg\Delta B \qquad (10\text{-}6)$$

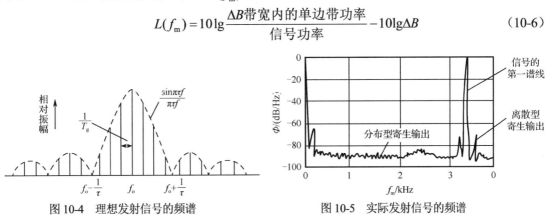

图 10-4　理想发射信号的频谱　　　　　图 10-5　实际发射信号的频谱

现代雷达对信号频谱纯度提出了更高的要求，如对于脉冲多普勒雷达一个典型的要求是 −80dB。为了满足信号频谱纯度的要求，微波发射机需要精心的设计。

10.3　设计实例

本实验将搭建微波发射机、微波接收机链路，并对其进行线性、非线性分析，获得元器件和系统的技术指标。在进行链路预算时，可以使用 ADS 软件中的预算（Budget）仿真模块进行分析。

预算仿真能够针对二端口线性、非线性元器件，如自动增益控制电路（AGC）、开关等进行线性、非线性仿真，获得级联后的各种元器件和系统的技术指标。这些技术指标可以描述信号经过单个元器件以后的响应（如元器件增益、元器件噪声系数等），也可以描述输出端口参数（如输出功率、链路噪声系数、输出信噪比等）。通过预算仿真，能够在搭建微波发射机链路之前对其技术指标进行规划。

10.3.1 微波发射机链路分析

本实验将设计一个共用本振收发系统的微波发射机，设计技术指标要求如下。

微波发射机中心频率：2GHz；

上变频输入信号：70MHz；

发射功率：1W。

在 ADS 软件中使用系统行为模型搭建微波发射机链路，如图 10-6 所示。70MHz 的中频信号经过低噪声放大后，进行滤波，再上变频到 2GHz，然后放大、滤波输出。

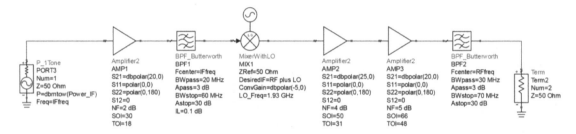

图 10-6　微波发射机链路

在微波发射机链路中，微波放大器模型选用 ADS 软件 System-Amps&Mixers 库中的 Amplifier2 模型。将微波放大器命名为 AMP1，设置其增益为 20 dB，噪声系数为 2 dB，二阶交调截断点为 30 dBm，三阶交调截断点为 18 dBm，如图 10-7 所示。

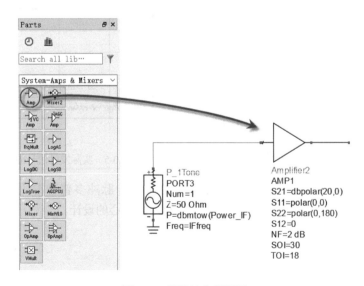

图 10-7　微波放大器设置

微波滤波器模型选用 ADS 软件 Filters-Bandpass 库中的 BPF_Butterworth 滤波器，放置于 AMP1 之后。设置微波滤波器通带带宽为 20MHz，通带最大衰减为 3dB，阻带带宽为 60MHz，阻带衰减为 30dB，插入损耗为 0.1dB，如图 10-8 所示。

上变频器选用 ADS 软件 Simulation-Budget 库中的微波混频器模块，设置其本振频率为 1.93GHz，输出频率为 RFfreq+LOfreq，变频增益为-5dB，如图 10-9 所示。

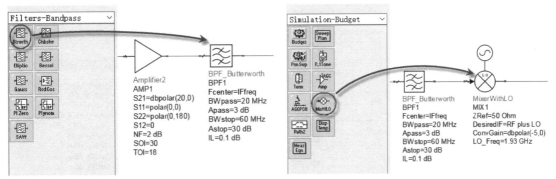

图 10-8　微波滤波器设置　　　　　　　　　　图 10-9　上变频器设置

为了获得 1W 的输出功率，经过计算，上变频后需经过两级微波放大器放大后才能达到要求，因此需设置微波放大器和微波滤波器级联指标，如图 10-10 所示。

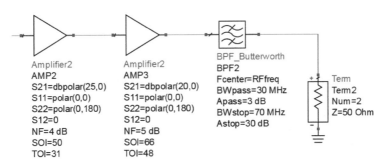

图 10-10　微波放大器和微波滤波器设置

图 10-10 中微波放大器和微波滤波器链路中的中频频率、功率及射频频率的定义如图 10-11 所示。

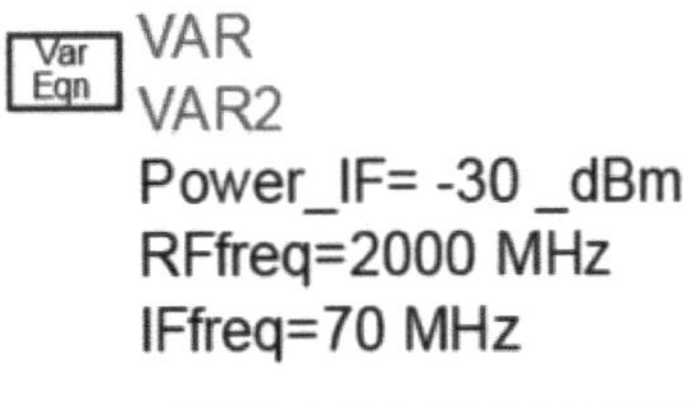

上述设置完成后，对需要观察的链路指标在预算仿真器中进行定义。在设置页面中，对仿真参数进行基本设置。由于需要对微波发射机的噪声、非线性进行分析，需要勾选"Enable nonlinear analysis"复选框，设置最大输入功率为 30 dBm，可以获得完整的微波发射机链路非线性特性，如图 10-12 所示。

VAR
VAR2
Power_IF= -30 _dBm
RFfreq=2000 MHz
IFfreq=70 MHz

图 10-11　微波放大器和微波滤波器链路中各变量定义

在测试页面中选取相应的测试指标，将其从左边可测试项中添加到右侧已选测试项中。选择测试项，在图 10-13 所示的描述框中会显示对应说明。

预算仿真提供针对元器件、噪声系数、元器件输入系统的技术指标、元器件输出系统的技术指标的测量参数。指标中以"Cmp_"开头的是针对单个元器件的测量结果，如"Cmp_NF_dB"为单个元器件的噪声系数测量结果，以 dB 表示。噪声系数测量可以计算从系统输入至每个元器件输出（RefIn）或每个元器件输入至系统输出（RefOut）对应的噪声系数。元器件输入系统的技术指标以 In 为前缀,描述元器件输入端口至系统输出端口对应子系统的技术指标,如 InP1dB_dBm 描述元器件在输入端口馈入系统的输入 1dB 压缩点的对应功率。元器件输出系统的技术指标以 "Out" 为前缀,描述系统传输至元器件输出端口对应子系统的技术指标, 如 "OutPwr_dBm" 描述从元器件输出端口传递至系统负载端的功率。

图 10-12　微波发射机链路在预算仿真器中的参数设置

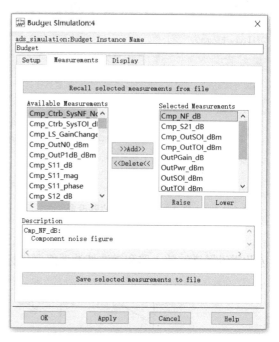

图 10-13　测试页面测试指标选取

设置完毕的预算仿真器如图 10-14 所示。仿真后,可以列出元器件名称及对应编号。元器件用从 0 开始的整数表示,如图 10-15 所示。

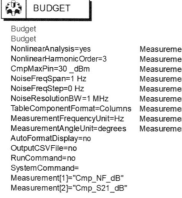

图 10-14　预算仿真器的参数设置

Cmp_Index	Cmp_RefDes
0	AMP1
1	BPF1
2	MIX1
3	AMP2
4	AMP3
5	BPF2

图 10-15　微波发射机各元器件名称及对应编号

在仿真结果中可以观测经过每一个元器件以后,三阶交调截断点、功率增益及输入 1dB 压缩点的变化,如图 10-16 所示。

输出三阶交调产物(IM3)和输出功率对比如图 10-17 所示。由图 10-17 可见,在系统输出端口,主信号输出功率为 29.5dBm,而输出三阶交调产物功率为-2.9dBm,说明该微波发射机非线性效应不严重。

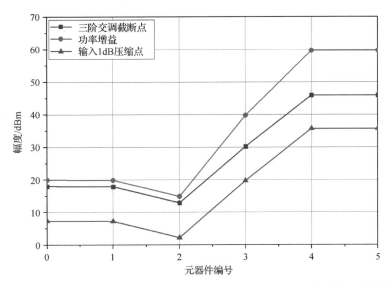

图 10-16　不同元器件的三阶交调截断点、功率增益及输入 1dB 压缩点输出变化曲线

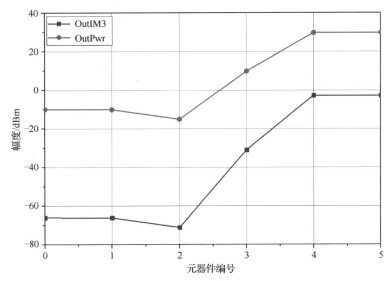

图 10-17　不同元器件的输出三阶交调产物（IM3）和输出功率

10.3.2　微波接收机链路分析

本节将对共用本振收发系统的微波接收机部分进行分析，设计技术指标要求如下。

微波接收机中心频率：2GHz；

下变频输出信号：70MHz；

接收增益：>50dB；

接收机噪声：<2dB。

和微波发射机链路搭建类似，在 ADS 软件中使用系统行为模型构建图 10-18 所示的微波接收机链路。单音信号源产生频率为 2 GHz 的 RF 信号，经过滤波、低噪声放大后，由微波混频器变频至中频 70 MHz，滤波、放大后输出。

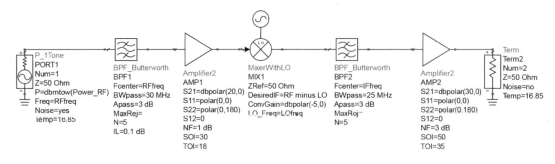

图 10-18　微波接收机链路

在微波接收机链路中设置射频频率、本振频率及中频频率，如图 10-19 所示。

Var
Eqn VAR
VAR2
Power_RF= -30 _dBm
RFfreq=2000 MHz
LOfreq=1930 MHz
IFfreq=RFfreq - LOfreq

图 10-19　微波接收机链路中射频频率、本振频率及中频频率的设置

在预算仿真器的第一个页面中设置噪声分析带宽为 80 MHz，仿真步进为 1 MHz。添加对应的分析参数，如图 10-20 所示。微波接收机各元器件名称及对应编号如图 10-21 所示。

BUDGET

Budget
Budget1
NonlinearAnalysis=yes
NonlinearHarmonicOrder=3
CmpMaxPin=40 _dBm
NoiseFreqSpan=80 MHz
NoiseFreqStep=1 MHz
NoiseResolutionBW=1 MHz
TableComponentFormat=Columns
MeasurementFrequencyUnit=Hz
MeasurementAngleUnit=degrees
AutoFormatDisplay=no
OutputCSVFile=no
RunCommand=no
SystemCommand=" "
Measurement[1]="Cmp_NF_dB"
Measurement[2]="Cmp_S21_dB"

Measurement[3]="OutPwr_dBm"
Measurement[4]="OutPGain_dB"
Measurement[5]="OutPGainChange_dB"
Measurement[6]="OutNBW"
Measurement[7]="OutNPwrTotal_dBm"
Measurement[8]="OutSNR_Total_dB"
Measurement[9]="OutNPwrResBW_dBm"
Measurement[10]="OutSNR_ResBW_dB"
Measurement[11]="OutSFDR_Total_dB"
Measurement[12]="Cmp_OutP1dB_dBm"
Measurement[13]="OutP1dB_dBm"
Measurement[14]="NF_Refln_dB"

Cmp_Index	Cmp_RefDes
0	BPF1
1	AMP1
2	MIX1
3	BPF2
4	AMP2

图 10-20　微波接收机主要仿真参数的设置　　图 10-21　微波接收机各元器件名称及对应编号

重点对微波接收机所关心的主要技术指标（如噪声系数、动态范围等）进行分析。图 10-22 为各元器件噪声系数及链路各端口输出处的噪声系数。可见，第一级微波低噪声放大器 AMP1 和微波混频器 MIX1 均对噪声系数有较大贡献。

软件仿真考虑了非线性效应，能够对链路的三阶交调产物进行计算，再引入系统噪声电平，可以针对微波接收机链路进行无杂散动态范围（SFDR）分析，如图 10-23 所示。针对第一级微波滤波器，由于它是无源元器件，不会产生三阶交调产物，故微波滤波器输出端口处的 SFDR 为 1000dB。经过第一级微波低噪声放大器后，系统的 SFDR 降低为 62dB 左右。再往后由于噪声电平的增加，系统的 SFDR 会继续恶化。

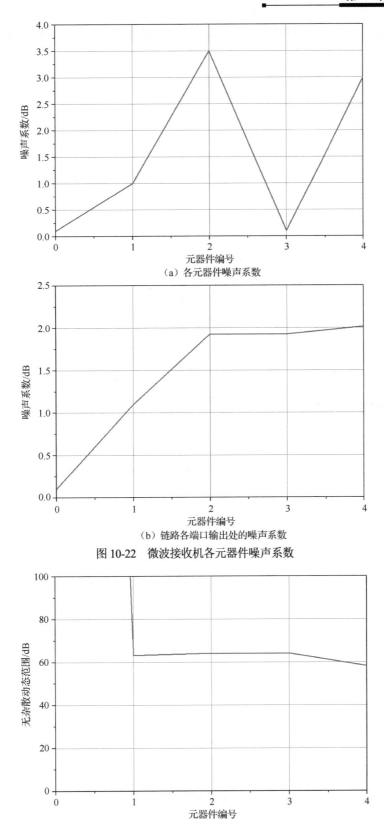

（a）各元器件噪声系数

（b）链路各端口输出处的噪声系数

图 10-22 微波接收机各元器件噪声系数

图 10-23 微波接收机链路无杂散动态范围（SFDR）分析

在 ADS 软件中搭建微波发射机、微波接收机链路，配合预算仿真器，可以对链路进行快速分析，获得系统的线性、非线性技术指标，从而帮助设计者对链路进行预算和设计。

10.4　实验内容及步骤

10.4.1　实验内容

（1）微波接收机主要技术指标的计算，包括微波接收机噪声系数、灵敏度、增益、动态范围的计算。根据微波接收机组成框图，在工作频率及带宽范围内获得微波低噪声放大器的噪声系数、增益，微波混频器的变频损耗及微波中频放大器的噪声、增益的情况下，估算微波接收机的噪声系数、增益、灵敏度和动态范围。

（2）微波发射机主要技术指标的计算，包括微波发射机输出功率和总效率的计算。根据主振放大式发射机的组成框图，在工作频率及带宽范围内获得微波功率放大器的输出功率、增益、直流偏置的情况，估算微波发射机的输出功率和总效率。

（3）微波接收机增益和动态范围的测试。

（4）微波发射机输出功率的测试并观察微波发射机的信号频谱纯度。

（5）搭建简单的微波收发系统并对微波收发系统的微波接收机增益和动态范围进行观察，验证设计结果。

10.4.2　实验测试系统

10.4.2.1　微波接收机测试系统

（1）选用图 10-24 所示的仪器，按照图 10-24 中微波接收机部分的连接方式对各元器件进行连接，连接微波低噪声放大器与信号发生器。

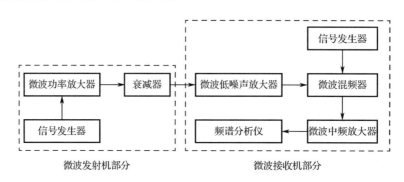

图 10-24　微波收发系统测试连接框图

（2）根据设计技术指标要求调整与微波低噪声放大器连接的信号发生器输出功率，频率范围为微波接收机需要测试的频率范围；微波接收机中的微波混频器本振输入端口的功率按微波混频器实际要求的本振功率进行设置，频率根据微波接收机接收频率和输出中频频率进行设置。

（3）设置频谱分析仪的中心频率为微波接收机输出中频频率，带宽为信号扫频带宽。

（4）对微波接收机的增益和动态范围进行测试。

10.4.2.2　微波发射机测试系统

（1）选用图 10-24 所示的仪器，按照图 10-24 中微波发射机部分的连接方式对各元器件进行连接，微波功率放大器输出端接衰减器后与频谱分析仪进行连接。

（2）信号发生器的输出功率设置为微波功率放大器的驱动功率，频率范围为微波发射机需要测试的频率范围。

（3）设置频谱分析仪的中心频率为微波发射机输出中心频率，带宽为微波发射机的工作带宽。

（4）对微波发射机输出功率进行测试并观察微波发射机的信号频谱纯度。

10.4.2.3　微波收发系统测试系统

（1）选用图 10-24 所示的仪器，按照图 10-24 所示的连接方式对各元器件进行连接。

（2）设置与微波发射机相连的信号发生器的输出功率为微波功率放大器的驱动功率，频率范围为微波发射机需要测试的频率范围。

（3）与微波接收机中的微波混频器本振输入端口相连的信号发生器的输出功率按微波混频器实际要求的本振功率进行设置，频率根据微波接收机接收频率和输出中频频率进行设置。

（4）设置频谱分析仪的中心频率为微波接收机输出中频频率，带宽为信号扫频带宽。

（5）按设计值改变衰减器的衰减值，对微波收发系统的微波接收机增益和动态范围进行观察，验证设计结果。

10.4.3　实验步骤

10.4.3.1　微波接收机测试实验步骤

（1）开启信号发生器和频谱分析仪，预热 10～20 分钟。

（2）设置信号发生器和频谱分析仪的参数，包括测试频率、功率（在元器件和频谱分析仪的正常工作范围内）。

（3）根据设计技术指标要求调整信号发生器的频率和输出功率。对微波混频器而言，微波低噪声放大器的输出频率为微波混频器的工作频率，需要注意的是，要根据微波混频器的输入 1dB 压缩点功率和微波低噪声放大器的增益设置与微波低噪声放大器输入端相连的信号发生器的最大输出功率；本振信号相对于微波输入信号应该为大信号，因此本振信号功率要远大于信号功率，按微波混频器实际要求对本振信号功率进行设置即可；频谱分析仪的工作带宽需大于微波接收机的实际工作带宽。

（4）对微波接收机的增益进行测试，分别按要求设置微波接收机接收信号和微波混频器本振信号的频率和功率；设置频谱分析仪的中心频率和带宽；打开微波接收机接收信号和微波混频器本振信号的 RF 信号功率输出开关；记录频谱分析仪上中频信号的幅度及频率。

（5）对微波接收机的动态范围进行测试，按计算值设置信号的输入功率，设置频谱分析仪的中心频率和带宽；打开信号和本振信号的 RF 信号功率输出开关；逐步增大 RF 信号输出功率到中频输出功率比线性增益时输出功率小 1dB 为止，此时信号的输入功率为输入 1dB 压缩点功率；逐步减小 RF 信号输出功率及频谱分析仪可视带宽到中频输出即将被噪声电平淹没为止，此时信号的输入功率及输入 1dB 压缩点功率之间的范围即微波接收机的动态范围。

（6）记录测试数据。

10.4.3.2　微波发射机测试实验步骤

（1）开启信号发生器和频谱分析仪，预热 10～20 分钟。

（2）设置信号发生器和频谱分析仪的参数，包括测试频率、功率（在元器件和频谱分析仪的正常工作范围内）。

（3）根据设计技术指标要求调整信号发生器和频谱分析仪的频率和输出功率。

（4）对微波发射机的输出功率进行测试，根据微波功率放大器的工作频率、增益及输出功率值确定信号发生器输出信号的频率及大小，然后与微波发射机连接，为防止微波发射机功率过大损坏频谱分析仪，在微波发射机后连接衰减器，再用频谱分析仪进行微波发射机工作频率及输出功率的测试，记录频谱分析仪上输出信号的幅度；由于连接了衰减器，因此微波发射机最终输出功率值应加上衰减器的衰减值。

（5）微波发射机信号频谱纯度的观察，在微波发射机输出功率测试的同时，直接由频谱分析仪进行微波发射机信号频谱纯度的观察。

（6）记录测试数据。

10.4.3.3 微波收发系统测试实验步骤

（1）开启信号发生器和频谱分析仪，预热 10～20 分钟。

（2）设置信号发生器和频谱分析仪的参数，包括测试频率、功率（在元器件和频谱分析仪的正常工作范围内）。

（3）根据前述测试所得微波接收机的动态范围和微波发射机输出功率值，在前述已搭建好的微波接收机和固态放大式发射机间连接适当的衰减器，衰减器的衰减值由微波接收机的动态范围和微波发射机的输出功率确定。

（4）对微波收发系统的微波接收机增益进行测试，与微波接收机增益的测试相同，只是这里的接收信号端与微波发射机输出端相连，根据设计技术指标要求调整信号发生器的频率和输出功率，按要求设置微波接收机的微波混频器本振信号频率和功率，设置频谱分析仪的中心频率和带宽；打开与微波发射机相连的信号发生器 RF 信号功率输出开关及微波接收机中微波混频器本振信号的 RF 信号功率输出开关；记录频谱分析仪上中频信号的幅度及频率，对比之前微波接收机增益的测试结果。

（5）对微波收发系统的接收机动态范围进行测试，按计算值设置微波发射机信号的输入功率，设置频谱分析仪的频率和带宽；打开信号和本振信号的 RF 信号功率输出开关；逐步减小衰减器的衰减值到中频输出功率比线性增益输出功率小 1dB 为止，此时信号的输入功率即微波收发系统微波接收机输入 1dB 压缩点功率；逐步增大衰减器的衰减及频谱分析仪可视带宽到中频输出即将被噪声电平淹没为止，此时信号的输入功率及输入 1dB 压缩点功率之间的范围即收发系统微波接收机的动态范围，对比之前微波接收机动态范围的测试结果。

（6）记录测试数据。

10.4.4 注意事项

（1）为确保测试准确，应在仪器开机后预热 10～20 分钟再进行测试。

（2）开启仪器时，一定要检查仪器仪表接地是否良好，测试过程中应佩戴接地手环。

（3）完成仪器校准后，应保持校准时所用的连接电缆和接头不变更。

（4）待测件、校准件、电缆和各转接连接器的连接最好使用力矩扳手。

（5）测试过程中应始终保持电缆和转接连接器的各个接头拧紧。

10.5　总结与思考

10.5.1　总结

实验总结以学生撰写实验报告的方式体现，实验报告要求如下。

（1）写明学号、姓名、班级及实验名称；

（2）结合微波收发系统的基本工作原理，写出微波收发系统中微波接收机和微波发射机的主要技术指标；

（3）比较计算结果和实际微波收发系统主要技术指标的测试结果，分析产生差异的原因；

（4）写出实验的心得体会；

（5）提交实验报告。

10.5.2　思考

（1）某微波接收机中心频率为 2.4GHz，带宽为 50MHz，如果要实现 80dB 以上的动态范围，请问如何设计微波接收机？

（2）某微波发射机中心频率为 2.4GHz，带宽为 50MHz，现有微波功率放大器的输出功率为 1W，增益为 15dB，微波发射机源输出功率为-10dBm，如果要实现 2W 的发射功率，请问该微波发射机该如何设计？

（3）现在有中心频率为 2GHz，带宽为 200MHz 的微波低噪声放大器、微波功率放大器各 3 个；中心频率为 100MHz，带宽为 50MHz 的中频放大器 3 个。主要技术指标如表 10-2 所示，微波混频器的射频频率和本振频率范围为 1.5～2.5GHz，中频频率范围为 DC～200MHz，变频损耗为 8dB（本振功率为 10dBm），请用以上元器件设计一个共用本振的微波收发系统，要求发射功率为 2W，微波接收机的增益大于 60dB，微波接收机的噪声系数小于 2dB。

表 10-2　微波放大器的主要技术指标

类　　型	噪声系数/dB	增益/dB	输入 1dB 压缩点功率/dBm	饱和功率/dBm
微波低噪声放大器 1	1.9	15	10	—
微波低噪声放大器 2	2.0	18	15	—
微波低噪声放大器 3	1.9	20	12	—
微波功率放大器 1	—	12	33	34
微波功率放大器 2	—	10	34	35
微波功率放大器 3	—	11	32	33
中频放大器 1	—	10	8	
中频放大器 2	—	12	10	
中频放大器 3	—	15	12	

参考文献

[1] 敦思摩尔. 微波器件测量手册：矢量网络分析仪高级测量技术指南[M]. 陈新，等译. 北京：电子工业出版社，2014.

[2] 清华大学微带电路编写组. 微带电路[M]. 北京：清华大学出版社，2017.

[3] 卡梅伦，库德赛，曼索. 通信系统微波滤波器——基础、设计与应用[M]. 王松林，等译. 北京：电子工业出版社，2012.

[4] 皮埃尔，雅克. 微波与射频滤波器的设计技术及实现[M]. 张永亮，译. 西安：西安电子科技大学出版社，2016.

[5] Jia-Sheng Hong, Lancaster M J. Microstrip filters for RF/Microwave applications[M]. New York: John Wiley & Sons, Inc.，2001.

[6] 赵海，刘颖力，张怀武，等. 宽带 Wilkinson 功分器的设计仿真与制作[J]. 电子元件与材料，2010，12(3)：1001-2028.

[7] 波扎. 微波工程[M]. 3 版. 张肇仪，译. 北京：电子工业出版社，2006.

[8] 钟顺时. 天线理论与技术[M]. 北京：电子工业出版社，2011.

[9] 林昌禄. 天线工程手册[M]. 北京：电子工业出版社，2002.

[10] 钟顺时. 电磁场基础[M]. 北京：清华大学出版社，2007.

[11] 赖因霍尔德，吉恩. 射频电路设计——理论与应用[M]. 2 版. 王子宇，等译. 北京：电子工业出版社，2021.

[12] Oliner A A. Historical perspectives on microwave field theory[J]. IEEE Trans Microwave Theory Tech., 1984, 32(9): 1022-1045.

[13] 巴尔，巴希尔. 微波固态电路设计[M]. 2 版. 郑新，等译. 北京：电子工业出版社，2006.

[14] 高力尔. 射频与微波手册[M]. 孙龙祥，等译. 北京：国防工业出版社，2006.

[15] 罗伯逊，等. 单片射频微波集成电路技术与设计[M]. 文光俊，谢甫珍，李家胤，译. 北京：电子工业出版社，2007.

[16] 米斯拉. 射频与微波通信电路——分析与设计[M]. 2 版. 张肇仪，等译. 北京：电子工业出版社，2005.

[17] 费元春. 固态倍频[M]. 北京：高等教育出版社，1985.

[18] 费元春. 微波固态频率源——理论、设计、应用[M]. 北京：国防工业出版社，1994.

[19] 吴万春. 集成固体微波电路[M]. 北京：国防工业出版社，1981.

[20] 赫崇骏，韩永宁，袁乃昌，等. 微波电路[M]. 长沙：国防科技大学出版社，1999.

[21] 金明涛. CST 天线仿真与工程设计[M]. 北京：电子工业出版社，2014.